ムラの国際結婚再考

結婚移住女性と農村の社会変容

武田里子
TAKEDA Satoko

めこん

目次

図表目次 6

序章
1. 研究の意義と目的 9
2. 研究の視点 12
3. 先行研究の検討 13
   3-1. 農村社会の変容をめぐる言説 14
   3-2.「ムラの国際結婚」に関する言説——ステレオタイプ形成の経緯—— 19
      3-2-1.「ムラの国際結婚」に関する初期の研究 26
      3-2-2. 先行研究がとらえた「ムラの国際結婚の問題点」 27
4. 理論的枠組、資料および手順 33
   4-1. 分析の枠組み：目黒依子の社会的ネットワーク論 34
   4-2. 分析資料 36
5. 用語の説明 39
6. 論文の構成 42

第1章　「ムラの国際結婚」の歴史的・社会的背景
1. はじめに 45
2.「女性」の政治的利用をめぐる歴史的記憶 46
   2-1.「戦争花嫁」、「ジャパゆきさん」、「農村花嫁」 48
3. 国際結婚の推移 52
   3-1. 外国人登録者の増加および国際結婚の推移 52
   3-2.「韓国・朝鮮」というカテゴリー 58
4. 国際結婚の増加と「ムラの国際結婚」 60
5. 日本農村の社会的再生産の危機 67
6. 結婚移住女性の出身国の状況 69
   6-1. 韓国 70
   6-2. フィリピン 72
   6-3. 中国 74
7. 外国人の増加と地方自治体の国際化施策 75
   7-1. 80年代はばまでの国際化施策 76
   7-2. 80年代後半以降の国際化施策 78
   7-3. 行政主導による「ムラの国際結婚」支援の先例——いわゆる「最上方式」 83
   7-4. 自治体による結婚支援の現状——秋田県上小阿仁村の事例 85
8. まとめ 86

第2章　実態調査地域の特徴
―新潟県南魚沼市の概要と外国籍住民の存在―

1. はじめに ……………………………………………………………………………… 91
2. 南魚沼市の概要 ……………………………………………………………………… 93
    2-1. 産業構造の変化と女性 ………………………………………………………… 97
    2-2. 政治構造の変化と女性 ………………………………………………………… 98
    2-3. 農村社会の持つ構造的開放性 ……………………………………………… 101
3. 増加する外国籍住民とその実態 ………………………………………………… 104
4. 結婚移住女性の現況 ……………………………………………………………… 110

第3章　結婚移住女性の適応と受容における諸問題
―市民アンケート調査とその結果分析―

1. 本研究で実施した実態調査 ……………………………………………………… 115
    1-1. アンケート調査の目的と意義 ………………………………………………… 117
    1-2. 回答者の属性とその特徴 …………………………………………………… 119
2. 「国際結婚」に対する市民の意識 ………………………………………………… 122
    2-1. 現状と傾向 …………………………………………………………………… 122
    2-2. 地域の国際交流活動への参加度 …………………………………………… 131
    2-3. 外国人との交流意識 ………………………………………………………… 133
3. 結婚移住女性の社会的状況 ……………………………………………………… 136
    3-1. 結婚移住女性のプロフィール ………………………………………………… 137
    3-2. 日本語の習得と子育てを通じた社会的ネットワークの形成 ……………… 142
    3-3. 就労状況と動機 ……………………………………………………………… 148
4. 日本人市民と結婚移住女性との意識ギャップ ………………………………… 149
    4-1. 外国籍住民数の今後の予想 ………………………………………………… 149
    4-2. 多文化共生の地域づくりに必要な行政施策 ……………………………… 150
    4-3. 外国人に対する偏見差別意識 ……………………………………………… 153
        4-3-1. 佐藤裕(2005)の「差別論」 ……………………………………………… 153
        4-3-2. 結婚移住女性と日本人との外国人に対する偏見差別の認知の相違 …… 155
5. まとめ ……………………………………………………………………………… 158

第4章　結婚移住女性の適応過程のダイナミクス
―国際結婚当事者の面接調査とその結果分析―

1. はじめに …………………………………………………………………………… 161
2. 結婚移住女性およびその家族への聞き取り調査 ……………………………… 162
    2-1. 調査の目的 …………………………………………………………………… 162
    2-2. 調査対象者および調査方法 ………………………………………………… 162

3. 調査対象者のプロフィール ... 167
- Ko-1：来日1987年、来日時40歳、韓国 ... 167
- Ko-2：来日1987年、来日時26歳、韓国 ... 168
- Ko-3：来日1989年、結婚1996年、結婚時31歳、韓国 ... 168
- Sr-1：来日1997年、来日時20歳、スリランカ ... 169
- Ph-1：来日2000年、来日時21歳、2005年再婚、フィリピン ... 170
- Ph-2(夫)：40代、フィリピン女性と2000年に結婚、2004年離婚 ... 170
- Ph-3：40代、1997年結婚、フィリピン ... 171
- Ch-1：来日1997年、来日時42歳、中国 ... 171
- Ch-2：来日2001年、来日時34歳、中国 ... 172
- Ch-3：来日2003年、再婚、来日時43歳、中国 ... 173
- Ch-4：来日2005年、再婚、来日時33歳、中国 ... 173
- Th-1：1991年再婚、結婚時31歳、タイ ... 174
- Th-2：来日1996年、来日時34歳、タイ ... 175
- Br-1：来日1981年、来日時19歳、ブルネイ ... 176

4. 業者仲介による国際結婚の実情 ... 177
- 4-1. 5組の事例 ... 178
- 4-2. 調査地における仲介業者 ... 179
- 4-3. 仲介業者W社の事例 ... 180
- 4-4. 法廷通訳者が語る業者仲介結婚 ... 185
- 4-5. 結婚仲介の市場化から見た「ムラの国際結婚」 ... 186

5. 結婚移住女性の異文化適応過程 ... 187
- 5-1. 結婚移住女性と地域社会 ... 190
  - 5-1-1. 来日時期とライフイベント ... 191
  - 5-1-2. 地域社会への参入障壁――差別・偏見 ... 193
- 5-2. 家族関係の変化 ... 196
  - 5-2-1. 夫との関係 ... 197
  - 5-2-2. 家庭内地位の変化 ... 200
  - 5-2-3. 規範の葛藤・交渉 ... 202
- 5-3. 友人関係 ... 204
- 5-4. 就労関係 ... 206
  - 5-4-1. 専業主婦願望 ... 207
  - 5-4-2. 就労とアイデンティティの再構築 ... 208
  - 5-4-3. 里帰りの意味 ... 209
  - 5-4-4. 起業 ... 209

6. 将来構想と母国との関係 ... 210
7. まとめ ... 212

第5章　農村社会における異文化受容力の形成
　　　　——南魚沼地域の現状と展望——

- 1. はじめに ……………………………………………………………………… 215
- 2. 文化触変モデル ……………………………………………………………… 216
- 3. 日本社会の多文化化と農村社会の変化 …………………………………… 218
- 4. 農村社会の変容と将来展望 ………………………………………………… 220
- 5. 南魚沼市における国際交流の現状 ………………………………………… 224
  - 5-1. 2つの国際化 …………………………………………………………… 224
  - 5-2. 内なる国際化の担い手 ………………………………………………… 227
- 6. 農村社会における外国人支援組織 ………………………………………… 231
  - 6-1. 市民組織「夢っくす」の活動 ………………………………………… 232
  - 6-2.「夢っくす」の会員構成と活動の多様性 …………………………… 234
  - 6-3. 日本語教室の開設 ……………………………………………………… 236
  - 6-4. 日本語教室の現状と課題 ……………………………………………… 238
- 7. まとめ ………………………………………………………………………… 241

第6章　むすびにかえて

- 1.「農村花嫁」に対するステレオタイプなイメージの見直し …………… 244
  - 1-1. 多様な結婚移住女性の存在 …………………………………………… 245
  - 1-2. 日本人市民と結婚移住女性との意識ギャップ ……………………… 245
  - 1-3.「複合的な不利」の重なりから見る「ムラの国際結婚」 ………… 246
- 2. 農村社会の将来展望と結婚移住女性の存在 ……………………………… 246
  - 2-1. 適応過程のダイナミズムとトランスナショナルなネットワーク … 247
  - 2-2. グローバル化時代の農村コミュニティと「越境プレイヤー」 …… 247
  - 2-3. 社会関係資本から見る農村の可能性 ………………………………… 248
- 3. 今後の課題 …………………………………………………………………… 248

あとがき ………………………………………………………………………… 251

参考文献 ………………………………………………………………………… 254

索引 ……………………………………………………………………………… 264

図表目次

【序章】
表序-1 農家総所得の推移 …… 16
表序-2 「ムラの国際結婚」に関する主な先行研究の系譜 …… 23
表序-3 先行研究の参照・引用関係 …… 25
表序-4 資料と分析項目 …… 38

【第1章】
表1-1 国際結婚の推移(1965年〜2009年) …… 55
表1-2 1995年〜2000年における日本への外国人女性新規流入者(15歳以上)の構成 …… 62
表1-3 東北6県と新潟県の国際結婚件数の比較(1975年・2005年) …… 65
表1-4 国籍・出身別、在留資格、「特別永住」対象外国人 …… 78
表1-5 「国際結婚」報道に登場した自治体 …… 81

図1-1 外国人登録者数と主な国籍者数の推移(1948年〜2009年) …… 54
図1-2 国際結婚件数の推移(1965年〜2009年) …… 54
図1-3 日本人夫の妻の国籍(1992年〜2009年) …… 56
図1-4 日本人妻の夫の国籍(1992年〜2009年) …… 57
図1-5 新規来日の「日本人配偶者等」とフィリピン人「興行」資格者 …… 57
図1-6 2009(平成21)年度の在留資格別構成:全国と東北6県および新潟県との比較 …… 64
図1-7 全国の男女別未婚率(1960年〜2005年) …… 68

【第2章】
表2-1 南魚沼市(旧大和町)住民の居住歴に関する調査結果 …… 103
表2-2 在留資格別構成の南魚沼市と全国の比較(2006年度) …… 106
表2-3 南魚沼市の地区別人口と外国人登録者の推移(2000年〜2008年) …… 108
表2-4 1988年時の南魚沼市の「外国人花嫁」数 …… 111

図2-1 南魚沼市の人口と世帯数の推移(1955年〜2005年) …… 94
図2-2 南魚沼市の年齢別人口構成(1960年〜2005年) …… 94
図2-3 南魚沼市と全国の男性未婚率の比率(1960年〜2005年) …… 95
図2-4 南魚沼市の農家戸数・農家就業人口の推移(1970年〜2005年) …… 96
図2-5 南魚沼市の事業所従業員の産業別推移 …… 98
図2-6 南魚沼市の人口と外国人登録者数の推移(1980年〜2005年) …… 105
図2-7 南魚沼市の外国人登録者の在留資格別構成 …… 107
図2-8 南魚沼市12地区の人口増加率と国際結婚比率 …… 112
図2-9 南魚沼市の結婚移住女性をとりまく社会関係 …… 113

【第3章】
表3-1 (財)トヨタ財団の助成による2つのアンケート調査の概要 …… 115
表3-2 日本人市民アンケート回答者の基本属性 …… 120
表3-3 外国籍市民アンケート回答者の基本属性 …… 121
表3-4 外国人登録者の地域別分布 …… 123
表3-5 国際結婚に対する中高年の意識調査結果の比較 …… 128
表3-6 国際結婚を望ましくないと思う「その他」の理由 …… 130
表3-7 結婚移住女性45名のプロフィール …… 139

表3-8 結婚移住女性の国籍別居住地域 ……………………………………………… 141

　　図3-1 外国人が今後も増加すると思う理由 ………………………………………… 124
　　図3-2 国際化(外国人の増加)に関する意見 ……………………………………… 124
　　図3-3 国際化(外国人の増加)が進むことで期待すること ……………………… 126
　　図3-4 国際化(外国人の増加)で心配すること …………………………………… 126
　　図3-5 国際結婚に関する意見 ………………………………………………………… 127
　　図3-6 国際結婚を「避けるべき」とする理由 ……………………………………… 129
　　図3-7 国際交流イベントに参加経験のない市民があげた不参加理由 ………… 132
　　図3-8 参加したいイベントや講座 …………………………………………………… 132
　　図3-9 外国人との付き合いの状況 …………………………………………………… 134
　　図3-10 今後、外国人と付き合う意思について …………………………………… 135
　　図3-11 付き合いたいと答えた人が希望する付き合い方 ………………………… 136
　　図3-12 南魚沼市12地区の人口増加率と国際結婚の比率(図2-8再掲) ……… 142
　　図3-13 南魚沼市の結婚移住女性をとりまく社会関係(図2-9再掲) ………… 143
　　図3-14 日本語の習得方法 …………………………………………………………… 144
　　図3-15 子どもの年齢 ………………………………………………………………… 144
　　図3-16 子育ての不安 ………………………………………………………………… 146
　　図3-17 日常生活で困った時の相談先 ……………………………………………… 148
　　図3-18 就労の理由 …………………………………………………………………… 149
　　図3-19 外国籍住民が増加する要因 ………………………………………………… 150
　　図3-20 行政に期待する多文化共生のための施策 ………………………………… 152
　　図3-21 外国人への偏見差別の感じ方の比較 ……………………………………… 156
　　図3-22 日本人の外国人への偏見差別についての感じ方(年代別・性別) …… 157
　　図3-23 外国人への偏見差別が生じる原因 ………………………………………… 157

【第4章】
　　表4-1 面接調査対象者の属性 ……………………………………………………… 164
　　表4-2 調査協力者リスト …………………………………………………………… 166
　　表4-3 アドラーによる異文化適応モデルと結婚移住女性の適応過程 ………… 189
　　表4-4 結婚移住女性の来日時期とライフイベント ……………………………… 193
　　表4-5 結婚移住女性の来日前職業と現在の仕事 ………………………………… 206

【第5章】
　　表5-1 南魚沼市の経営規模別農家数 ……………………………………………… 222
　　表5-2 南魚沼市にある国際交流団体 ……………………………………………… 226
　　表5-3 結婚移住女性が日常生活で困った時の相談先 …………………………… 241

　　図5-1 異文化受容力形成の視点から見た結婚移住女性の受け入れ概念図 …… 217
　　図5-2 地域に外国人が増えることについての世代別・性別意見 ……………… 228
　　図5-3 外国人と付き合う意思についての世代別・性別意見 …………………… 230
　　図5-4 外国人との付き合いについての世代別・性別意見 ……………………… 230
　　図5-5 「夢っくす」会員の年代構成 ………………………………………………… 235
　　図5-6 「夢っくす」会員の職業構成 ………………………………………………… 235

序章

1. 研究の意義と目的

　2006年に総務省が「地域における多文化共生の推進に向けて[1]」を発表して以降、「多文化共生」は政府や地方行政の用語として定着したかに見える。しかしその内実を見るならば、「多文化共生施策は、自治体レベルの政策において用いられているにすぎず、国レベルの法改正が必要な問題に関する権利義務関係に踏み込んだ内容を含んでいない」(近藤2009：12)との指摘がある。モーリス=スズキ(2002)もまた、日本の多文化共生(多文化主義)論は、「多様性がもてはやされてはいても、それはあくまで厳格な条件にかなう場合のみに限る」もので、「既存の制度の構造的改編を伴わない、コスメティック・マルチカルチュラリズム(うわべの多文化主義)」だと指摘する(同上：154-155)。そして、多様な国籍やアイデンティティを有する人々が経済的・社会的保障の下に新しい日本の形成に参加できるような社会づくりが必要だと論じる。これは、経済界を中心とした移民受け入れの議論[2]が、労働人口の減少を埋め合わせるための手段として検討されていることへの手厳しい指摘となっている。経済論理を優先した議論では、受け入れる外国人が単なる労働力ではなく、より良い人生を生きることを望み、社会的意欲を持つ「人」であるという単純な事実が見落とされがちである。

　本研究で取り上げるのは、農村に暮らす結婚移住女性と、農村地域における家族の多文化化・多民族化の現象である。農村の結婚移住女性は、日本人配偶者と共に家族を形成し、日本社会の次世代を担う子どもたちを育てている。「外国人」として切り捨てることも、「外部者」として簡単に排除することもできない存在である。したがって、彼女たちの適応過程に焦点を当てることは、農村の家族やコミュ

---

[1] 同報告書は、多文化共生を全国の地方自治体の共通課題に位置づけるとともに、多文化共生推進プログラムとして、①コミュニケーション支援、②生活支援、そして③多文化共生の地域づくりの3つを施策の柱として提示した。
[2] 経済団体連合会の「外国人受け入れ問題に関する提言」(2004)など。

ニティのあり方を射程に入れないわけにはいかない。しかしながら、これまで、結婚移住女性の存在は、移民研究や多文化共生の議論の中では周縁に置かれ、また、後段で詳述するように、「ムラの国際結婚」はもっぱらネガティブな社会問題として扱われてきた。加えて、農村の家族は、個人主義に基づく夫婦制家族への転換が遅れているため、農村の家族に「嫁」として参入する結婚移住女性の葛藤は、都市部で「妻」として暮らす結婚移住女性の体験よりも、はるかに複雑で困難が伴うといわれてきた。しかし実態はどうなのか。問題に関心が寄せられるあまり、異なる文化や社会規範を持つ結婚移住女性が加わることによって生まれている、農村社会の積極的な変容の萌芽が見落とされているのではないか。

　石川編(2007)は、2000年国勢調査データを用いて「外国人妻」の離婚率を調べている。それによれば、日本人どうしの結婚と国際結婚の離婚率に大きな開きがあるわけではない。石川が調べた2000年の離婚数を分子に用いた国際結婚の離婚率は、(A)15歳以上の外国人女性居住者を分母にした計算では1.57%、(B)15歳以上の外国人女性居住者で続柄が「妻」と「嫁」であるものに限った計算では2.89%であった(同上：311-312)。2006年の日本人の離婚率は2.04%である。厚生労働省が発表している日本人の離婚率は、分母を15歳以上の人口としているので、(A)との比較が妥当であろう。いずれにせよ、「外国人妻」の離婚率は、日本人と比べて大きく異なっているわけではない。ただ、山形県は例外的に、(A)の方法では6.23%、(B)の方法では8.78%というように、他の地域と比べて突出して離婚率が高い。

　国際結婚の離婚率については、いくつかの見方ができる。この数値を低いと見る場合には、2つの見方ができる。1つは、離婚したくてもできない状況に結婚移住女性が置かれている可能性である。たとえば、夫との共同生活が破たんしていても、彼女たちの在留資格が日本人との婚姻関係を前提としたものであるため、滞在の不安から離婚に踏み出せない可能性である。あるいは、経済的不安、また、夫からのドメスティック・バイオレンス(DV)によって身動きが取れずにいる結婚移住女性もいると考えることができる。もう1つは、離婚者をはるかに上回る国際結婚家族がさまざまな危機を乗り越えて家族形成を行ない、定着しているということになろう。本研究の調査対象は、さまざまな事情を抱えながらも、農村地域において婚姻関係を継続している国際結婚家族である。

　筆者がこの問題に関心を抱くようになったのは、2003年に新潟県南魚沼市にお

いて、業者仲介で結婚して間もない中国人女性と日本人男性のカップルに出会ったことに始まる。この出会いは、筆者自身にも内面化されていた「農村花嫁」に対する偏見の存在を認識させるとともに、2つの強烈な印象を残した。1つは、「農村花嫁」や「ムラの国際結婚」に対するステレオタイプ化されたイメージ[3]と、実際に出会った国際結婚者の印象との大きなギャップである。もう1つは、南魚沼市が20年前に「ムラの国際結婚」が話題になったときに大きく取り上げられた地域であるにもかかわらず、結婚移住女性の存在が社会的に不可視化されてきた、という事実に対する素朴な驚きである。さらに筆者が結婚移住女性の問題に関心を深めた理由は、業者仲介による国際結婚が依然として継続する中で、初期の国際結婚者の子どもたちが成人し始めているという事実である。

　国際結婚の増加は、グローバル化の下で国際的な人の移動の拡大と連動して起きている現象である。20年もの時間が経過したのであるから、批判されることの多い「ムラの国際結婚」にも、その内実を探ればいろいろな可能性やポジティブな面があると思われる。もし、今も「ムラの国際結婚」に問題があるのであれば、その問題はどのようにすれば解消することができるのかを提示する必要がある。また見落としてきた可能性があるのであれば、その可能性を開くためにはどのような工夫が求められているかを提示する必要がある。これまで農村地域の国際化や留学生交流に長く関わってきた筆者には、農村地域で始まっている多文化共生の試みを日本社会の多文化化・多民族化の現状とつなぎ合わせていくこと、そして、将来に向けた農村のより豊かな可能性を見出していく社会的使命があると考えている。

　本研究の目的は2つある。1つは、「農村花嫁」に対する既成観念、虚像、ステレオタイプを、実態調査に基づいて検証し、一般には知られていない実像を示すことである。それによって、農村社会で主体的に生きる結婚移住女性たちの多様性に富んだイメージを提示することができると思われる。もう1つは、「停滞し、疲弊する農村」などといった、これもまたステレオタイプ化されたイメージで語られてきた農村社会が、結婚移住女性を受け入れたことによって異文化受容力を身に付け、現実を変えていく力を発揮するようになるのか、その可能性について考察する

---

[3] 詳細は2節で扱う。ここでは、日本とアジア諸国との経済格差を利用して農村男性の結婚難を解消するために行なわれた「売買婚」であり、お金のために日本人と結婚した「かわいそうな女性」と女性の人格を尊重しない日本人男性といった否定的な言説をいう。

ことである。調査地は、筆者がこの研究に取り組むきっかけを与えてくれた新潟県南魚沼市とその周辺地域である。

2. 研究の視点

「ムラの国際結婚」研究は、マクロな社会経済構造から演繹的にこの現象を説明しようとするものと、当事者の結婚動機や意思決定に注目して、帰納的にそれを組み立てようとする2つのアプローチがある。前者には、宿谷(1988)などの経済格差とイエ制度の名残で説明するものと、伊藤(1996)などの経済格差と性差別を組み合わせたものがある。両者とも豊かな都市と貧しい農村、そしてアジアという図式を前提とし、「農村花嫁」のステレオタイプなイメージを形成した。後者には、佐竹・ダアノイ(2006)やBurgess(2004)など結婚当事者のミクロな状況を調査する中で、結婚移住女性のよりよく生きようとする主体的側面を析出した研究がある。どちらの説明が正しいというわけではないが、本研究では相対的に不足している後者のアプローチをとる。

農村社会研究では、都市化が進む中で、農村家族を規定してきた直系制家族や家父長制が大きく変容し、「夫婦家族化した直系家族」、あるいは「直系家族形態をそのままにしての個人化」が進んでいることが明らかにされている(蓮見1990；高橋ら1992；堤2009など)。しかし、「ムラの国際結婚」研究ではそれらの知見が十分に検討されず、農村社会や農村家族が急激な変動を遂げる高度経済成長開始以前の農村社会モデルに依拠したために、結婚移住女性の主体性が発揮されうる可能性を過小評価することになったのではないだろうか。結婚移住女性の適応過程や女性たちを受け入れた家族や地域社会の変容を捉えるには、経時的な視点の導入と質的調査が不可欠である。そこで、本研究では、筆者が責任者となって実施した南魚沼市におけるアンケート調査と、その後、筆者が独自に実施した国際結婚当事者家族と結婚移住女性の支援に関わっている市民のインタビュー調査、および日本語教室での参与観察で得られたデータなどを用いて、多面的に結婚移住女性の実態に迫っていきたい。

本研究で着目する結婚移住女性とは、80年代後半以降に農村に参入した「農村花嫁」と呼ばれた女性たちのことである。「農村花嫁」という用語の一般的な通用度

は、経験的感触ではあるが、30代後半以降の世代ではかなり高い。しかし、「農村花嫁」がプラスのイメージで用いられることは少ない。そうした「農村花嫁」の負の意味づけは、「イエ」や「ムラ」といった社会規範に縛られていると思われていた農村と「国際結婚」との組み合わせに対する違和感、それに続く女性の人権団体からの厳しい農村や農村男性に対する社会的批判のインパクトが鮮烈に人々の記憶に残っているためと考えられる。典型的な批判は、日本とアジア諸国との経済格差を利用して、女性たちが「妻」としてではなく、農家のために、親の面倒を見させるために、そして子どもを産むための「嫁」として、連れてこられているのではないか、というものであった。また、国際結婚を選択した男性たちは、伝統的なイエ制度から抜けきれないために日本人女性と結婚することができず、次善の策として経済格差を利用してアジアから「嫁」を迎えたエゴイストだとされた。また、農山村に居住していることや農業後継者であるという環境や条件は、結婚難の免罪符にはならないとされた(宿谷1988：265-267)。しかし、「ムラの国際結婚」が始まって20年以上になるが、定住した結婚移住女性がどのような適応過程を経たのか、その過程で地域社会の人々とどのような関係を形成してきたのかに関する研究はほとんど行なわれていないのである。建設的な議論をするにはまず実態を把握しなければならない。

3. 先行研究の検討

　筆者は、これまでの「ムラの国際結婚」に関する先行研究は、次のような点が不十分であったと考えている。第1に、結婚移住女性像に偏りがあり、特に、彼女たちがどのようなことに関心を持ち、どのような生き方をしているかを、彼女たち自身の言葉で語ったデータが非常に少ない。第2に、地域社会の生活者として市民が結婚移住女性の存在をどのように見ているかという「外国人花嫁」像と、結婚移住女性たち自身の自画像が、どのように関連しているかという問題意識から行なわれた調査が少ない。第3に、結婚移住女性たちを受け入れた家族や地域社会自体が大きな変化の過程にあることへの考察が弱い。第4に、結婚移住女性の問題を、彼女たちの問題を超えた、高齢化や多文化共生という日本社会が直面している歴史的な文脈の中で捉えなおすという視点が弱い。これらの先行研究についての概括

的な検討結果を踏まえた上で、農村社会のイエや結婚をめぐる文化的変化に関するものと、結婚移住女性のステレオタイプの形成過程に関係する先行研究について、詳しく検討する。

3-1. 農村社会の変容をめぐる言説

アジアは世界的に見て移民の中に占める女性の割合が高い地域である。伊藤(1996)は、日本の場合には性産業におけるアジアの女性たちの就労の拡大と、アジアの女性たちとの国際結婚の拡大という社会現象の中に、その影響が見られるという。同時に、こうした現象は、従来の移住者を労働力としてのみ捉える国際移動研究の支配的な枠組みでは、「異質なものとして切り捨てられるか、ごくマージナルな位置づけを与えられるに留まってきた」(同上：243-244)と指摘する。アジアにおける移民の女性化の背景には、再生産領域における国際分業の制度化がある。伊藤は、再生産労働の超国家的な移転論が日本でもっともよく当てはまるのが、農村における「アジア花嫁」の導入という現象だとして、次のように農村における男性農業後継者の「結婚難」と国際結婚の問題を整理した(同上：257)。

　過疎に苦しむ農村で生じる男性農業後継者の「結婚難」を、途上国の女性たちの導入によって解消しようとする現象は、日本に限らず、ヨーロッパ諸国やオーストラリアなどの先進諸国に共通して見られる。そこには、戦後経済成長と開発の過程で進行した都市部への人口流出が、産業労働力の「貯蔵庫」を汲み尽くし、それが同時に、女性の大量流出によって、農村の再生産労働力の枯渇をも招くという構図がある。人口流出による生産労働力の低下は、技術革新と合理化によって、一部代替することはできても、人間の生物学的な、そして社会的な再生産システムの危機への対応は、機械化や技術革新によっては実現できず、生身の女性に依存せざるをえない。この種の問題は、先進諸国に共通してみられ、いわゆる「メール・オーダー・ブライド」といった「花嫁の取引」を生み出してきたが、日本の場合、特筆されるのは、このような「花嫁の取引」が国際結婚斡旋業だけでなく、自治体行政の組織的な介入と支援のもとに進められる傾向を示してきた点にあるだろう(同上：258)。

さらに、農村の「花嫁不足」には、日本女性が農村男性との結婚を忌避している

ということだけでなく、「農家自体にも浸透した日本社会全体の農業と農村に対する否定的な価値観が、この再生産システムの危機を生み出した」、と論じる。この指摘は次節で取り上げる「ムラの国際結婚」や結婚移住女性のステレオタイプの形成とも関連している。「ムラの国際結婚」現象は、70年代に始まるアジアへの日本の経済進出と大衆観光の流行、そして80年代以降のアジアの女性たちの日本の性産業への流入、さらには日本人女性の高学歴化と社会進出によるライフスタイルの個人主義化など、さまざまな要因が複合的に絡まって生じたものである(同上：261)。

　筆者は、このような伊藤の分析に基本的に同意する。と同時に、伊藤をはじめとして、「ムラの国際結婚」を論じる側の「農村」のイメージにもステレオタイプな理解があることを指摘したい。農村男性の結婚難は、農村男性の個人的資質に還元されるほど情緒的なものではなく、日本の社会経済構造に根ざすものである。さらにいえば、グローバル化の中で生じている南北格差の拡大、日本国内の都市と農村の格差の拡大、そして社会的排除の問題などが輻輳して生じている現象である。

　1961年に施行された農業基本法は、高度経済成長と密接に関係し、その後の農業と農村のあり方を大きく転換させることになった。そこに示された農業・農村の将来像は、(1)選択的拡大、(2)農業生産の近代化、(3)自立農家の育成である。ひとことでいえば労働生産性を重視する工業の論理を農業部門に導入することであった。「選択的拡大」とは、小規模な農家が多種多様な作物を手作業で作る農業から、特定の作物に特化して大型機械の導入により大規模に効率よく生産する農業に転換することであった。しかし、それらの政策目標は達成されず、農業をめぐる状況は悪化の一途をたどった。

　「農業生産の近代化」とは、農業の機械化と化学肥料の多用による労働時間の短縮であった。「自立農家の育成」とは、(2)の帰結として兼業化が進み、脱農・離農した農地を意欲ある農業者に集中させて大規模化を図り、自立農家を育成するという目論見であった。しかし、農地の流動化は想定したようには進まず、小規模農家は生活の最後の拠り所として農地を家産として保持することで対抗した（日本村落研究学会編2007：48-50）。このように農業基本法は農家や農村のあり方を大きく変化させたが、これがどれほど大きな変化であったかは、農業所得の構造変化から

4　特に70年から始まった減反政策は、農業者の生産意欲を低下させただけでなく、農業そのものの社会的価値を低下させたという意味で、農業への負の意味づけを決定づけた。

確認することができる。

表序-1. 農家総所得の推移

	1960年	1970年	1980年	1990年	2000年
農家総所得*	449	1,592	5,594	8,399	8,280
農家総所得指数(1960年=100)	100.0	354.6	1,245.8	1,870.1	1,844.1
うち農業所得(1000円)	225	508	952	1,163	1,084
農外所得(1000円)	184	885	3,563	5,438	4,975
恩給年金等給付金	6	47	514	1,220	1,653

* 単位1000円、全国1戸当たり。
出典：大内(2005：3)、「表1-1　農業・農村・農家の変化」の一部を転載。

　表序-1で1960年と2000年を比較すると、農家所得は18.4倍に増加している。しかしその内実は、農業所得の伸びは4.8倍にすぎず、農外所得の伸びは27倍と桁違いである。また、1970年には全国で3万6900人いた新規学卒就農者は、1990年には1800人に減少し、1990年の1農家当たりの農業就業者数は1.0人になった（大内2005：3）。「ムラの国際結婚」家族の多くは、多世代同居である。それを前提にこの数字を見ると、国際結婚当事者の日本人配偶者は主業農業ではない場合が多いと推察される。したがって、結婚移住女性に対する農作業労働力としての期待はそれほど高いとは思われない。この点は、第3章と第4章で考察する南魚沼市における国際結婚者の調査結果からも確認された。しかしながら、これは、南魚沼市が機械化一貫生産体制の整った稲作地帯であるためであろう。畑作地帯に多くの外国人研修・技能実習生が受け入れられていることを考えれば、畑作農家に嫁いだ結婚移住女性は主要な労働力となっている可能性が高い。

　日本の農家は、80年代後半には既に8割以上が農外所得なしでは一個の家庭として存在しえない状況にあったが、多くの人々は挙家離村ではなく、在村のまま安定兼業農家を目指した（祖田1989：60）。挙家離村が一部にとどまった理由は、農村社会の定住性と先祖祭祀など農村社会を基底で支える価値規範との関係から考える必要がある。

　高橋・蓮見・山本編(1992)は、1953年、1968年、1985年の3回にわたる、岡山県と秋田県における農民意識の追跡調査から、相対的に農業が縮小する中でかつて家を支えていた農業に対する家業意識が薄れ、跡取りの役割として重要視される

ものが、家の存続のための物質的基盤である土地や家業の維持・継承よりも、先祖祭祀や家系継承、あるいは親戚づきあいに変化していることを明らかにした（同上：209）。

　坂本（1989）は、人間の「生」は、生命・生活・人生、あるいは、いのち、くらし、生き方の全体を意味するものであり、そして、その基礎をなしているものが農業であるという（同上：3）。先祖崇拝やこうした農業的価値観は、経済的価値観や近代合理主義とは相容れないものであるが、最近の「農業・農山村ブーム」をどのように考えたらよいのだろうか。内山節は、その背景に「進歩とか科学の発展、自由な個人の確立といった近代を動かした言葉に、多くの人々が輝きを感じなくなった」こと、また、「自然を含む他者を破壊することは、いずれ自己を破壊することに帰着するという確信が意識の底に存在している」のではないか。そうした近代文明の限界を乗り越えようとするときに、「大きなシステムに個人がのみ込まれていくのではなく、生きること、暮らすことを自分でデザインする」ことができる場として農業や農村に関心が集まっているのではないか、と述べている。

　筆者は、必ずしも混住化や兼業化の拡大を否定的に捉える必要はないと考えている。「一体感」や「信頼関係」、「相互扶助の精神」は、農村社会を特徴づけてきた社会関係資本である。これらは閉鎖性と結びつけば個人を抑圧することになるが、混住化や兼業化の拡大は、農村社会と外部社会との多様なネットワークを形成する積極的な側面も持つ。農村社会における市民組織の生成は、こうした農村社会の多様性と社会的ネットワークの拡大がその条件を提供しているのである。

　では、農村社会の変化は、人々の意識にどのような影響を与えたのであろうか。佐藤（2004）は、農村地域が激変する1982年と1993年にパネル調査を実施し、農村

5　2009年7月22日付、朝日新聞、「農業・農山村ブームの再来：近代へのニヒリズム」。
6　社会関係資本は、ソーシャル・キャピタルの日本語訳である。この言葉は、教育学の分野ではColeman（1988）が高校中退者の要因分析に用いている。またHanifan（1916）も学校のコミュニティセンターとしての機能を議論する中で「善意・仲間意識・社会的交流」という意味で用いている。最近では、国際機関や行政機関などでもよく用いられるようになっているが、そのきっかけを作ったのは、パットナム（1993=2001：2000）である。パットナムはイタリアの南北格差をソーシャル・キャピタルの蓄積の違いによると指摘し（1993=2001）、また、1人で黙々とボーリングをする人々の姿にアメリカ社会におけるコミュニティの崩壊が象徴されていると指摘した（2000）。ソーシャル・キャピタルの重要な構成要素には、信頼関係、規範、ネットワークがある。また、ソーシャル・キャピタルは「結束型」と「橋渡型」に分類され、前者は、同質的なグループ内での仲間内の結束を表し、後者は、異質なグループ間をつなぐブリッジの役割を果たすようなものだといわれている。本稿では、Putnam（2000）の定義、「人々の社会的な絆とそれを支える助け合いと信頼の精神」を用いる。

家族において伝統的に家族内地位がきわめて低く、経済力を持たなかった中高年有配偶女性の老後生活に関する意識がどのように変化したかを分析し、「長男同居」志向の弛緩と、同居している場合でも「家計」の分離意識が著しく高まり、「長男の妻」への介護期待が弱まっていることを明らかにした。

靏(2007)は、兼業化が進む中で家事や自家農業（アンペイド・ワーク）を引き受けてきたために、家族員の中で最後まで「自分の財布」を持つことができなかった中高年の農家女性に着目し、家庭菜園から収穫される自家消費量を超える野菜を無人市や直売所で販売することによって女性たちがエンパワーメントされる過程を分析した。無人市や直売所の活動が全国的に見られるようになるのは80年代後半以降である。

山梨県勝沼町を調査地に1966年～1997年の30年間にわたり、農村家族の持続と変動に関する6回の長期反復調査を行なった堤(2009)も、農村の家族は、直系制家族という形態は維持していても、その内実は、夫婦家族志向が強まっていることを明らかにしている。

このように、80年代後半に「ムラの国際結婚」が漸増を始める時期には、農村社会とそこに暮らす人々の意識が大きく変化しはじめていたのである。変化には濃淡があるし、領域によって変化の速度も異なる。形態的に直系家族制を維持していても、その内実を見れば、生活空間や経済面での親世代と子世代夫婦間の分離が進み、老後を子どもに依存する意識は弱くなってきた。その限りでは、夫婦家族制意識が強まったと見ることができる。だが、その一方では、近隣との付き合いや集落の運営方法に関する変化は緩やかであり、先祖崇拝の意識は社会規範として維持されている。また、都市に先行して進んだ農村の高齢化や少子化による農村社会の縮小は、そこに住む人々に将来への不安を抱かせていることも確かである。しかし、各地の農村ではそうした現実を踏まえながら住み続けるためのさまざまな取り組みを行なっている（徳野2007、金丸2009、西川2009など）。このような農村社会の変化は、結婚移住女性の適応過程にも影響する。しかし、これまでの「ムラの国際結婚」の研究では、農村社会の変化に関する言及はほとんど行なわれず、他方、農村社会の異質化や複合化に関する研究の蓄積は多いが（荒樋2004、大内2005、堤2009など）、その射程には、農村家族の多文化化・多民族化は含まれていなかった。

蓮見(2007)は、都市と農村の社会変容に関する研究が専門的に、かつ両分野の

対話を欠いた状況で行なわれている理由について、都市社会学はシカゴ学派を主体とするアメリカの都市社会学の影響を強く受け、農村社会学は日本の現状分析に集中して、他の社会学の分野との関係を閉ざす傾向にあったためだと述べている(同上：16)。70年代半ばに発足した地域社会学会は、都市と農村という類型化の限界を超えて、「地域社会」という枠組みを設定し、経済成長の結果生じてきた地域社会の解体現象に対して、いかにして地域社会の再生を図るのかという課題と向き合ってきた。そして、今日の経済的・社会的発展を前提とした、新たな地域社会のあり方をどのように描くことができるかが、今日的課題だとする(同上：19)。筆者は、蓮見のいう今日的な重要課題の1つが多様な文化背景を持つ人々との共生秩序の形成だと考える。しかし、これまでのところ、こうした問題意識で取り組まれた農村社会に関する先行研究は、武田(2009b)のほか見られない。

3-2.「ムラの国際結婚」に関する言説── ステレオタイプ形成の経緯 ──

　中村(2001)はこれら外国人妻の現状を次のように述べている。「日本の農村に定住した花嫁たちは、生まれ育った環境や社会から切断されている。言葉や習慣もわからず、孤立しがちである。(中略)『夫の外出中は、狭い部屋に閉じ込められ、外から鍵をかけられている』という16歳の花嫁の訴えをきいた留学生も、その少女の将来を考えればどのような対策があるのか、答える言葉に窮したそうである。南の花嫁を迎えた過疎地のハッピーな物語だけを語り、異国から来た花嫁の人権を無視してよいとはいえない」。闇に隠れたこのようなケースはまだまだ多くありそうである。

　この引用は、2009年1月に刊行された河原俊昭・岡戸浩子編『国際結婚──多言語化する家族とアイデンティティ』(明石書店)の「第1章：外国人妻たちの言語習得と異文化接触──山形県の事例を中心に」(同上：25)からのものである。文中の「中村(2001)」とは、中村尚司著『人々のアジア』(岩波新書)のことである。出版年は2001年と表記されているが、それは重版された最新年であって、初版は1994年である。中村氏の発言部分の引用は、同氏が1988年に起きた「プリヤーニ事件」(内容は次節を参照)の原告であったスリランカ人「花嫁」の支援活動の一環で行なった調査の一部である。

　この著書のタイトルから、同書の読者には結婚移住女性の日本語支援を行なっ

ている市民も相当数含まれると考えられる。筆者が問題にしたいのは、80年代後半に起きた離婚届の偽造という公正証書原本不実記載、同行使事件を背景とする論考に、何の注も付けずに、しかも初版1994年のものを2001年出版として、2009年に刊行された書籍に引用されていることである。この論考の著者は、2004年から2005年にかけて、山形県庄内地方にある日本語ボランティア教室8ヵ所を訪ねて、日本人男性と結婚した外国人妻たちの実態調査を行なった。著者がいうように、日本語教室に通うことができる結婚移住女性は生活条件が恵まれているというべきで、家族の理解がないために日本語教室に通うこともできない女性たちがいることは事実である。その点を強調するために、「闇に隠れた」事例への注意を喚起しようという意図は理解できる。しかし、それを割り引いても、上記の引用が、「農村花嫁」やその夫たちに対するスティグマを強化してしまう効果を看過することはできない。

「ムラの国際結婚」が社会的に注目を浴びたのは80年代後半である。しかし、現在でも「農村花嫁」という用語にイメージされる「かわいそうなアジアからの花嫁」といったステレオタイプな見方が続いているのは、「ムラの国際結婚」が始まって1年〜3年目の調査に基づく宿谷(1988)らの論文が繰り返し引用されていることが理由の1つである。研究が偏見を増幅させている側面があるといえないだろうか。

筆者の結婚移住女性に対する見方は肯定的なものである。異なる文化背景を持つ彼女らが潜在的な可能性を発揮することができるならば、日本社会をより開かれた社会に作り変えていく上で重要な存在になると考えている。そのためには、「農村花嫁」という言葉に込められた負のイメージと実態との乖離を明らかにすることが不可欠である。ステレオタイプにあてはまらない多様な結婚移住女性の存在を明らかにすることなしには、いつまでも「形になりにくい人々の偏見やぎこちない対応」(宿谷1988：233)が続くことになる。このように感じるのは、筆者が調査活動の中で出会った、結婚移住女性やその連れ子の支援に関わっている市民にも、「農村花嫁」や「ムラの国際結婚」に対するステレオタイプなイメージの影響を感じることがあったからである。たとえば、某全国紙の記者が「地域に暮らす外国人シリーズ」の取材で、母親の再婚に伴い中学2年生の時に来日し、一般入試で高校に合格した中国人生徒を取り上げようとしたときのことである。ほとんど日本語を解さない状態で来日した少年が1年半で高校入試に合格することができたのは、学校での

日本語支援だけでなく、市民ボランティアによる少年の精神的ケアも含めた学習支援があったからである。少年は支援者の1人について、「先生というより、僕にとっては最初の友達」、「（その人に）出会ってなかったら今はないから、感謝している」と語る。ところが、記者の取材を阻もうとしたのは、他ならぬその支援者たちだった。支援者らが筆者に語った理由は、新聞で取り上げられることによって、少年や少年の家族が周囲の好奇の目にさらされることへの懸念だった。どのように書かれるかわからないという支援者らの不安も理解できるが、支援者らの「善意」が、場合によっては、被支援者の自立や社会的発言の機会を奪ってしまう。支援者らに「懸念」を抱かせているのは、「国際結婚」に対する地域社会に潜在する偏見であったと思われる。

　最終的に記者は義父の理解を得て、少年とその母親を取材することができた。取材後に記者は、当事者の少年も母親も義父も驚くほど積極的に話してくれたと面談の様子を話してくれた。筆者もこの当事者たちの「語ることへの意欲」については、インタビューの度に感じている。当事者たちは、周囲の「形になりにくい人々の偏見やぎこちない対応」の中で日々暮らしている。自分から聞かれてもいない結婚のいきさつや家庭生活について語ることはしないが、「もっと私たちのことを知ってほしい」という強い意欲を持っている。そこには、「話したい当事者」と、聞くことに躊躇を感じて「遠巻きに見ているだけの市民」という構図がある。両者の間を近づけるためにも、「農村花嫁」や「ムラの国際結婚」に関するステレオタイプなイメージと実態とのギャップを埋める作業が求められる。

　次に、こうした「農村花嫁」の印象がどのように形成されてきたのかという視点から先行研究を整理する。**表序-2**では、「ムラの国際結婚」に関する主な出来事と実態調査の実施時期、そして先行研究との関連を整理した。**表序-3**では、先行研究の引用関係を整理した。この2つの表からは、宿谷(1988)が現在でも「ムラの国際結婚」研究のバイブル的位置づけを得ていることがわかる。結婚移住女性を受け入れた地域社会の調査については、松本・秋武(1994：1995)の引用数が多い。また、引用数の多い桑山(1995)は、著者が精神科医として異文化外来で収集した臨床データとNPOのメンバーとして結婚移住女性の支援に携わってきた経験をもとに、結婚移住女性の適応過程の諸問題を論じたもので説得力があり、また、示唆に富む。しかし、同時に精神科を受診した患者データであることから、きわめて問題が先鋭化

した事例について論じていることに留意しなければならないだろう。また、行政主導の国際結婚事業が始まる以前から、「興行」資格で来日したフィリピン女性が客として知り合った日本人男性と結婚する流れが一方にあり、そうした中で家庭内暴力などの問題に直面した女性たちを支援する市民団体が80年代には活動を開始していた。このため、フィリピン女性に関する先行研究は多い(定松2002；Suzuki2005；佐竹・ダアノイ2006)。筆者も、結婚移住女性の中に多くの人権侵害にあたる事例があることは承知している。しかしその一方で、問題事例をはるかに上回る国際結婚家族が、さまざまな課題を乗り越えて家族形成を続けている事実と、その事実が日本社会に与える影響についても冷静に見ていくことが必要だと考える。

序章 23

表序-2.「ムラの国際結婚」に関する主な先行研究の系譜

時期区分	「農村の国際結婚」に関する主な出来事	調査の実施時期	1次データに基づく論考	2次データに依拠した論考
1987〜1997	85.10 朝日町にフィリピン花嫁到着			
	86.7 大蔵村フィリピン映画祭	86.1 光岡調査① 86.3 光岡調査② 86.11 宿谷調査開始		
	87.2 第1回結婚問題講座	87.12 光岡調査③		
	88.2 第2回結婚問題講座	88.2 NHK調査		
	88.2 中村尚司氏、毎日新聞にシンハラ女性の人権擁護の談話発表 ⇒国会で議論			
	88.5 新潟県浦川原村主催「結婚フォーラム」	88.5 日暮、新潟日報調査開始	宿谷京子 (1988.12)	
	88.6 NHK「おはようジャーナル」で2日間にわたり「農村花嫁」特集		日暮高則 (1989.1) 新潟日報社 (1989.6) 佐藤隆夫編 (1989.8)	
	89.4 東信結婚相談所所長とA氏を文書偽造罪で告訴(プリヤーニ事件)	90.5 光岡調査④		
	91春 山形県で「異文化外来」新設			
	91.10 プリヤーニ事件：東京地方検察庁は夫と斡旋業者に対して有罪を確定(公正証書原本不実記載、同行使の罰金刑)	92.2 光岡調査⑤		
	93.11 プリヤーニ事件：京都地方裁判所は、東信結婚相談所所長に慰謝料1200万円の支払い命令	93.12 松本・秋武調査		

時期区分	「農村の国際結婚」に関する主な出来事	調査の実施時期	1次データに基づく論考	2次データに依拠した論考
1987〜1997		94.12 松本・秋武調査	松本・秋武(1994)	
		95.3 中澤調査	松本・秋武(1995) 石井(1995) 桑山(1995)	
		96.9 仲野調査	中澤(1996) 光岡(1996)	伊藤(1996)
		97.4 高木・松本調査	高木・松本(1997) 柴田(1997) 桑山(1997)	
1998〜2001			仲野(1998)	
2002〜2007	06.2 滋賀県長浜市で中国人妻による園児刺殺事件	01〜02 Burgess 03・05 柳 04 佐竹・ダアノイ 01〜06 賽漢卓娜 06〜07 武田	Burgess(2004) 板本(2005) 柳(2006) 佐竹・ダアノイ(2006) 賽漢卓娜(2007) 武田(2009a) 武田(2009b)	渡辺(2002) 落合・リャウ・石川(2007)

出典：先行研究文献より作成。
1 時期区分は本研究の調査地南魚沼市における国際結婚時期区分による(詳細は第3章参照)。
2 光岡調査は日本人への質問紙調査である(光岡1996：124-143)。①青年対象に1985年12月〜1986年1月に実施した国際結婚についての意識調査(N=1234)、②中高年者対象に1985年12月〜1986年3月に息子が国際結婚を希望したことを想定した調査(N=711)、③中高年対象に1987年7月〜12月に息子が国際結婚を希望したことを想定した調査(N=1245)、④1989年5月〜1990年4月に息子が国際結婚を希望したことを想定した調査(N=2640)、⑤1991年8月〜1992年2月に神奈川、山梨、新潟、愛知、岡山で実施した息子が国際結婚を希望したことを想定した調査(N-871)。
3 1987年2月と1988年2月に開催された「結婚問題スペシャリスト講座」(表中では「結婚問題講座」と表記)は、日本青年館主催によるむらの若者の結婚問題をテーマにしたシンポジウムである。第2回講座では国際結婚問題が取り上げられた。来賓として挨拶したフィリピン大使館一等書記官兼総領事、マリア・ゼネダ・アンガーラ氏の「農家に日本の女性が来ないからとフィリピン女性を、親の面倒を看、子孫を産むための嫁として連れてくるのは絶対に納得できない」という批判は、当時のマスコミ(朝日新聞、1988年2月21日付など)に大きく取り上げられ、また、日暮(1989)、新潟日報学芸部編(1989)、佐藤編(1989)でも引用されている。

表序-3. 先行研究の参照・引用関係

	佐藤編 (1989)	石井 (1995)	中澤 (1996)	光岡 (1996)	仲野 (1998)	渡辺 (2002)	佐竹/ ダノイ (2006)	柳 (2006)	落合他 (2007)	賽漢 卓娜 (2007)
宿谷 (1988)	○	○	○	○		○	○	○	○	○
日暮 (1989)		○		○		○			○	
新潟 日報社 (1989)		○				○			○	
佐藤編 (1989)		○	○	○				○		
松本・ 秋武 (1994)			○	○		○	○			○
松本・ 秋武 (1995)			○		○	○	○			○
石井 (1995)										
桑山 (1995)		△	○	△		○	○		○	○
中澤 (1996)								○		○
光岡 (1996)			○						○	
高木・ 松本 (1997)										
柴田 (1997)					○	○	○			
桑山 (1997)							○			
仲野 (1998)						○		○		
佐竹/ ダノイ (2006)										○

出典:先行研究文献より作成。△印は、桑山(1995)からの直接引用ではないが、桑山がそれ以前に発表していたデータを参照していることを示す。

3-2-1.「ムラの国際結婚」に関する初期の研究

筆者は、宿谷(1988)、日暮(1989)、新潟日報学芸部編(1989)、佐藤編(1989)の4冊を初期の「ムラの国際結婚」の実態を取材したものとして重要な文献に位置づけている。

宿谷(1988)は「ムラの国際結婚」に関する初めてのルポルタージュである。それに続く、日暮(1989)、新潟日報社学芸部編(1989)、佐藤編(1989)の出版時期を見ると、宿谷(1988)は1988年12月20日、最後に出版された佐藤編(1989)は1989年8月30日である。つまり、これらはわずか8ヵ月の間に相次いで出版され、宿谷(1988)は、佐藤編(1989)でさっそく引用されている。宿谷が取材を開始したのは1986年11月である。最後に出版した佐藤らの出版時期から逆算すると、同書に盛り込めた取材データは1989年初頭までであろう。とするならば、これらの取材は、初期の結婚移住女性が来日して1年〜3年目の時のものである。取材で得た結婚移住女性のコメントは、女性たちが適応過程のどの段階にいるのかを見た上で、解釈しなければならない。

桑山(1995)によれば、来日後1年〜3年とは、結婚移住女性の適応過程の第1ラウンドにあたる。桑山は第1ラウンドの主な問題点として、ホームシック、異文化摩擦、相互不理解、家族内葛藤をあげている。この第1ラウンドには、さらに次のような適応段階の山場がある。来日1ヵ月をすぎると、当初は女性たちへの気遣いを見せていた日本人家族が、時折、「どうしてこんなことがわからないのだ？」といった苛立ちを示すようになる。女性たちは、そうした日本人の不機嫌さの理由が理解できずに困惑する。同時に周囲の状況もある程度理解できるようにもなっているので、結婚したことへの内面的な「迷い」も生じる。3ヵ月目の主な要素は「怒り」だという。周囲の状況がわかるようになるにしたがい、「こんなはずじゃなかった」という怒りや不満を覚える。6ヵ月目に入ると周囲は「もう半年も経った」と、女性たちに急激に自立を促すようになる。そうした周囲の態度は、女性たちに自分でなんでもしなければならないというプレッシャーを与え、女性たちを疲れさせる。2年目に入ると、かなりのことは自力でできるようになり、日本語も日常会話は不自由がなくなるので「心の余裕」が出てくる。ところが、日本に慣れてきたために起きる「飽き」が、無性に母国へ帰りたいという気持ち、桁違いの強いホームシックを呼び起こすことになる（同上：18-26）。桑山は5年目を中期適応段階の山場と位置づける。

家族も含めて周囲の日本人は、5年間いろいろあったがこれで何とか平和にすぎていくだろうと安心する。ところが5年目は、女性たちが自分の人生において、「この地に移住したこと」を再考しはじめる時期なのだという。

表序-3から、先行研究と2次データに基づく論考との相関を見ると、宿谷(1988)と桑山(1995)の引用数が多いだけでなく、2007年に発表された落合・リャウ・石川(2007)と賽漢卓娜(2007)にも引用されていることがわかる。これは、初期の調査研究の質的高さを示していると見ることも、それ以降の研究の蓄積が進んでいないためと見ることもできる。しかしながら、どちらにせよ15年あるいは20年前の調査データに依拠した考察には、「国際結婚」の現状分析を行なう際の前提条件そのものにゆがみが生じてしまうのではないだろうか。

3-2-2. 先行研究がとらえた「ムラの国際結婚の問題点」

宿谷(1988)は、「ムラの国際結婚」の問題点を「アジア対日本の経済格差の上にのったエゴイズムであり、男性優位、家制度維持のためのエゴイズムである。このエゴイズムが、(国際結婚に)「カッコを付けざるをえない所以」だという。「家制度、ムラ社会を維持する上で都合のよい女性、男性優位の社会を維持する上で、都合のよい女性が求められている」(同上：261)。結婚に基づく在留資格の脆弱さ、ジャパゆきと「花嫁」は経済的貧困を同根に持つ現象であり、「多くの場合、男性やその家族は、『花嫁』に対して日本への一方的な同化を求めている」(同上：198)と述べる。また、最終的には本人が決断しているにせよ、結婚が当事者男性の自発的な意思ではなく、行政担当者や仲介者の積極的な斡旋、説得によって行なわれていることにも懸念を示す。地域社会の問題としては、農村では同国人ネットワークがなく、「花嫁」たちが頼れる隣人を見出すことが困難である(同上：250-259)。他方で、国際結婚を推進する自治体は、国際結婚を村の国際化にとって快挙だとして、「花嫁」たちをさまざまなイベントに引っ張り出すが、当事者やその家族たちからは「放っておいてほしい」「静かに見守ってほしい」という声があることも紹介している(同上：232)。国際化のシンボルとして結婚移住女性を「活用」しようとする自治体の思惑と当事者の思いとのズレについては、仲野(1998)も、山形県A町での調査をもとに、「行政のエスニシティに対するまなざしが韓国人妻のための事業から、村のための事業に転化したとき、それは行政と韓国人妻との間に軋轢を生じさせるものに

なる可能性を秘めている」(同上：104)と指摘している。

　宿谷(1988)には、「ムラの国際結婚」の問題がほぼ出尽くしている。後続の実態調査研究は、取材時期と女性たちが適応過程のどの段階にあるのか、また、取材者の国際結婚へのスタンスによって当事者の言葉の解釈に違いが見られるが、基本的な「ムラの国際結婚」についての問題点は共有されているといってよい。

　日暮(1989)の国際結婚に対するスタンスは、他の論者と比べると、どちらかといえば「ムラの国際結婚」を選択することになった日本人配偶者や農村社会への共感を感じさせる。日暮が取材を開始したのは1987年の年明け早々と思われるが、既に女性人権団体などからの批判を受けて、「ムラの国際結婚」に対する論調は、批判的な方向に大きく振り子が振れていた。日暮はこれに対して、極力、冷静に実情を自らの目で確かめようと試みたことがうかがわれる。特に、日本とアジア諸国との経済格差に基づいて就労を目的に急増しつつあった3K職場を支える非正規滞在外国人労働者(留学生と就学生の一部を含む)、ジャパゆき現象などと「外国人花嫁」を「同じ流れの中に位置づけられる」としていることへの違和感を表明する。日暮は、「農村の国際結婚」現象の背景には、「戦後の産業構造の変化、日本国内の農山村と都会との経済、文化的格差など、もろもろの原因」があること、その「国内問題が、女性団体が指摘しているように、日本とアジア諸国との経済格差、という国際問題と複雑に絡みあっている」ことを認める。しかし、だからといって、「"不まじめ"な結婚など止めてしまえ」といって、否定するだけでは何も解決しない。「相変わらずアジアの国々に貧しさがあって、一方で、日本の農山村に嫁が来ない中年男性が増えるだけである」との現実的な認識を示す。そして「農村の国際結婚」の問題を整理し、「どうすればそれらの問題を乗り越えられるのか、さらにベストな形に近づけるにはどうしたらいいのか」を考えることが同書の目的だと述べる。

　こうしたスタンスに立つ日暮の記述には、当事者への好意的なまなざしが他のルポルタージュに比べて目立つ。たとえば、フィリピン女性と結婚した男性が、妻がホームシックにならないように、一緒に来日したフィリピン女性たちと絶えず会えるようにしていること、そして「幼稚園児か小学校の子どもを里子にもらってきたと思えばいい」(同上：103-104)とのコメントを引いた後で、この真意は「それほどまでに深い思いやりをもたなくてはならないという意味」だと補足する。取材現場で聞くこうした当事者の無防備な言葉は、取材者や調査者がどのように解釈するか

によって、全く違った当事者像を描き出すことになる。

　フィリピンの「嫁」を迎えた姑の言葉は、次のように紹介している。「習慣が違うから、こうしなさいなんていうことはできない。見よう見まねで、やってもらうしかないと思っている。…娘が1人増えたといった感じ」（同上：93-94）。また、舅は「今の日本の状況からして、外国人と結婚するのはしょうがないことだなあ。親子3人のところに、嫁と子どもが増えたので、家の中が明るくなった。それだけでも素晴らしい」（同上：93）。夫の1人は「今まで外国なんて全く関心がなかったけれど、現在は、ニュースでフィリピンの動きが気になるね」（同上：95）、と結婚後に社会的関心の持ち方が変化したことを語る。これらは、人権論からの「ムラの国際結婚」への批判に対して、主体的に自らの立場を主張する機会と手段を持たない当事者たちの日常を伝えることによって、必ずしも批判者のいうような事例ばかりではないということを示そうとしたものであろう。筆者は、日暮の当事者に寄り添おうとする姿勢には共感を覚えるが、日暮の重大な失点にも触れておかなければならない。

　「ムラの国際結婚」、とりわけ業者仲介の国際結婚で重大な人権侵害が行なわれているという社会的評価を決定づけた「プリヤーニ事件」と日暮の取材時期が重なっている。プリヤーニとは、この事件の当事者であるスリランカ人女性の通名である。この事件は、長野県上田市周辺でスリランカ女性との国際結婚を斡旋していた結婚相談所長が、結婚相手の男性と共謀して、1988年5月、プリヤーニさんが父親の見舞いのために一時帰国している間に偽造した離婚届を提出して、別のスリランカ人女性と再婚させた事件である。1989年4月、プリヤーニさんが結婚相談所長と元夫を公文書偽造で刑事告発し、離婚の無効確認を求める民事訴訟を東京地方裁判所に提起し、京都地方裁判所には、結婚斡旋業者に損害賠償を請求する民事訴訟を起こした。前者は、1991年10月、プリヤーニさんの主張がほぼ全面的に認められ、公正証書原本不実記載、同行使で罰金刑が確定し、後者は、1993年11月、結婚斡旋業者に1200万円の損害賠償金の支払いを命じる判決が出た。この事件の詳細は、プリヤーニさんの支援を行なった龍谷大学教授（当時）中村尚司氏の『人々のアジア——民際学の視座から』（1994、岩波新書）に詳しい。日暮はこの結婚相談所長やプリヤーニさんの元夫も取材しているが、「当のスリランカ人女性や在日スリランカ協会関係者の話だけをもとにして、記事を書いているので、新聞は真実を伝えなかった」（同上：50）と記述した。夫婦関係の問題では双方にそれぞれ言い分

がある。しかし、いかなる理由にせよ離婚届を偽造する行為は違法であり、この点については弁明の余地がない。

　新潟日報学芸部編 (1989) は、新潟県で発行されている地方新聞の取材チームによるものである。同チームは、「何をどう整理できるかわからないが、"正論"だけではくくれない現実の重みを、一度考えてみなければ」(同上：192) と、1988年6月20日から5ヵ月37回にわたって「ムラの国際結婚」を連載し、それを同書にまとめた。この時期は、秋田県や徳島県で「逃げた花嫁」問題や、新潟県内でも塩沢町 (現南魚沼市) で韓国人花嫁が3週間ほどで帰国してしまったことが報じられ、女性の人権団体からの「金の力で女性を踏みにじったのだ、買ったのだ。これほどの女性差別、民族差別はない。私たちは農村の男を許さない」という批判のさなかにあった。こうした状況の中では、「一様に口べたで、それでいてひたむきな男たち」の「家中にパッと花が咲いたみたいです」(同上：102) と率直に結婚の喜びを語る声はかき消されてしまう。

　取材チームは1人の女性の言葉を通じて、「ムラの国際結婚」に対するスタンスを表明する。この女性は、山形県大蔵村のフィリピン映画祭 (1986年7月) に参加した感想として、「お互いを必要とし幸せを求めて結婚した人たち。新しい家庭を築くことに懸命で、真剣に生きようとしている人たち」に出会ったこと、その一方で、都会から来た女性たちがあからさまに農村男性を非難する場面にも遭遇し、短時間での伴侶の決め方、コミュニケーションなど「国際結婚」への疑問はあるが、一方的な非難や、「あたかもすべての花嫁が不幸なごとくの一部の報道」には納得できないと結ぶ (同上：151-152)。

　当事者との距離感を意識しながら客観的な記述を心掛けているが、家族を作りたいという人間的希望が、社会構造的に阻まれている中で見出された国際結婚を単に批判したところで何も変わらず、誰も救われないという、身近に農村の結婚難に向き合う地元新聞社の共感が伝わってくる。そして、「『国際結婚』がこのまま一過性のもので終わるのか、やはり『嫁不足』の解決手段として続けられるのか、今の時点では即断はしまい」(同上：223) とまとめた。結果的にいえば、「国際結婚」は一過性では終わらなかった。本研究は、新潟日報学芸部編 (1989) のその後を追ったことになる。筆者は、新潟日報学芸部編 (1989) で取り上げられていた結婚移住女性にも調査を通じて出会うことができた。

1989年8月30日に出版された佐藤編(1989)の執筆者たちは、宿谷(1988)、光岡浩二の一連の「農村の国際結婚」調査、そして日本青年館が主催した『第2回結婚問題スペシャリスト講座・むらの国際結婚事情』(1988)を参照することができた。佐藤は「ムラの国際結婚」に対して、「本来、結婚とは個人の男女の愛情の結合であり、まして国際結婚となればなおのことそのイメージが強いといえる。ところがその本来のイメージは破られ、いかにも、結婚斡旋業者によって『つくりあげられた結婚』という印象が強い。どうみても、近代的な結婚として不自然である」(同上：ii)と、人権の面から問題点が多いことを指摘する。そして、「業者の営業ベースにのって、短期の観光的色彩の強いツアーに、役場が希望者を集め、首長が信用性を高めて連れてくる。これが行政主導型の実態では、結婚の本質に遠いあまりにも安易な姿勢を批判されてもやむをえまい」(同上：134)と行政の関与を批判し、農村の近代化と生活改善をないがしろにする限り、「農村は社会的に孤立し、女性からもますます相手にされなくなろう」(同上：133)、との厳しい立場を表明した。

　次に1993年から1995年に実施された3つの質問紙調査について触れておきたい。日本人を対象とした松本・秋武(1994；1995)と、結婚移住女性を対象とした中澤(1996)の調査である。松本・秋武(1994；1995)の調査地は、山形県A町と山形県最上郡戸沢村であり、中澤(1996)の調査地も同じく山形県最上地域である。松本・秋武(1994；1995)の調査は、1994年度科学研究費補助金「奨励研究(B)」により、1993年と1994年に調査を実施したもので、同報告書は山形大学『法政論叢』創刊号と第4号に発表された。他方、中澤(1996)は、1995年に調査を実施し、家族社会学会『家族社会学研究』第8号「特集2：わが国における国際結婚とその家族をめぐる諸問題」に掲載された論文5本のうちの1本である。中澤が調査のまとめとして指摘した「国際結婚の問題点」と「外国人妻の適応を疎外する要因」については、筆者の調査とは異なる点の多い結論であるが、2007年に発表された賽漢卓娜(2007)や落合ら(2007)で引用されている。

　松本・秋武(1994)の調査は、山形県A町住民(N＝192)を対象に、地域住民の国際結婚や外国人妻に対する意識が、外国人妻との社会的・心理的距離とどう関わるのか、またどう変化してきたかを把握するために実施された。主要な知見としては、国際結婚に対する評価は、「はじめて外国人妻のことを聞いたとき」に比べて、「仕方がない」が50.8%から45.0%に減少し、「いいことだ」が29.8%から42.4%へと

上昇し、また、外国人妻と接触機会がある人ほど「よいことだ」と考える割合が高いことがわかった。問題点と課題については、(1)日本語習得は生活適応の必須条件だが、地理的条件などにより日本語教室に通うことができる外国人妻は約3割であり日本語の学習環境の整備が必要であること、(2)外国人妻がこの町で生活していくためには、「日本語が話せるようになること」(69.1%)、「花嫁の活躍の場が増えること」(50.3%)、「地域の人が花嫁さんの国や文化を知ること」(20.9%)という回答の次に、「日本人のように行動すること」(19.4%)が続く。そして、(3)今後、調査対象地域の拡大と住民の意識の傾向や経年変化の調査が必要(同上：33)であるとまとめている。

松本・秋武(1995)の調査は、山形県戸沢村住民(N =156)を対象に、地域住民の国際結婚や外国人妻に対する意識の変化が、何に起因しているのかを把握することを目的に実施された。主な知見としては、国際結婚に対する評価が「はじめて外国人妻のことを聞いたとき」に比べて、「仕方がない」が44.7%から32.0%に減少し、「いいことだ」が29.6%から50.3%へと上昇した。「いいことだ」と答えた人が理由にあげたのは、「当人どうしがよければいい」(41.0%)、「村が活気づく」(36.1%)、「若者が町に定着する」(32.5%)、「幸せな家庭を知っている」(24.1%)である。回答者の73.2%が外国人妻と交流があり、回答者の56.1%が「近所」に、21.6%が「親戚」に外国人妻がいると答えている。問題点と課題については、(1)国際結婚をめぐる法制度的対応の必要性、(2)「連れ子」への対応、(3)「国際児」へのいじめや子どものアイデンティティなど心の問題への対応、そして(4)外国人妻の多様化への対応の必要性を指摘した。

最後に、中澤(1996)の結婚移住女性の調査結果について概要をまとめる。中澤の調査は、山形県最上地域に暮らす外国人妻102名(中国・台湾23名、韓国50名、フィリピン29名)を対象に、外国人妻の生活と居住に関する意識の把握を目的に実施したものである。結婚形態は、行政主導の見合い1割強、業者仲介6割強、恋愛1割弱であった。家族形態は、8割が夫の親と同居、7割が農家(うち8割は兼業農家)であり、定期と臨時を含めると半数以上が就労している。国籍取得については、「いずれ取得」が各国とも半数前後を占めたが、韓国出身者の3割強は日本国籍の取得を希望していない。中澤は調査のまとめとして、次の諸点を国際結婚の問題点として指摘した。

1. 結婚当事者双方が相手国の文化、習慣、伝統、言葉などを充分に認識する交際期間を持たず、また、人生の伴侶となる相手や家族・生活地域に対する理解を欠いたまま結婚に踏み切っている。
2. 外国人妻に対する過度の「日本人化」要求が、外国人妻の自尊心を傷つけ、アイデンティティの喪失を招来させ、家族に対する不信感を募らせる結果になっている。
3. 収入・家計の管理をほとんど姑が仕切っており、夫の収入や家計の収支さえも知らされず、日本の家族からは妻や母親としての役割を奪われ、一緒に住んでいても家族の一員として認知されずに、疎外されていると感じている外国人妻が多い。また、地域社会においても理解を欠いた発言や対応に接することが多く、家庭と地域社会での二重の疎外状況が、外国人妻の動揺、不安、葛藤、ストレスを招いている。
4. 就労機会（国籍条項を含む）が確保されず、参政権がなく、交通や消費に伴う不便さ、信仰の否定や礼拝に参加しづらい状況、日常生活のマンネリ化、法的身分の不安定、イエ制度や意識の温存など、一地方だけでは解決し難い問題がある。

　中澤の指摘した問題点のうち、結婚移住女性への過度の日本人化要求や強権的な姑の存在については、筆者の魚沼地域での調査では、それほど強い問題としては浮かび上がらなかった(武田2009a；2009b)。その理由としては、調査時点の違いによる地域社会の異文化受容力の形成状況の相違と結婚移住女性の適応ステージの違いが可能性として考えられる。

4. 理論的枠組、資料および手順

　以上のような先行研究の状況を踏まえ、本研究は以下のような手順で考察を進めていく。
1. 結婚移住女性のステレオタイプや一面性を見直すため、彼女たちがどのようなことに関心を持ち、どのような生き方をしているかについて、アンケート調査や聞き取り調査から明らかにする。
2. 調査地の市民が地域社会の生活にとって、結婚移住女性の存在をどのように見

ているかという「外国人花嫁」像と、結婚移住女性自身の自画像とが、どのように関連しているかについて、市民アンケートと結婚移住者アンケートの回答を踏まえて検討する。
3. 調査地の市民の中でどのような階層が結婚移住女性と積極的に関わっていく可能性があるのかを、アンケート調査と市民組織や日本語教室における参与観察などを通じて考察する。
4. 結婚移住女性の問題を、彼女たちの問題を超えた、高齢化や多文化共生という日本社会が直面している歴史的な課題との関連で捉えなおすことについては、市民組織や行政などの外国人支援の取り組み、ならびに関係者からの聞き取り調査を通じて考察する。

4-1. 分析の枠組み：目黒依子の社会的ネットワーク論

本研究では、結婚移住女性の適応過程を考察するにあたり、目黒 (2007) の社会的ネットワーク論を理論的枠組とした。目黒の社会的ネットワーク論は、「家族の個人化」モデルに基づいて、家族を個人の社会的ネットワークとして捉え、さらに、ライフコース論とジェンダーの視点を統合することによって、家族と社会の関係を捉える分析概念である。目黒は家族とネットワーク概念の結びつきに関して次のように述べている。

> 家族という集団は、その集団としての目的が多元的・複次的 (multifunctional) であり、達成するための目的をもつというよりは、集団の形成・発達の過程にこそ、その意味があるというタイプの集団である。家族のもつ多元的な欲求 (needs) は、すべてが家族内で満たされるものではなく、家族を取り巻く環境との関係なしには家族の存続は不可能で、家族の欲求を家族外資源 (resources) によって満たすための相互関係 (transactions) を断面的にとらえるのに、ネットワーク概念は有効である。家族のもつニーズは、家族内外の要因によって形成され、これがリソースとの関連で発達課題を形成するといえる (同上：26)。

結婚後に家族形成という共通目標に向けて相互関係の形成を目指す自由恋愛によらない「ムラの国際結婚」家族にとって、「集団の形成・発展過程にこそ、その意

味がある」という視点は、ロマンチック・ラブ規範[7]に縛られない結婚のあり方に根拠を与えてくれる。非婚化や未婚化、離婚の増加、同棲など法的婚姻関係を結ばない男女の増加など、結婚や家族の存在意義を問う動きは欧米を中心に世界的な広がりを見せている。その異議申し立ての主役は女性たちである。布施(1993)はその状況を「変わる女性ととまどう男性」と表現する。農村男性との結婚を選択した結婚移住女性たちは農村を忌避した日本女性の代替ではない。結婚移住を選択した女性たちもまた出身国・社会で満たされない可能性の実現を求めて越境した「変わる女性」の側にいる。「ムラの国際結婚」カップルとは、とまどいながらも国際結婚という手段で家族形成を選択した男性と、越境することで新しい可能性を求めようとした女性の組み合わせである。初期の関係形成の段階では双方に大きな葛藤が生じることは確かだ。だが、その葛藤を乗り越えられれば、新しい関係が生み出される可能性も高い。

　目黒は、ネットワーク概念は特定の領域や集団・組織などの境界を越えた人間の行動をとらえる道具としては有効であるが、一時点の静的断面図しかとらえられず、行動レベルでのネットワーク分析に必要な時間の要素が含まれない問題があると認めている(同上：28)。ここでいう時間には「歴史的時間」と「社会過程時間」の2つがあり、前者は制度アプローチに代表される「変動」といわれるような時間であり、後者は「期待される家族行動」が家族周期段階に応じて変わることを指している(同上：28-29)。本研究では、この時間の問題については、来日時期の異なる結婚移住女性の適応過程を比較することによって補う。

　ライフコースとは個人の一生のことである。ライフコース論は、人の一生には規則的な推移があることを前提とするライフサイクル論による分析が、長寿化や家族の個人化、ライフスタイルの多様化によって有効性を失う中で、70年代に登場した。ライフコース論は個人の人生行路に注目し、諸個人の相互依存の中に家族の展開を捉えなおす(森岡・望月1997：75-76)。つまり、家族という集団の枠組から家族員を見るのではなく、家族員がライフコースの過程で変化することを前提として、そ

7　吉澤(2006)によれば、ロマンチック・ラブとは、17世紀後半に「情熱としての愛」という形で現れ、近代家族を生み出したという。そして「愛する人と一生に一度めぐりあい、結婚して妻となり出産して母となる」という「女の幸福の神話」を支え、結婚を正当化するイデオロギーとして機能してきた。日本においては、1960年代半ばに配偶者選択パターンが見合い結婚から恋愛結婚に転換する時期にロマンチック・ラブ規範が受容されたと考えられる。

れが家族にどのような影響を与えているかに関心を寄せる(目黒2007:275)。結婚移住女性の適応過程は、受入社会の社会的・歴史的変化、1人1人の女性たちの家族歴、教育歴、職業歴、そして出身国・社会の家族や結婚規範などの変数が多様に影響しあう。また、女性たちの言語習得や家族形成のステージによる役割取得とその変化にも影響されることから、全体を貫く視点にはジェンダー論を置く。ジェンダー論は、「女性が男性と同様に独立した社会的個人として、生き方およびその環境としての社会の仕組みについての意思決定を行う力をつけることが、現代における女性の地位の向上であるという理解」(同上:274)に立つものであり、女性のエンパワーメント(自己決定能力)のプロセスを重視する。

4-2. 分析資料

本研究の分析に用いる資料は2つある。1つは、筆者が責任者となり(財)トヨタ財団の助成を受けて実施した南魚沼市における2つのアンケート調査結果と日本語教室の参与観察などで得られたデータである(第3章参照)。もう1つは、国際結婚当事者からの聞き取り調査のデータである(第4章参照)。以下、結婚移住女性の表記は「表4-1.面接調査対象の属性」(164頁)に基づき、Ko:韓国、Sr:スリランカ、Ph:フィリピン、Ch:中国、Th:タイ、Br:ブルネイを用いる。

2003年に筆者がCh-3夫妻から日本語教室の相談を受けて以降、数組の国際結婚者から日本語教室の問い合わせがあり、また、幼児を連れたフィリピン人女性からは、「日本語ができるようにならないとこの子の命を守れない」と病院での医師とのコミュニケーションの難しさについて相談を受けることなどが続いた。うおぬま国際交流協会(以下、通称の「夢っくす」を用いる。詳細は第5章を参照)で日本語プログラムを担当していた会員や、個人的に結婚移住女性の相談を受けていた中国語の堪能な会員からは、留学生支援よりも結婚移住女性への支援の方が重要だという意見も寄せられ、また、結婚移住女性との接触機会が増えていく中で、「夢っくす」会員からは住民として暮らしている結婚移住女性への日本語支援は行政がすべきことではないか、という意見が聞かれるようになった。行政に日本語教室の開設を要求するには、まず結婚移住女性の状況を把握する必要がある。これがアンケート調査プロジェクトを立ち上げるきっかけになった。アンケート調査の準備段階では、結婚移住女性の状況を把握することと同時に、地域住民に地域社会に多様な

人々が暮らしていることを知ってもらうことが、外国人支援活動を広げていくために必要だとの意見が出され、調査自体を多文化共生のまちづくりの活動として位置づけることになった。

調査チームは、「夢っくす」会員と南魚沼市役所職員、国際大学教員など12名で構成した。その他にも南魚沼市役所からは調査票の配布や報告書(概要版)の印刷と全戸配布を、国際大学の学生からはデータ入力などの協力を得た。また、調査活動を通じて、隣接する魚沼市の日本語教室とも行政と支援者レベルでのネットワークが生まれ、調査を地域活動として取り組むという課題は、一定の成果を上げることができたと思われる。この調査活動とその後の日本語教室を立ち上げる過程で出会った国際結婚当事者や行政担当者、支援活動を行なっている市民との出会いが第4章の聞き取り調査を可能にした。

アンケートは、日本人と外国籍住民の地域社会の多文化化・多民族化に関する意識と、結婚移住女性の「嫁」役割に関する社会規範の働き方、ならびに家族運営における地域コミュニティの影響を意識したものである。聞き取り調査では、結婚移住女性の社会的ネットワークの形成過程、婚姻関係が危機的な状況に陥ったときどのようにその危機を回避したのか、また子どもの成長や夫の親の加齢に伴う結婚移住女性の家族内地位の変化などを中心に聞いた。

表序-4. 資料と分析項目

		ミクロレベル (個人・家族)	メゾレベル (組織・集団)	マクロレベルA 地域社会 (魚沼地域)	マクロレベルB 日本社会 送出国(韓国)
		結婚移住女性の受容・適応過程と家族の変化	結婚移住者の定住過程と市民組織生成との関連	地域の歴史的変化と国際結婚の推移	国際的な人の移動の拡大と移民の女性化と「ムラの国際結婚」との関連
		聞き取りデータ トヨタサーベイ	聞き取りデータ 日本語教室・「夢っくす」・社会福祉協議会・教育委員会	外国人登録者数・国勢調査・農業センサス・市勢要覧、トヨタサーベイ	出入国管理政策・農業政策・地域開発政策等
時期区分	第1期 87~96	適応 第3ラウンド	農業委員会と民間業者による国際結婚仲介の開始	留学生交流・デイサービスセンター開設(87)・冬季国体(91)・特養ホーム(92)・大型公共事業の終息	【韓国】民主化(87)・オリンピック(88)・韓中国交正常化(92)・OECD加入(96) 【日本】村山談話(95)・入管法改正(90)
	第2期 97~01	適応 第2ラウンド		ほくほく線開通(97)・「世界に開かれたまち」自治大臣表彰(00)	通貨危機(97)・介護保険制度導入(00)・小泉政権誕生(01)・外国人集住都市会議の発足(01)
	第3期 02~07	適応 第1ラウンド	夢っくす(02) 日本語教室(06)	町村合併(04-05)・中越大震災(04)・中国人妻による舅殴打事件(05)	日韓共同サッカーワールドカップ開催(02) 【韓国】外国人処遇基本法(07)・多文化家族支援法(08) 【日本】多文化共生推進プログラム(06)

出典:各種資料より作成。表中の数字は西暦を略したもの。

5. 用語の説明

　本研究で使用される重要な概念については、それぞれ本論の中で詳述するが、本研究テーマに関するいくつかの用語について、ここで簡単に説明しておきたい。

(1) 農村社会

　農村社会とは、農業生産を基軸に制度、規範、文化、生活様式が歴史的に形成され、環境(自然)との強い構造的一体性のもとにある社会空間である。農村社会とともに用いられる「むら」という用語には2つの意味がある。1つは、基礎自治体＝行政村としての「村」であり、もう1つは「行政村よりももっと小さな生産・生活の単位となる集落」(日本村落研究学会編2007：12)である。後者を表記するときは行政村と区別するために「むら」が用いられる。「むら」は地理学では集落と呼ばれる。その他にも、村落、区、部落という場合もあるが、本稿では後者の場合には「ムラ」を用いる。

　高度経済成長期を通じて、農村から都市への人口流出が続き、農村では兼業化と生活様式の都市化が進み、かつて農村社会を特徴づけていた社会的・文化的自律性が弱まり、村落内における生産と生活に関する伝統的諸関係や集団も弱体化し拡散化が進んでいる。しかしながら、そうした現象面の変化はあるものの、農村社会の基底には、依然として相互扶助システムや共通の課題に対して資金調達を含めて対応することができる高度な自治機能が維持されている。また、祭りなどを通じた世代間教育機能も残る。筆者は、農村社会が都市化や近代化によって社会基盤を揺るがされていることは認めるが、そのことが必然的に農村社会の崩壊を意味するという立場には立っていない。現状は農村社会の変容に伴って生じている新しい問題解決の対応模索期であると考えている。

(2) 過疎

　「過疎」という用語は、1966年の経済審議会地域部会中間報告書で初めて使われ、同報告書では、「人口減少のために一定の生活水準を維持することが困難になった状態、たとえば防災、教育、保健などの地域社会の基礎的条件の維持が困難となった地域」と過疎を定義した。本稿ではこの定義を援用し、過疎を、人口減少によりその地域で暮らす人々の生活水準や生産機能の維持が困難になってしまう

状態と定義する。[8]

　未婚率の上昇と合計特殊出生率の低下は全国的に共通する傾向であるが、高齢化率が地域に与える影響は都市と過疎地では大きく異なる。2005年の高齢化率の全国平均は20.5%であったのに対して、東北6県と新潟県の平均は23.8%であった。ちなみに、東京都の高齢化率は18.5%であるのに対して、秋田県内の過疎市町村[9]の平均を見ると33.8%である。一定の人口規模があり、高齢化の進行が緩やかであれば少子化の影響はそれほど深刻にはならない。むしろ男女とも未婚で働いているほうが、自治体財源への貢献度が高くなる場合もある。過疎地における高齢化と少子化の同時並行は、新たな人口流入が見込めない限り、それは地域社会の消滅を意味する。また、統計上の制約と町村合併が進んだことによって、過疎の厳しさが見えにくくなっていることを指摘しておかなければならない。調査地の南魚沼市は過疎地域の要件を満たしていないが、集落単位で見れば過疎地域に該当する人口減少の進む周辺集落が存在する。本調査では、そうした集落の国際結婚家族の比率が高いことが確認された。

(3) 結婚移住女性

　日本人男性と結婚した外国人配偶者の呼称は、「農村花嫁」「外国人花嫁」「外国人妻」「外国人配偶者」「結婚移住」などさまざまであり、定まったものはないが、本稿では「結婚移住女性」を用いる。当初、筆者は「結婚移住女性」を使っていたが、当事者の聞き取り調査を進める中で、少なくない女性たちが将来構想の中で、必ずしも日本国籍を取得して日本社会に定住することを考えているわけではないことがわかった。結果として永住する可能性は高いと思われるが、女性たちは、ライフコースに合わせた居住地選択として日本社会での生活を捉えている。そうした当事者意識からは、「移民」よりも「移住」の方が適切な表現であると判断した。

(4) 家族変容

　「変容」を議論するには、変容以前のモデルの設定が必要となる。家族社会学的

---

[8] 法律による過疎対策は、これまで昭和45(1970)～54(1979)年度が「過疎地域対策緊急措置法」、昭和55(1980)～平成元(1989)年度が「過疎地域振興特別措置法」、平成2(1990)～11(1999)年度が「過疎地域活性化特別措置法」、平成12(2000)年から21(2009)年度は「過疎地域自立促進特別措置法」により取り組まれている。過疎地域指定には詳細な人口要件と財政力要件が定められている。

[9] 2005年国勢調査をもとに、全国過疎地域自律促進連盟の「全国過疎市町村マップ」に掲載されている秋田県の3市4町2村の高齢化率を算出したもの。

にいえば、先進国社会の家族は、前近代型家族から近代家族へ、近代型家族から脱近代型家族への変動の過程にあるとされる。また、「晩婚化」「非婚化」「事実婚(非法律婚)」「夫婦別姓」「少子化」「中高年離婚」「父親(父性)不在」「家庭内暴力」「孤老問題」といった家族に関連する言葉が日常的に多用されているが、その背景には、「家族が変化しつつある」との認識と「家族が危機的状況にある」との漠然とした不安の共有がある(石川編1997)。この不安は、「人間の再生産ができない社会に持続可能性はない」という単純な事実に基づく。筆者は、布施(1993)の「ある歴史的段階における家族の揺らぎには次の歴史的段階における家族の変容に向けての萌芽」(同上:229)が含まれているとの視点から本研究を進める。

家族には、量的変化と質的変化があり、前者は世帯構成や世帯形態のような外面的変化を、後者は家族の意識、規範、価値観などの変化をいう。堤(2009)は、質的変化を「変質」、形態や外面的変化を「変形」、機能的変化を「変容」といい、さらに「変動」を時間的観念を含む広い概念として整理している(同上:10)。また、家族変動には、社会の変動に促されて変わる歴史的変動と、社会の変動には直接関わらない家族自体の周期的変化があり、またその両方の要素を含む変化もある(同上:16)。

(5) 多文化共生

多文化共生は多文化主義の翻訳概念である。もともとの多文化主義は、カナダとオーストラリアの先住民の権利回復運動を起源として、1990年代にリベラル国家の寛容の原理として登場した(上野2008:210)。日本における「多文化共生」という用語は、神奈川県川崎市など外国人施策に積極的に取り組んできた自治体の施策で

---

10 落合(1993)は、近代家族の特性を家族一般の普遍的本質と思い違えるようになった責任の一端は、20世紀のアメリカの家族研究者にあること、そして、戦後の日本はこの枠組を無批判に受け入れて、日本的特殊性である「家」から人類普遍の近代家族(核家族)に移行することが、価値的に望ましいばかりでなく、よけいな拘束さえ取り除かれれば必然的に実現されるはずの家族の基本的な姿であると捉えたことにあると述べている(同上:106-107)。「近代家族」を普遍的形態としてしまうと、そこから先の変化を捉えることができなくなるが、「近代家族」も歴史の一過程に現れた1つの家族形態だと考えれば、新たな家族構想の自由を得ることができる。

近代家族の特徴とは、①家内領域と公的領域との分離、②家族構成員相互の強い情緒的関係、③子ども中心主義、④男は公共領域・女は家内領域という性別分業、⑤家族の集団性の強化、⑥社交の衰退とプライバシーの成立、⑦非親族の排除、⑧核家族、である(同上:103)。ただし、落合は、「核家族」については、日本など拡大家族を作る社会の家族については、祖父母と同居していても、質的には近代家族的性格を持つ家族があるので、留意が必要だと述べている。

11 「多文化共生」は外国人施策の先進的自治体として川崎市を特徴づける理念であり、具体的に次のよう

用いられるようになったものである。2006年3月に総務省が発表した「地域における多文化共生の推進に向けて」と題した報告書では、多文化共生を「国籍や民族などの異なる人々が、互いの文化的ちがいを認め合い、対等な関係を築こうとしながら、地域社会の構成員として共にいきていくこと」、と定義した。本稿でもこれに従う。

「多文化共生」が地方行政や国家の言葉として定着する一方で、「多文化主義」が内在させている問題点についての指摘も目立つようになっている(塩原2005:2010、梶田・丹野・樋口2005、崔・加藤編2008など)。日本における「多文化共生」に関する批判を要約すれば、「国際化」の延長線上に外国人政策を捉えていること、あるいは「共生」を掲げる議論が、結果的に同化主義と変わらず、排除に与する言説さえ生み出すこと。さらに共生論が問題を社会文化的領域に矮小化してしまう結果、根本的な解決の道筋を示すことができないというものである。しかしながら、筆者はこうした批判を了解した上で、なお、「多文化共生」は、その実現の可能性を模索するプロセスそのものに意味のある理念であると考えている。

6. 論文の構成

本研究の目的は2つある。1つは、調査結果に基づき「農村花嫁」のステレオタイプなイメージと実態との乖離を示し、農村社会における結婚移住女性の主体的行為者としての可能性を取り入れた、より豊かで、多様性に富んだイメージを提出することである。もう1つは、結婚移住女性を受け入れる農村社会で形成されつつある異文化受容力が、「停滞し、疲弊する農村」というステレオタイプなイメージを打ち破り、農村社会の現実を変えていく力となり得るのかどうか、その可能性を考察することである。本研究は、上記2つの研究目的を達成するため、次のように議論を進める。

第1章では、「ムラの国際結婚」を議論する前提として、日本における国際結婚の状況について、データに基づき整理する。次に、主な結婚移住女性の出身国(韓国・

な文書に示されている。「川崎市在日外国人教育基本方針——多文化共生社会をめざして」(1986年)を発表し、『川崎新時代2010年』(1992年)では「多文化共生の街づくり」を市政の重要な施策に位置づけ、「川崎市外国人市民代表者会議」(1996年)を設置、「川崎市多文化共生社会推進指針——共に生きる地域社会をめざして」(2005年)を発表(崔2008:152)。

フィリピン・中国）における移民政策と日本との関係を整理し、結婚移住者の存在は日本と女性たちの出身国とのマクロの社会経済構造の歴史的影響を受けていることを確認する。後段では、結婚移住女性が農村社会に参入するようになる80年代後半以降の自治体の国際化施策を整理する。これは第5章で考察する農村社会における市民組織の生成が日本社会における国際化施策の中でどのように位置づけられるのかを検討するための予備的な作業でもある。

第2章では、本研究の調査地として新潟県南魚沼市を選んだ理由について述べる。次に多面的なデータをもとに南魚沼市の概要と外国籍住民の状況について整理する。その中で特に、女性たちの社会的経済的状況の変化について詳しく取り上げる。南魚沼市で国際化や結婚移住女性を支援する市民活動において中心的な役割を担っているのが30～40代の子育て世代の女性たちだからである。

第3章では、2006年10月に実施した南魚沼市の市民を対象とした「多文化共生の地域づくりに関する南魚沼市民アンケート調査」と、2007年2月に南魚沼市に暮らす16歳以上の外国籍市民を対象に実施した「南魚沼市在住の外国籍住民アンケート調査」で得られたデータをもとに、結婚移住女性たちが地域社会の中でどのような関係を築いているのか、また築いていくことができるのか、さらに、国際結婚に対する地域住民と結婚移住女性との意識や期待のギャップ、外国人への偏見差別の実情などを中心に考察する。

第4章では、14家族20名の国際結婚当事者からの聞き取りと、結婚移住女性の支援などに関わっている市民からの聞き取り調査をもとに考察する。ここでは、ステレオタイプにおさまらない多様な「ムラの国際結婚」当事者の姿を描き出し、女性たちの語りから、結婚移住女性の描く日本のイメージ、業者仲介の国際結婚の実情、結婚移住女性の適応過程、家族関係の変容を考察する。

第5章では、平野（2001）の文化触変モデルから結婚移住女性の受容過程を考察し、さらに2つの市民組織のケーススタディを通じて、農村社会の社会関係資本の変化について考察する。

第6章（終章）では、全体の議論をまとめ、結婚移住女性を受け入れた農村社会に形成されつつある異文化受容力が、「停滞し、疲弊する農村」というステレオタイプな農村イメージを打ち破り、それらが農村社会の現実を変革する力へとどのように結びつくか、その可能性について検討する。

第1章
「ムラの国際結婚」の歴史的・社会的背景

1. はじめに

　国際結婚とは、井上ほか編『岩波女性学事典』(2002)によれば、「国籍の異なる者同士の結婚」(同上:131)と定義されている。では、結婚当事者から見た場合、国際結婚と同国人どうしの結婚との違には、どのような要件をあげることができるだろうか。第1に当事者の国籍が異なり、第2に文化が異なり、第3に国際移動が伴う、という3点が基本的な相違点となる。国際結婚は英語ではinternational marriage, cross-cultural marriage, intercultural marriage, interracial marriage, cross-border marriage, transnational marriageなどと表記される。これらの表記の違いには、用いる人が国際結婚のどの点に関心を寄せているか、また、国際結婚をめぐる社会的状況の違いが反映されている。たとえば、日本では、「国籍」が国際結婚を定義する基準に用いられるが、移民国家であるアメリカでは、「国籍」ではなく社会内部の「文化的社会的境界線」がより重要な基準になる。メリーランド州では1661年に「異人種間婚姻禁止法」を制定し、「白人」と「黒人」の結婚を禁止したが、19世紀までに、全米のほとんどの州が法律によって異人種間結婚を禁止した(タカキ1996:96)。1945年段階でも30州において「異人種間結婚禁止法」が存在していた。アメリカ最高裁判所がこの法律を違憲であると判断したのは1967年のことである(リー2009)。

　日本人が外国人と結婚するには、日本国内、あるいは外国で婚姻を成立させる方法があるが、最終的には、結婚する当事者双方の出身国の役所あるいは大使館に婚姻の成立を届け出なければならない。また、日本人と結婚した外国人が日本に入国するには「日本人の配偶者等」という在留資格を取得しなければならないが、その過程では、日本人どうしの婚姻ならばまず問われることのない結婚の実態に関する入国管理局の審査が行なわれる。申請者は、2人の交際を裏づける手紙や写真、結婚式の写真などの資料の提出を求められ、結婚が「真正」のものであることを証明しなければならない。「偽装結婚」による入国を防ぐためである。これは日本に限

ったことではない。

　ブレーガー&ヒル編(1998=2005)は、国家は婚姻関係に何を期待するか、何を認めるかを定義し、それによって幅広い制限を設け、配偶者選択の自由という市民権に対して干渉していると述べる。具体的に、「外国人配偶者の入国制限、一時的な滞在ビザの発給や婚姻許可の引き伸ばしや拒否、ドイツでの長期居住や就労の規制など」をあげ、さらに、「国家はその権威によって、外国人についてのある見解を流布し、彼らに関する否定的な言説の創出に関わり、しかもそれを合法化する」(同上：177-178)。筆者がインタビューしたCh-4のケースでは、ビザを取得するための在留資格認定証明書の申請が2回不許可となり、3回目の申請でようやく認められた。不許可理由は明示されなかったが、Ch-4の夫は2人の年齢差が結婚の「真正」についての疑義を生じさせたためであろうと解釈していた。Ch-4が来日できたのは結婚1年後のことである。

　「ムラの国際結婚」は、当事者にとっては家族を形成するための1つの手段であったが、社会的にはアプリオリに「問題」として捉えられてきた。「ムラの国際結婚」の何が問題とされ、それはなぜ「問題」と捉えられたのか。本章では、第1に「農村花嫁」のステレオタイプ化の背景にある日本における「女性」の政治利用の歴史について考察し、第2に本研究を遂行するための基礎となる外国人登録者数や国際結婚に関するデータを整理する。第3に結婚移住女性の主な出身国である、韓国、フィリピン、中国の3ヵ国について、女性たちを結婚移住に向かわせるどのような社会的経済的要因があるのかを既往研究をもとに整理する。第4に自治体の外国人施策と国際化の状況についてまとめ、全体を通して、グローバル化の下で拡大する人の国際移動の中に「ムラの国際結婚」をどのように位置づけるかを考える。

2.「女性」の政治的利用をめぐる歴史的記憶

　日本には、トランスナショナルな女性の移動を表現する言葉がいくつかある。たとえば、戦前には、アジア各地に渡って娼婦として働いた女性たちのことを「海外醜業婦」あるいは「からゆきさん」と呼んだ。また、「大陸花嫁」や「内鮮結婚」があり、そして戦後には「戦争花嫁」という言葉も生まれた。高度経済成長を遂げた日本には、80年代に入るとフィリピンやタイなどアジア諸国の女性たちがエンターテイナ

ーとして来日するようになるが、少なくない女性たちが性産業で働いていたことから、そうした女性たちの呼称として「ジャパゆきさん」が使われるようになった。

　「からゆきさん」とは、日清戦争（1894年～95年）を契機とする日本の海外膨張・大陸侵略戦争を遂行する上で政策的に動員され、海外で性産業に従事した女性たちの蔑称である。「からゆきさん」たちは、「貧しい故郷、家をあとにして、異郷で文字通り身を売って、くらしを立て、親元に送金していた」（鈴木1992：12）。後でふれるように、80年代に日本の性産業で働くようになったフィリピンやタイの女性たちを「ジャパゆきさん」と呼ぶようになるが、そこには「貧しさと海外で性産業に従事する女性」という日本の歴史的記憶との結びつきがある。「大陸花嫁」とは、1931年の「満州事変」を契機に本格化した「満州」の植民地支配と開拓の実をあげるための「国策結婚」に動員された日本女性たちのことである。「大陸花嫁」の送り出し事業は、大日本連合女子青年団、愛国婦人会、大日本国防婦人会などの女性団体が担い、1938年1月になると拓務・農林・文部の各省が協力して花嫁100万人を大陸に送り出す計画を立案し、全国各都道府県で花嫁養成のための「女性拓殖講習会」が開催された（同上：32-35）。国策によって満州に送られ、そして敗戦後に満州に置き去りにされた満州開拓民の子どもたちが中国残留孤児である（同上：37）。「内鮮結婚」とは、朝鮮半島を植民地支配していた当時の日本支配層が朝鮮民族の皇民化政策の一環として、政策的に日本人と朝鮮人との結婚を推進したものである（同上：78-114）。さらに、異民族間結婚による同化という発想は、アイヌの女性と和人漁業労働者との間の結婚を奨励した江戸時代に遡ることができる（モーリス＝スズキ2000、菊池1994）。

　もう1つ、女性のセクシュアリティを国家が政治的に利用した事例として、ここでふれておかねばならないことがある。1945年8月15日、日本が無条件降伏をしたその3日後に、日本政府は内務省を通じて全国の警察管区に秘密無電を送り、占領軍専用の「特殊慰安施設」の設置を指示した。紆余曲折を経て、日本政府は「特殊慰安施設」への直接的関与は取りやめたが、事業者におすみつきを与え、資金を融資し、警察の協力が得られるように取り計らった。「特殊慰安施設」を設置する業者が民間投資を募集したチラシには、公認官庁として内務省、外務省、大蔵省、警視庁、そして東京都と記されていた。この事業を政府が主導した論理は、「『善良』

1　鈴木（1992）は、福沢諭吉の論述をもとに、娼婦の海外「出稼ぎ」が政策的に推進されていたことを示し、日本の近代化の過程で女性のセクシュアリティが国家的に利用されてきたことを厳しく断じている。

な日本女性の純潔を守るため、少数の女性を徴募し緩衝材にする」というものであった。この事業自体は、開始からわずか5ヵ月後の1946年1月に廃止された。その表向きの理由は、非民主的で女性の人権を侵害するというものであったが、実際は占領軍部隊の性病患者が急増したためである(ダワー 1999=2004：141-144)。だが、その後も、戦後復興時代の日本政府は、「ゲイシャ」がアメリカの軍人にサービスすることを、公的に愛国的行為として賛美していたことが知られている。

　トゥルン(1990=1993)は、こうした女性のセクシュアリティの政治的利用を正当化するときに、自己犠牲という女性の伝統的な役割思想が持ち出されると指摘している(同上：240-241)。敗戦3日後に政府が占領軍兵士のための「特殊慰安施設」の設置を決定したのは、「敵は上陸したら女を片端から凌辱するだろう」という噂が野火のように広まったためだといわれているが、それは日本軍が自ら海外で行なってきた非道の記憶が呼び起こした恐怖からの条件反射であった。こうした政策を是認しているのが「性の二重基準」である。それは男性だけでなく、女性にも受容されている。「性の二重基準」は、女性たちを分断する装置として機能する。女性のセクシュアリティの政治的利用には、男性と女性、南と北、そして、女性の間の政治的社会的立場の分断などが複雑かつ重層的に作用している。

　これまでの「ムラの国際結婚」研究では、女性たちの移動を主に経済格差から説明してきた。しかし、議論を貧困問題に狭めてしまうのは適切でなく、女性をめぐる国家の性差別的な扱いの歴史についても、視野に入れておく必要がある。というのは、上記のような性差別の歴史は、現代にも引き継がれ、それが結婚移住女性や「ムラの国際結婚」に対するステレオタイプ化されたイメージと重なってくるからである。

2-1.「戦争花嫁」、「ジャパゆきさん」、「農村花嫁」

　「戦争花嫁」とは、第2次大戦後の占領期に駐留軍兵士や軍属と結婚した日本女性のことである。正確な統計はないが、1959年末までに4万人から5万人の日本女性が配偶者の故国であるアメリカやオーストラリアに渡ったといわれている (安富 2005：37)。筆者が調査活動を通じて遭遇した日本人の「農村花嫁」への負の意味づけは、ステレオタイプ化された「戦争花嫁」に対するイメージと、次のような点で似た構造を持っている。

敗戦後間もない時期にアメリカ兵と結婚した日本人女性たちは、「結婚は家同士の問題」とする結婚規範からの逸脱、そして「戦争花嫁」と売春婦を混同したステレオタイプな見方に基づく偏見にさらされた（竹下2000：104）。これらが偏見であったことを示すデータがある。神奈川県中央児童相談所による1952年8月12日現在の『混血児ケースに関する統計』(287例)によると、相談に来た母親の職業は、タイピスト、PX (Post Exchange: 米軍内購買部)の売り子、ハウスメイドなど進駐軍関係50名、キャバレーのダンサーやビアホールなどの女給等風俗営業従事者40名、オンリー（特定の男性兵士の内妻)31名、街娼（パンパン)18名、一般職業婦人17名、無職17名、不明（捨子その他)111名であった（安富2005：39）。秋本・秋武（1994；1995）、中澤（1996）の調査では、日本人住民から国際結婚者の「子どもへのいじめ」が心配事項としてあげられたが、そうした背景には、終戦直後の進駐軍兵士との間に生まれた混血児がいじめの対象となった記憶が影響しているのではないかと考えられる。また、そこには植民地支配の中で行なわれた、優位の民族と劣位の民族という差異化の反転したねじれた感情も見られる。

フィリピン出身の結婚移住女性と「ジャパゆきさん」が結び付けられてステレオタイプ化されたこと、そして売春婦と「戦争花嫁」が結び付けられてステレオタイプ化された構造には、女性のセクシュアリティを道具的に用いてきた日本社会の歴史的記憶の影が透けて見える。ダアノイ（2006：81-82）は、80年代半ばから日本のパブやクラブなどで働き始めたフィリピン女性たちが、「ジャパゆき」と呼ばれ、「安っぽい、ずるがしこいホステス、はては売春婦」と見られることになった事情を次のように記述している。

　なぜなら日本人は彼女たちが貧しい国から来ているので、お金のために何でもすると想定するからである。だが、現実には、彼女たちはクラブオーナーに命じられて、「同伴」をする、つまり、開店前に客とデートして、お店に連れて来るのである。また、オーナーからは本当の年齢や未婚か既婚かをいわないようにも命じられている。

　他方、彼女たちには日本の男性を手玉にとる、「したたか」というイメージもあるようだが、この場合、手玉にとられる男性が愚かで、手玉にとる女性が手ごわいという意味で、半分はほめ言葉なのかもしれない。しかし、人をだます、信用できない女という印象は残る。

こうした偏見を助長したのがメディアの描写である。1991年にはマリクリス・シオソン事件[2]が大きく報道され、「『ジャパゆき』は貧しく、絶望的な性的奴隷、またはずるい売春婦」(同上：84)というイメージを強めた。この事件後、フィリピンで『ジャパユキ・マリクリス・シオソン』(ルファ・グティエレス主演)というタイトルの映画が製作・上映された。また、日本では、この時期、フィリピン女性を描いた映画やテレビドラマが相次いで製作された。たとえば、映画『あふれる熱い思い』(田代廣孝監督：1991年)、テレビドラマ『愛という名のもとに』(フジテレビ系：1991年)、『フィリピーナを愛した男たち』(フジテレビ系：1992年)などであるが、一連のドラマで「ジャパゆき」を演じたルビー・モレノは、次のように手記に記す。

　　役として描かれるジャパゆきさんは、実際に日本に働きに来ているフィリピン女性の平均像というわけではなく、どこかクセのあるキャラクターが大半だった。それはドラマや映画を製作する人たちが、ジャパゆきさんに対して持っているイメージに由来するものであった(同上：85)。

　また、こうしたフィリピン女性へのステレオタイプな見方が日本社会で広まる一方で、日本で暮らすフィリピン出身の移住者の中に階層分断が生じたとの指摘もある(同上：87-92)。つまり、「ジャパゆき」現象が生じる以前に日本人と結婚していたフィリピン女性たちが、「フィリピン女性」としてひとくくりにされてしまうことへの危惧を感じて、意識的に「自分たち」と「彼女たち」の間に一線を画そうとしたためである。
　エスニック・コミュニティには、往々にして母国における社会格差や社会構造が再現される。さらに、初期の移民が持ち込んだ母国の社会規範は、移住先でより純化された形で維持される。アメリカで「異人種間結婚禁止法」に対して最高裁判所の違憲判決が下されたのは1967年のことである。このため日系二世でアメリカ兵として日本に駐留した兵士の中に日本女性と結婚した者が少なくない。日系二世と結婚した女性たちの場合は、日系以外のアメリカ人と結婚した女性たちよりも異

2　1981年9月、福島県でダンサーとして働いていたマリクリス・シオソン(21歳)が死亡した事件。日本人医師によって劇症肝炎によるものと診断されたが、遺体に残っていた大量の傷跡から家族が再調査を依頼し、日比両政府レベルでの再調査が行なわれた。事件は両国のマスコミで大きく取り上げられ、マニラの日本大使館前では人権団体が真相解明を求める抗議集会を開いた。詳細は佐竹(2006：20-21)に詳しい。

文化適応に苦労がなかったように思われるが、実際はそれほど単純ではなかった。「戦争花嫁」となった女性たちの背景は多様であるが、結婚は家同士の関係であるとの結婚規範が強く残っていた戦後間もない時期に、外国人との結婚を選択した女性たちは自立心や冒険心の強い面があったことは確かだろう。それゆえに、女性たちは日系コミュニティ内の「古い」規範とのはざまでより深い葛藤に直面することになった。また、日系コミュニティにも届いていた「戦争花嫁」に対するステレオタイプな見方に基づく偏見とも向き合わなければならなかった(安富 2005 : 70-102)。

　戦後の混乱の中で、彼女らがアメリカ兵との結婚に経済的な保障を求めたことは、女性たちの生き続けるための戦略の側面もあったに違いない。しかし、日本にいる間、夫たちが豊かな生活を享受できたのは、軍からドルで十分な給料をもらい、物価の安い日本で暮らしていたからである。その豊かな生活がアメリカでも続くと思った女性たちは、アメリカでの生活に落胆することになる。こうした期待と現実のズレからくるストレスは、夫婦関係を緊張させ、離婚に至るケースもあったが、離婚した女性たちの多くはアメリカに残ることを選択した。理由は、そもそも親や親戚の反対を押し切ってアメリカ兵と結婚したために、日本には帰る場所がない女性もいるし、また、アメリカ兵との間に生まれた子どもが日本に帰国していじめられることを心配したからだともいわれている(竹下 2000 : 105-107)。こうした「戦争花嫁」の置かれた状況は、日本で暮らす結婚移住女性が、さまざまな理由から婚姻関係の継続を断念することになっても、日本に留まることを選択する事情と似ている。

　以上のような歴史的経緯があるために、日本における国際結婚に対する一般的な印象は、どちらかといえば、逸脱的な負の意味づけがなされてきた。国際結婚に対するイメージが一変するのは、日本が高度経済成長に入った60年代以降である。国際結婚を華やかなイメージに転換させるきっかけを作ったのは、国際舞台で活躍する日本人女性の国際結婚、たとえば、女優の岸恵子とフランスの映画監督イブ・シャンピとの結婚や小野洋子とジョン・レノンとの結婚などである(同上 : 114)。この対極に位置づけられたのが「ムラの国際結婚」である。国際結婚の華やかなイメージと「イエ」や「ムラ」の存亡、そして、農業と農村に対する否定的な価値観と「国際結婚」が結びついたことによる違和感が「ムラの国際結婚」に社会的関心と批判が集まった理由であった。

3. 国際結婚の推移

3-1. 外国人登録者の増加および国際結婚の推移

　外国人登録者数は、2009年に若干減少したが、一貫して増加傾向を示している。特に1989年から1991年にかけての伸びが大きい（図1-1）。これは1989年の出入国管理及び難民認定法(以下、入管法)改正、翌1990年の施行により、日系南米人(主にブラジル人)の三世とその配偶者が新たに創設された在留資格「定住者」で来日できるようになったためである。ブラジル人の外国人登録者数は、1989年に1.5万人だったものが翌1990年には5.6万人、1991年には11.9万人へと劇的に増加した。一方、国際結婚総数の伸びを見ると、外国人登録者数が急増する時期よりも2年ほど早い1987年から1990年にかけての伸びが目立つ。この時期に急増したのは、フィリピン女性と日本人男性との国際結婚である。その後、1990年から1991年にかけてと、1993年と1994年にかけて、そして2001年と2002年にかけては若干の減少も見られるが、全体としては漸増傾向が続いている(図1-2；表1-1)。

　2009年の国際結婚件数は3万4393組である。これは結婚総数70万7734組の3.8％にあたる。その組み合わせは、「夫日本・妻外国」(2万6747組：78％)が「妻日本・夫外国」(7646組：22％)を大きく上回っている(表1-1)。また、「夫日本・妻外国」の女性の国籍が中国、韓国・朝鮮、フィリピンの3ヵ国で84.5％を占めているのに対して、「妻日本・夫外国」の夫の国籍上位3ヵ国（韓国・朝鮮、米国、中国）は56.5％である。後者の場合、1970年には米国と韓国・朝鮮で86％を占めていた。この間、日本人女性の結婚相手の国籍は著しく多様化したことになる[3]。

　国際結婚は、グローバル化による国際的な人の移動が拡大する中で生じているため、今後も増えると予測されるが、2009年の国際結婚件数は過去最高を記録した2006年の4万1481組(6.1％)と比べると、7088組の減少である。この減少をどう見たらよいのだろうか。図1-3ならびに図1-4から、大きく減少しているのは、韓国・朝鮮の男女とフィリピン女性である。特にフィリピン女性の減少が著しい。「夫

---

[3]　1965年から1991年までは国際結婚の相手の国籍分類は、「韓国・朝鮮」「中国」「米国」「その他」の4種類であった。1992年から、フィリピン、タイ、英国、ブラジル、ペルーが「その他」から分離され、より詳しい外国人配偶者の国籍データが得られるようになった。

日本・妻フィリピン」の組み合わせの減少数は6395組であり、この組み合わせだけで減少分の9割を占める。なぜ日本人男性とフィリピン女性との結婚件数はこのように急減したのだろうか。要因として考えられるのは、2005年に「興行」資格の審査が厳格化されたことに伴い、エンターテイナーとして来日するフィリピン女性が激減したことである。図1-5は、新規来日者の中から「日本人の配偶者等」の在留資格で来日したフィリピン、中国、韓国の3ヵ国を抽出したものである。フィリピンの減少が著しいことがわかる。同時に、フィリピン人の「興行」資格での来日者の急減ぶりも明らかである。このデータを見る限り、これまで一定の割合を占めていたスナック等で働くフィリピン女性と日本人男性が出会い、結婚へと進展する経路が急激に狭まったといえそうである。

　国際結婚の今後の動向を議論することは、本稿の主たる目的ではないが、巨視的に見ればグローバルな人の移動の拡大と連動して起きている現象であり、今後も漸増すると考えられる。他方、バブル経済が崩壊し長期不況に入った90年代以降、正規から非正規への雇用代替が急速に進み、今では非正規労働者が全労働者の3分の1、若年層（15歳〜24歳）では45.9%に達している（湯浅2008）。1993年から2005年を就職氷河期と呼ぶが、この時期に社会人になった人たちが1970年以降に生まれた現在の30代後半の世代である。フリーターの平均年収は約140万円とのデータもあり（橘木2006）、こうした未婚層が、配偶者選択の手段として国際結婚を望んだとしても、これまでのように仲介業者に数百万円の仲介料を支払うことができるとは考えにくい。したがって、今後、どういった形の国際結婚が増えていくのか、注視する必要がある。

4　期間の定めのある短期の契約で雇用される労働者のことで、パート、アルバイト、契約社員、派遣社員などを広く含む。

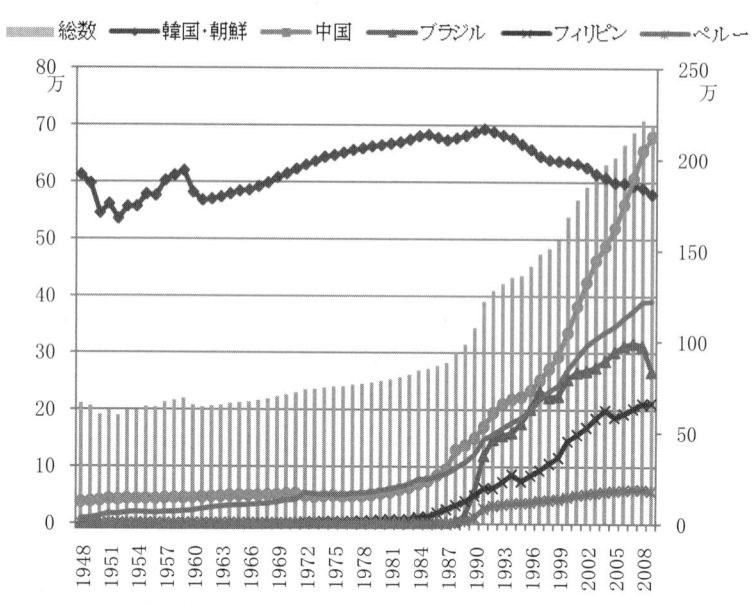

図1-1. 外国人登録者数と主な国籍者数の推移（1948年〜2009年）
出典：厚生労働省「人口動態統計」各年より作成。

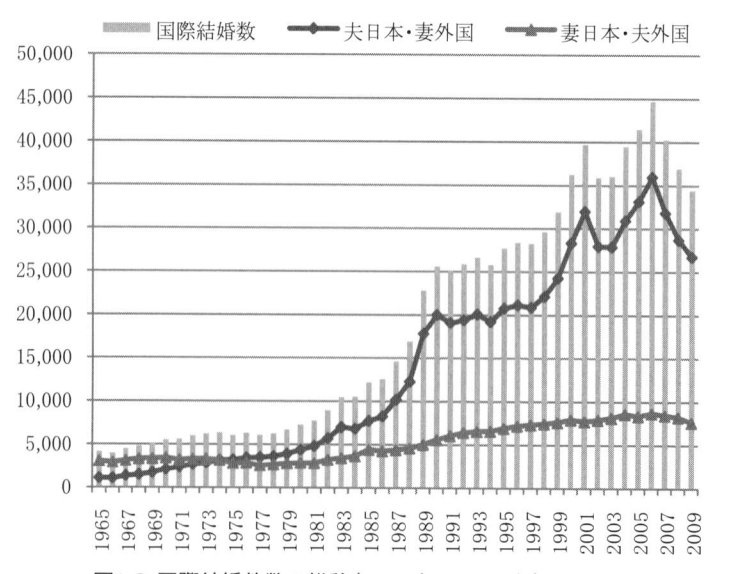

図1-2. 国際結婚件数の推移（1965年〜2009年）
出典：厚生労働省「人口動態統計」各年より作成。

表1-1. 国際結婚の推移（1965年～2009年）

年度	婚姻件数	国際結婚総数	夫日本妻外国	妻日本夫外国	総数(%)	夫日本妻外国(%)	妻日本夫外国(%)
1965	954,852	4,156	1,067	3,089	0.4	0.1	0.3
1966	940,120	3,976	1,056	2,920	0.4	0.1	0.3
1967	953,096	4,485	1,348	3,137	0.5	0.1	0.3
1968	956,312	4,784	1,460	3,324	0.5	0.2	0.3
1969	984,142	5,079	1,719	3,360	0.5	0.2	0.3
1970	1,029,405	5,546	2,108	3,438	0.5	0.2	0.3
1971	1,091,229	5,590	2,350	3,240	0.5	0.2	0.3
1972	1,099,984	5,996	2,674	3,322	0.5	0.2	0.3
1973	1,071,923	6,193	2,849	3,344	0.6	0.3	0.3
1974	1,000,455	6,359	3,177	3,182	0.6	0.3	0.3
1975	941,628	6,045	3,222	2,823	0.6	0.3	0.3
1976	871,543	6,322	3,467	2,855	0.7	0.4	0.3
1977	821,029	6,071	3,501	2,570	0.7	0.4	0.3
1978	793,257	6,280	3,620	2,660	0.8	0.5	0.3
1979	788,505	6,731	3,921	2,810	0.9	0.5	0.4
1980	774,702	7,261	4,386	2,875	0.9	0.6	0.4
1981	776,531	7,757	4,813	2,844	1.0	0.6	0.4
1982	781,252	8,956	5,697	3,259	1.1	0.7	0.4
1983	762,552	10,451	7,000	3,451	1.4	0.9	0.5
1984	739,991	10,508	6,828	3,680	1.4	0.9	0.5
1985	735,850	12,181	7,738	4,443	1.7	1.1	0.6
1986	710,962	12,529	8,255	4,274	1.8	1.2	0.6
1987	696,173	14,584	10,176	4,408	2.1	1.5	0.6
1988	707,716	16,872	12,267	4,605	2.4	1.7	0.7
1989	708,316	22,843	17,800	5,043	3.2	2.5	0.7
1990	722,138	25,626	20,026	5,600	3.5	2.8	0.8
1991	842,264	25,159	19,096	6,063	3.4	2.6	0.8
1992	754,441	25,862	19,423	6,439	3.4	2.6	0.9
1993	792,658	26,657	20,092	6,565	3.4	2.5	0.8
1994	782,738	25,812	19,216	6,596	3.3	2.5	0.8
1995	791,888	27,727	20,787	6,940	3.5	2.6	0.9
1996	795,080	28,372	21,162	7,210	3.6	2.7	0.9
1997	775,651	28,251	20,902	7,349	3.6	2.7	0.9
1998	784,595	29,636	22,159	7,477	3.8	2.8	1.0

1999	762,028	31,900	24,272	7,628	4.2	3.2	1.0
2000	798,138	36,263	28,326	7,937	4.5	3.5	1.0
2001	799,999	39,727	31,972	7,755	5.0	4.0	1.0
2002	757,331	35,879	27,957	7,922	4.7	3.7	1.0
2003	740,191	36,039	27,881	8,158	4.9	3.8	1.1
2004	720,417	39,511	30,907	8,604	5.5	4.3	1.2
2005	714,265	41,481	33,116	8,365	5.8	4.6	1.2
2006	730,971	44,701	35,993	8,708	6.1	4.9	1.2
2007	719,822	40,272	31,807	8,465	5.6	4.4	1.2
2008	726,106	36,969	28,720	8,249	5.1	4.0	1.1
2009	707,734	34,393	26,747	7,646	4.9	3.8	1.1

出典:厚生労働省大臣官房統計情報部編、「婚姻に関する統計」各年より作成。

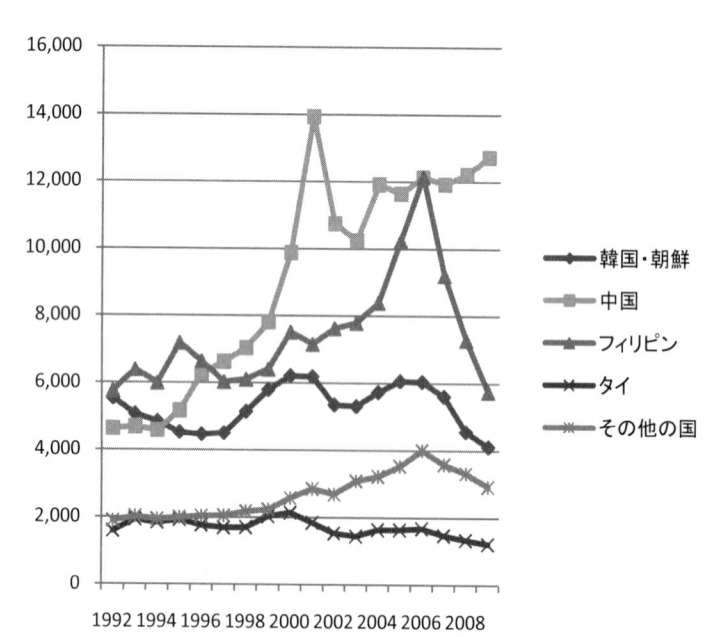

図1-3. 日本人夫の妻の国籍(1992年〜2009年)
出典:厚生労働省大臣官房統計情報部編、『平成18年度婚姻に関する統計』』より作成。

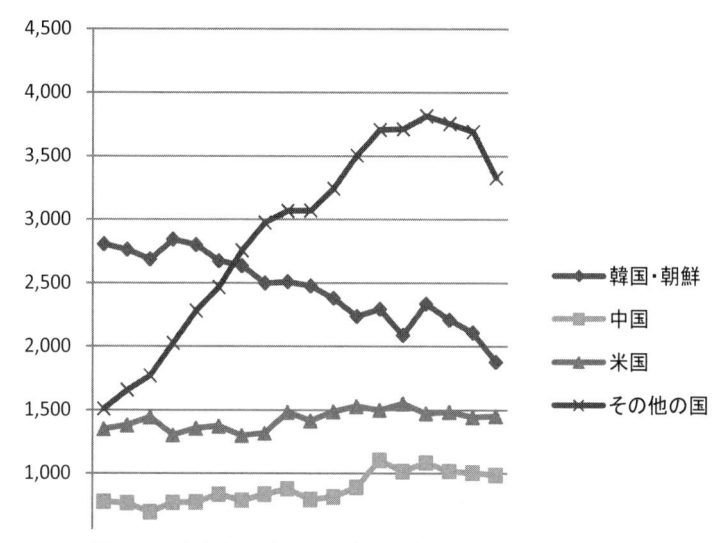

第1章 「ムラの国際結婚」の歴史的・社会的背景

図1-4. 日本人妻の夫の国籍（1992年〜2009年）
出典：厚生労働省大臣官房統計情報部編、『平成18年度婚姻に関する統計』」より作成。

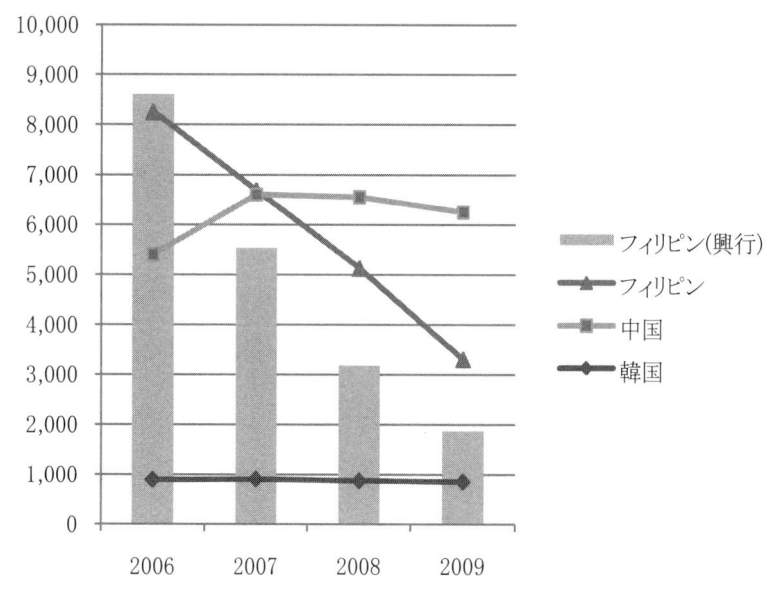

図1-5. 新規来日「日本人の配偶者等」とフィリピン人「興行」資格者
出典：入国管理局「登録外国人統計」より作成。

3-2.「韓国・朝鮮」というカテゴリー

　日本政府が国籍・地域を分類する際に用いている「韓国・朝鮮」は国籍ではない。登録法制上の記号であり、カテゴリーである。戦前、日本は朝鮮半島ならびに台湾を植民地とし、これらの国々の人々と日本人との結婚を皇民化政策の一環として推進する政策をとった。朝鮮半島の人々との結婚は、「内鮮結婚」と呼ばれ、台湾人との結婚は「内台結婚」と呼ばれた。また「日韓併合」後は、土地を奪われた多くの朝鮮の人々が、生活の糧を求めて「内地」に渡ってきた。特に日中戦争開始以降、朝鮮半島からは多くの朝鮮人が、徴兵された日本人男性の代替労働力として強制的に「内地」へ移動させられた。終戦直後の在日朝鮮人の数は210万～230万人との推定があり、戦後の最も古い記録である1946年3月の登録者数は64万7006人である。

　こうした人々の運命は、戦後の日本政府の政策とアメリカの対アジア戦略の中で翻弄される。まず、1945年12月に改正された衆議院議員選挙法では、その附則に「戸籍法の適用を受けざる者の選挙権および被選挙権は、当分の内これを停止」するとの規定を設けて、「元大日本帝国臣民」であった人々から選挙権を剥奪した。朝鮮人および台湾人の戸籍は、いずれも朝鮮または台湾にあり、「内地」への転籍が禁じられていたため、日本には戸籍がなかったからである。次に、1947年5月2日に公布された史上最後の勅令（天皇の名により制定される法律）「外国人登録令」で、「台湾人および朝鮮人は、この勅令の適用については、当分の間、これを外国人とみなす」と定め、外国人登録を義務づけた。このときに朝鮮半島出身者の国籍は便宜的に「朝鮮」とされた。

　その後、1948年に大韓民国（韓国）政府が樹立されたことを受けて、1950年以降、本人の希望により外国人登録上の国籍を「韓国」または「大韓民国」に書き換える措置がとられ、1951年以降は韓国政府が発行する国籍証明の提示が義務づけられた。つまり、外国人登録上の国籍「朝鮮」とは、本人の出身地を示すもの以外ではないのに対して、「韓国」表記には、ごく一部の例外を除き韓国籍保持者であることを意味することになったのである。日本政府は、朝鮮民主主義人民共和国（北朝鮮）を国家として承認していないため、法令上「朝鮮」国籍者の外国人登録はできない。1948年、朝鮮半島には、朝鮮民主主義人民共和国と大韓民国という2つの国家が建国され、1950年6月に始まった朝鮮戦争は1953年7月に停戦協定が成立したものの、これによって朝鮮半島は現在も南北に分断された状態が続いている。1952年4月

28日の対日平和条約（サンフランシスコ講和条約）の発効を直前に控えた同年4月19日、旧植民地出身者の「日本国籍」を喪失させた法務府（現在の法務省）「民事局長通達」とは、次のようなものであった（田中1995：60-66）。

(1) 朝鮮人および台湾人は、〔日本〕内地に在住する者も含めてすべて日本国籍を喪失する。
(2) もと朝鮮人または台湾人であった者でも、条約発効前に身分行為〔婚姻、養子縁組など〕により内地の戸籍に入った者は、引き続き日本国籍を有する。
(3) もと内地人であった者でも、条約発効前の身分行為により、内地戸籍から除かれた者は、日本の国籍を喪失する。
(4) 朝鮮人および台湾人が日本の国籍を取得するには、一般の外国人と同様に帰化の手続きによること。その場合、朝鮮人および台湾人は、国籍法にいう「日本国民であった者」および「日本の国籍を失った者」には該当しない。

(同上：66)

　外国人登録の国籍データは、歴史的経緯による在日コリアンも最近来日した大韓民国の国籍者も「韓国・朝鮮」というカテゴリーに入れている。在日コリアンと日本国籍を取得した在日コリアン、また在日コリアンとニューカマーの韓国籍者との結婚も統計上では国際結婚に分類される。同様に、「中国」の中には台湾出身の「元大日本帝国臣民」も、台湾からのニューカマーも、中国本土の出身者も含まれている。
　以上の事情と、韓国で一般人の海外渡航が自由化されたのは1989年であることを念頭に、図1-1の棒線で表した外国人登録者数と折れ線で表した国籍別データを見比べれば、日本における「外国人」とは、80年代後半まではそのほとんどが歴史的背景を持った「韓国・朝鮮」の人々であったことがわかる。つまり日本社会の多文化化・多民族化が本格的に始まったのは80年代後半のことである。その時期に国際結婚も増加し始めた。韓国ならびに台湾でも90年代以降、国際結婚の割合が急増している。これは偶然ではない。グローバル化に伴う国際的な人の移動の一部として、アジアの中で経済的に発展を遂げたこれらの国や地域に発展途上にあるアジアの国々から女性たちが結婚移住者として流入しているのである。
　韓国では結婚総数に占める国際結婚の割合が2005年に13.6％（4万3121件）を記

録し、日本以上のスピードで社会変容が起きている。注目されるのは、結婚移住女性を想定した外国人統合政策が急速に進んでいることである。2008年に多文化家族支援法が制定され、全国80ヵ所に「多文化家族支援センター」が設置され、結婚移住者に対して韓国語と韓国文化を学ぶ機会を提供し、また、2009年には社会統合プログラムの試行に入っている。同プログラムの内容は、最長450時間（「韓国語」学習6段階400時間、「多文化社会理解」50時間）で、受講者は法務部が指定した運営機関で教育を受け、政府はその資金を援助する。また、法務部によって拠点大学に指定された20大学では講師養成プログラムも始まっている。同プログラムの修了者は永住権や帰化申請の際に優遇される（宣2009）。また、2010年には重国籍を認める国籍法の改正も行なわれ、結婚移住女性は原国籍を放棄せずに韓国籍を取得することができるようになった。

　先に日本の国際結婚件数が減少しているデータを示したが、ホスト社会がいつでも都合よく移住者の受け入れをコントロールできるとは限らないのではないだろうか。移住する側も移住先をさまざまな視点から選択していることからすれば、日本が移住先として選択されなくなることもあり得ると考えるべきだろう。

4. 国際結婚の増加と「ムラの国際結婚」

　人の国際的な移動の機会が増えれば、その過程で生じる男女の出会いの一部が結婚へと展開することは自然の成り行きであり、国際結婚件数が増えること自体には何ら問題はない。これまで、国際結婚については、人類学では結婚の規則や結婚をめぐる交換制度に関心を寄せ、また社会学では家族や所得パターンの変化や子どもの教育、アイデンティティの揺らぎなどの視点から研究が蓄積されてきた。では、なぜ、農村における国際結婚にはカギ・カッコが用いられるのだろうか。その理由を述べる前に、ブレーガー＆ヒル編（1998=2005）から、国際結婚を選択した女性たちに共通するパーソナリティの特徴を示しておきたい。「彼女たちは一般により冒険的であり、自由に発想し、慣習にとらわれず、一般の人たちより情緒的に安定している」とされる。また、彼女たちが「周縁性の感情」や「周縁性の経験」を持っていることが、異文化結婚を選択する上で大きな役割を果たしたという（同上：94-95）。同書の被調査者は、ヨーロッパ3ヵ国に住む、主に中産階級の中年の白人女性20

名で、いずれも(1)夫または妻の国での留学や仕事で滞在中に出会っているため共通言語を持ち、(2)お互いを惹きつける積極的な個人的資質が付き合いはじめるきっかけになり、(3)結婚までの交際期間が長い。

「ムラの国際結婚」という言葉(呼称)は、80年代後半に農村で増加しはじめた国際結婚を報道するマスメディアで用いられ、それに続いた研究論文や書籍タイトルに用いられることによって、「農村花嫁」とともに定着した。カギ・カッコをつけたのは、それぞれの論者が自由恋愛による結婚とは異なる諸相を「ムラの国際結婚」の中に認めたからである。それは第1に、結婚形態の不自然さにあった。自然状態では出会うはずのない日本人男性とアジア人女性が行政や結婚斡旋業者の仲介で「見合い」をし、結婚するのであるが、「見合い」が集団で行なわれていたり、「見合い」から結婚までの期間が2～3日と非常に短い点が問題として指摘された。第2に、夫と妻との関係が経済的にも社会的にも非対称であるために、結婚移住女性が一方的に、日本人家族や社会への同化を求められる構図に映り、「両性の合意に基づく結婚」という戦後の日本が民法に規定した結婚のあり方から大きくかけ離れて見えたからである。

「ムラの国際結婚」は大きく次の3パターンに分けられる。第1に行政の結婚仲介によるもの。しかしながら、自治体が直接的に仲介をしたのは、事業を開始した当初だけである。ほとんどの自治体は、社会的批判が高まる中で斡旋事業からは手を引き、国際結婚支援金の支給など間接的関与に切り替えた。第2に結婚紹介業者によるもの。日本の結婚斡旋業者が女性の出身国側のブローカーと連携する形で結婚仲介を行なっている。国際結婚仲介に特化している業者は少なく、日本人どうしの結婚仲介をメインにしながら、男性側の状況に応じて国際結婚を勧める。あるいは、外国人研修生の募集とあわせて結婚紹介を行なうなど、組織形態も含めてその実態は多様である。第3に先に来日した結婚移住女性が仲介するもの。同郷の友人知人、あるいは自身の姉妹などを紹介するだけでなく、中には、結婚移住女性が日本側のエージェントとなり、母国のブローカーと連携してビジネスとして結婚斡旋を行なうケースも見られる。

行政主導による国際結婚が山形県から始まったことや、その後のマスコミ報道の影響などもあって、東北6県と新潟県に「ムラの国際結婚」が多いであろうという推測のもとに、これまで種々の議論がなされてきた。石川編(2005)は、この推測を

2000年国勢調査データをもとに、初めて明らかにした。1995年から2000年に新規に日本に流入した結婚移住女性を、配偶関係から「妻」と「嫁」(世帯主の息子の妻)に分けた。すると、全国の外国人登録者のわずか3.2%が暮らす東北6県と新潟県に、「嫁」の28.7%が暮らしていることがわかったのである(同上：277)。これは、自然増とは異なる要因が、この地域の国際結婚を増加させていることを示唆する。大内(2005)は、1955年から1985年までの農家世帯の縮小パターンを、東北型(宮城型)、西南型(鹿児島型)、近畿型(滋賀型)の3類型に分け、さらに家族規模が大きく縮小した東北型と西南型には、前者には直系家族制規範が、西南型には夫婦家族制規範が強いという違いがあることを示した。家族規範の違いと国際結婚との関連については、本研究では十分に掘り下げていないが、今後の課題として興味深いテーマである。

表1-2. 1995年～2000年における日本への外国人女性新規流入者(15歳以上)の構成

	人数				比率(%)			全国平均からのずれ(%)		
	妻	嫁	その他	総数	妻	嫁	その他	妻	嫁	その他
全国	82,563	7,460	99,423	189,446	43.6	3.9	52.5	0.0	0.0	0.0
北海道	740	60	1,400	2,200	33.6	2.7	63.6	-9.9	-1.2	11.2
青森	160	40	460	660	24.2	6.1	69.7	-19.3	2.1	17.2
秋田	100	380	860	1,340	7.5	28.4	64.2	-36.1	24.4	11.7
岩手	380	240	760	1,380	27.5	17.4	55.1	-16.0	13.5	2.6
山形	1,000	520	780	2,300	43.5	22.6	33.9	-0.1	18.7	-18.6
福島	1,040	340	1,260	2,640	39.4	12.9	47.7	-4.2	8.9	-4.8
新潟	960	360	1,640	2,960	32.4	12.2	55.4	-11.1	8.2	2.9
宮城	1,200	260	1,380	2,840	42.3	9.2	48.6	-1.3	5.2	-3.9
石川	620	20	560	1,200	51.7	1.7	46.7	8.1	-2.3	-5.8
富山	680	100	1,080	1,860	36.6	5.4	58.1	-7.0	1.4	5.6
栃木	1,820	180	2,120	4,120	44.2	4.4	51.5	0.6	0.4	-1.0
茨城	3,280	160	2,560	6,000	54.7	2.7	42.7	11.1	-1.3	-9.8
福井	500	40	1,640	2,180	22.9	1.8	75.2	-20.6	-2.1	22.7
山梨	1,120	80	1,220	2,420	46.3	3.3	50.4	2.7	-0.6	-2.1
長野	3,400	400	4,040	7,840	43.4	5.1	51.5	-0.2	1.2	-1.0
群馬	2,440	280	2,220	4,940	49.4	5.7	44.9	5.8	1.7	-7.5

岐阜	2,060	200	4,700	6,960	29.6	2.9	67.5	-14.0	-1.1	15.0
静岡	4,680	200	4,680	9,560	49.0	2.1	49.0	5.4	-1.8	-3.5
三重	2,200	100	2,000	4,300	51.2	2.3	46.5	7.6	-1.6	-6.0
愛知	7,640	460	6,980	15,080	50.7	3.1	46.3	7.1	-0.9	-6.2
奈良	380	40	360	780	48.7	5.1	46.2	5.1	1.2	-6.3
山口	440	60	860	1,360	32.4	4.4	63.2	-11.2	0.5	10.8
兵庫	2,200	60	2,460	4,720	46.6	1.3	52.1	3.0	-2.7	-0.4
京都	980	100	1,840	2,920	33.6	3.4	63.0	-10.0	-0.5	10.5
大阪	4,500	240	4,020	8,760	51.4	2.7	45.9	7.8	-1.2	-6.6
埼玉	5,200	400	4,100	9,700	53.6	4.1	42.3	10.0	0.2	-10.2
千葉	4,260	420	4,860	9,540	44.7	4.4	50.9	1.1	0.5	-1.5
東京	14,340	560	16,521	31,421	45.6	1.8	52.6	2.1	-2.2	0.1
神奈川	5,940	240	4,540	10,720	55.4	2.2	42.4	11.8	-1.7	-10.1
滋賀	1,340	80	1,300	2,720	49.3	2.9	47.8	5.7	-1.0	-4.7
和歌山	80	60	560	700	11.4	8.6	80.0	-32.2	4.6	27.5
鳥取	160	40	700	900	17.8	4.4	77.8	-25.8	0.5	25.3
島根	440	60	1,220	1,720	25.6	3.5	70.9	-18.0	-0.4	18.4
岡山	500	140	1,400	2,040	24.5	6.9	68.6	-19.1	2.9	16.1
広島	1,300	60	1,600	2,960	43.9	2.0	54.1	0.3	-1.9	1.6
徳島	260	80	860	1,200	21.7	6.7	71.7	-21.9	2.7	19.2
香川	340	80	1,140	1,560	21.8	5.1	73.1	-21.8	1.2	20.6
愛媛	240	0	1,240	1,480	16.2	0.0	83.8	-27.4	-3.9	31.3
高知	120	20	520	660	18.2	3.0	78.8	-25.4	-0.9	26.3
福岡	1,580	60	2,120	3,760	42.0	1.6	56.4	-1.6	-2.3	3.9
佐賀	160	40	580	780	20.5	5.1	74.4	-23.1	1.2	21.9
長崎	260	0	920	1,180	22.0	0.0	78.0	-21.5	-3.9	25.5
熊本	480	60	760	1,300	36.9	4.6	58.5	-6.7	0.7	6.0
大分	220	20	900	1,140	19.3	1.8	79.0	-24.3	-2.2	26.5
宮崎	140	20	460	620	22.6	3.2	74.2	-21.0	-0.7	21.7
鹿児島	380	80	640	1,100	34.5	7.3	58.2	-9.0	3.3	5.7
沖縄	300	20	600	920	32.6	2.2	65.2	-11.0	-1.8	12.7

出典：石川孝義編（2007：276）より転載。原資料は2000年国勢調査のマイクロ・データ・サンプル。

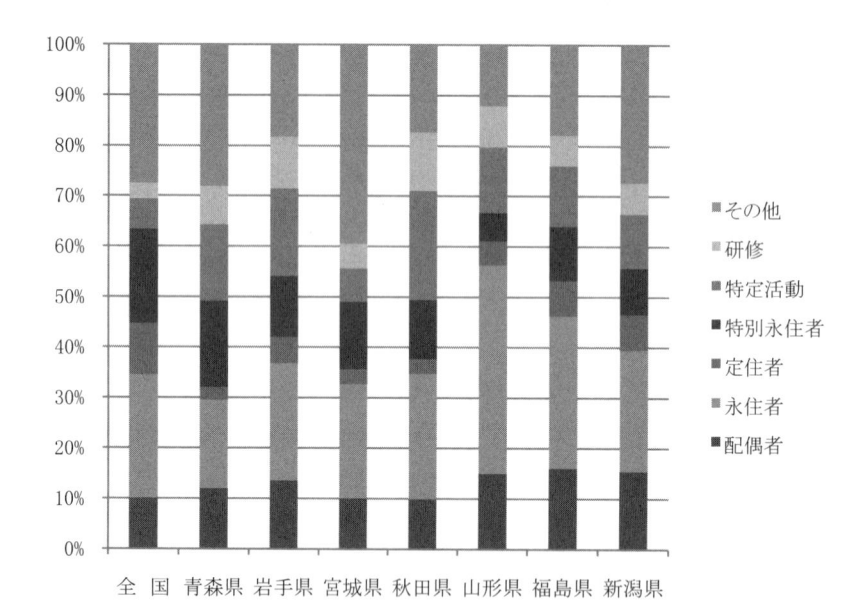

図1-6. 2009(平成21)年度の在留資格別構成:全国と東北6県および新潟県との比較
出典:平成21年度外国人登録者統計(法務省入国管理局)より作成。

　図1-6は、2009年度の外国人登録データの在留資格別構成について、東北6県と新潟県を全国平均と比べたものである。東北6県と新潟県、中でも岩手県、山形県、福島県、新潟県の「日本人の配偶者等」(グラフでは「配偶者」と表記)が全国平均を上回っていること、「永住者」を含めても同じ傾向が見られること、特に山形県の突出ぶりが目を引く。

　「日本人の配偶者等」の在留資格を付与されているのは結婚移住者だけでなく、日系南米人等も含まれる。2009年の外国人登録者に占めるブラジル人は26万7456人、ペルー人5万7464人である。この2つの国籍者は外国人集住都会議の構成自治体を含む7県(群馬・長野・岐阜・静岡・愛知・三重・滋賀)に58%が集住している。他方、東北6県と新潟県の両国籍者の数は、合計1891人(0.6%)にすぎない。このことから、図1-6に示された東北6県と新潟県の「配偶者」(日本人の配偶者等)の大半は、結婚移住者であると推測される。「日本人の配偶者等」で来日した結婚移住者は、通常、3年ないし5年で「永住者」に在留資格を変更する場合が多い。山形ではこの2つの在

留資格者の割合が5割を超え、福島と新潟も全国平均に比べて明らかに高い割合を示している。つまり、この地域の外国籍住民の増加は、結婚移住者によって押し上げられているのである。

表1-3から、それまで国際結婚とはほぼ無縁であったこれらの地域で国際結婚が劇的に増加したことがわかる。東北6県と新潟県の国際結婚件数を1975年と2005年について比較すると、青森県(30件⇒320件)、岩手県(20件⇒264件)、宮城県(52件⇒497件)、秋田県(7件⇒134件)、山形県(5件⇒359件)、福島県(20件⇒479件)、新潟県(41件⇒525件)の急増ぶりは顕著である。これが県全体の数字であることを考えれば、1975年当時の農村部の国際結婚は、南魚沼市を含めてほとんどゼロであったのではないかと推察される。国際結婚の組み合わせも大きく変化している。1975年には、「夫日本・妻外国」と「妻日本・夫外国」はほぼ同数であったが、2005年になると前者が後者の組み合わせを大きく上回った。それも、全国平均が10倍であるのに対して、山形県は26倍、福島県は13倍、岩手県は13倍である。

表1-3. 東北6県と新潟県の国際結婚件数の比較(1975年・2005年)

	1975年				2005年			
	総数	夫婦とも日本	夫日本妻外国	妻日本夫外国	総数	夫婦とも日本	夫日本妻外国	妻日本夫外国
全国	941,628	935,583	3,222	2,823	714,265	672,784	33,116	8,365
青森	11,695	11,665	15	15	6,584	6,372	128	84
岩手	10,409	10,389	11	9	6,446	6,182	245	19
宮城	16,776	16,724	35	17	12,820	12,323	443	54
秋田	9,432	9,425	3	4	4,884	4,750	121	13
山形	9,149	9,144	2	3	5,729	5,370	346	13
福島	15,065	15,045	11	9	10,606	10,127	445	34
新潟	18,022	17,981	19	22	11,484	10,959	476	49

出典:『人口動態統計』(厚生労働省大臣官房統計情報部)より作成。

1975年は、日本における国際結婚の「夫日本・妻外国」の組み合わせが、初めて「妻日本・夫外国」の組み合わせを上回った年でもある。70年代後半に入ると、都市部におけるアジア女性と日本人男性との国際結婚が増加しはじめた。背景には、日本企業のアジア進出と大衆観光(買春観光を含む)、そして性産業にフィリピン女性を中心としたアジア女性の流入が始まったこと、さらに、70年代前半に営業を開

始した結婚斡旋業の存在などがある(伊藤1996：259-260)。この段階では、日本人男性のアジアへの買春観光が現地で激しい批判を浴びることはあったが、国際結婚の増加自体が特別に話題になることはなかった。

　国際結婚に社会的注目が集まったのは、1985年に山形県朝日町が行政主導で農村の嫁不足解消を掲げてフィリピン女性との国際結婚事業に取り組んだことが報道されて以降である(日暮1989：78)。朝日町には、半年ほどの間に、全国の自治体や農協など百数十団体から視察や照会の問い合わせが殺到した。男性の結婚難に悩んでいた自治体にとって、海外から配偶者を迎え入れるという朝日町の取り組みがいかに大きなインパクトを与えたかがわかる(宿谷1988：56)。「ムラの国際結婚」が社会的注目を浴びた80年代後半には、さまざまな問題が指摘された。主要なものをあげれば、迎える側の論理だけが優先された、女性の人権を無視したアジア人花嫁の「商品化」だとする批判や、「自治体が、民間業者の(花嫁)輸入事業を側面から支援している」(中村1994：22)のではないかといったものである。

　日本における国際結婚を大きく分ければ、第1に「自由恋愛による結婚」、第2に「ムラの国際結婚」に象徴される「社会的要素の強い結婚」、そして第3に「偽装結婚」など逸脱的要素を持った結婚である。朝日新聞のデータベースで「国際結婚」をキーワードに1985年〜2006年までの記事検索を行なうと、1989年11月5日付で「『偽装結婚』でも長期滞在への思い(神奈川の出稼ぎ外国人⑤)」という記事が現れる。

　非正規滞在者および在留期間の更新や変更が困難な外国人にとって、日本人との結婚は唯一合法的に在留資格を取得できる方法である[5]。1988年に「不法就労者摘発件数」の男女比で、初めて男性が女性を上回った(女性5385人に対して男性8929人[6])。摘発された女性の国籍は、フィリピンとタイの2ヵ国で全体の9割を占め、9割強が「性風俗」産業従事者であった。摘発された数は実際の「不法就労者」のごく一部であろう。さまざまな理由から日本で就労しなければならず、合法的な就労ビザ取

---

[5] ヨー(2007)は、日本と同様にアジアのほとんどの国では、高度技能保持者を除き、非熟練労働移民が市民／国民となるにはホスト国の国民との結婚しかないことを指摘している(同上：161)。

[6] 人の国際移動の中での女性の位置づけは、夫や父親の移動に従う家族合流が一般的であり、女性が自立的な移動主体となるケースはごく限られた範囲でしか見られないと考えられてきた。しかし、アジアにおける女性の動きは、こうした一般的傾向と異なる。特に70年代以降に拡大した日本へのアジア女性の流入は、女性の自律的な経済機会の獲得を目指した移動が特徴であり、また、男性に先んじて女性が移動した点でも海外事例とは異なっていた(伊藤1992：296-297)。これが女性の「不法就労者摘発件数」が男性のそれを上回っていた理由である。

得の可能性が閉ざされている外国人によって、日本人との結婚が手段的に選択されていること、また、そうした人々の結婚を斡旋するビジネスの存在も確認されている[7]。たとえば、「外国人女性ら帰国急増 偽装結婚の摘発恐れ？」という記事が1991年12月17日付で報じられた。アジア通貨危機が発生した1997年には、7月9日付「国際結婚を偽装の疑い『日本人蛇頭』ら手配」、7月31日付「中国に『偽装結婚』事務所、ノウハウ細かく指示」、8月1日付「手配の元組長、徳島に仲介ルート、中国女性との偽装結婚事件」、9月3日付「フィリピン人、偽装結婚で入国、容疑の男女5人逮捕」、9月9日付「急がれる全容解明、偽装結婚あっせん」など、偽装結婚の記事が目立った。このような「偽装結婚」報道は農村に暮らす国際結婚者、とりわけ業者仲介によって結婚した当事者に対する偏見の広がりという負の連鎖を生じさせることになった(武田2007b)。

5. 日本農村の社会的再生産の危機

　出生動向基本調査によれば、18歳から34歳の未婚者で「いずれ結婚するつもり」と回答した者の割合は、第8回調査(1982年)男性95.9％・女性94.2％、第13回調査(2005年)男性87％・女性90％というように減少してはいるが、依然として約9割の未婚男女は結婚の意思を持つ。ところが、未婚率の上昇傾向は止まらない(図1-7)。国勢調査による35歳～39歳の未婚率は、1980年男性7.7％・女性2.9％、2005年男性29.9％・女性13.6％と大幅に上昇し、また、この世代の未婚者の約半数は生涯結婚しないだろうと予測されている。

　未婚化は、正確にいえば、結婚年齢がばらつく中での「晩婚化」と、結婚したくてもできない「非婚化」に分けられる(山田2008)。出生動向基本調査の中で、「いずれ結婚するつもり」と回答した男性未婚者の中で「1年以内に結婚したい」、または「理想的な相手が見つかれば結婚してもよい」と回答した割合を就業状況別に見ると、自営業60.5％、正規雇用56.3％、派遣・嘱託41.0％、無職・家事34.6％、パート・アルバイト29.5％、学生12.3％である。注目されるのは、正規雇用56.3％と非正規雇用（派遣・嘱託）41.0％の大きな開きである。ここから、結婚の意欲が減少している

---

[7] 「非移民国」を標榜する日本には入国管理政策が存在するのみで、外国人の定住化を想定した統合政策はない。また、「第6次雇用対策基本計画」(1988年)で「単純労働者」を受け入れないことを閣議決定して以降、2009年現在もその基本方針に変更はない。

わけではないのに、未婚率が上昇している現象は、個人的選好というよりも、社会経済的要因によって起きている非自発的な非婚化でもあることがわかる。たとえば、2009年9月11日付、朝日新聞の読者欄には、「お金がなくて結婚できない」という36歳男性の投書が掲載されていた。それも「結婚式代がないのではなく、それ以前のデート代がない」という切実なものである。三浦（2005）は、男性の所得と婚姻関係について、年収150万円未満では結婚の可能性はなく、300万円を超えるとようやく結婚が可能になるという調査結果を紹介している（同上：125）。また、ギデンズ（2001=2008：166）は、過去において、「男たちは人生で志すべき一連の明確な目標」として、「真っ当な職を得て妻や家族のために一家の稼ぎ手になるという目標」を抱いていたが、経済社会的変化によって、「一家の働き手としての男性役割」の達成が困難になっていると指摘している。これらは、男性の結婚難、とりわけ農村男性の結婚難については、性格など個人的魅力の問題からではなく、経済的社会的変容によって生じている社会構造の問題として捉えるべきことを示唆している。

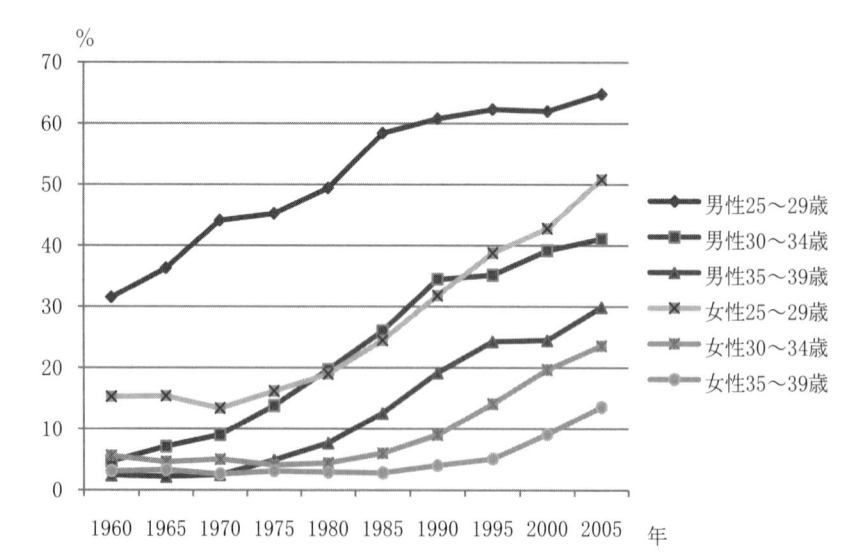

図1-7. 全国の男女別未婚率（1960年～2005年）
出典：国勢調査データより作成。

農村における男性の結婚難現象は、80年代以降の新自由主義的価値観の浸透とも関連している。ハーヴェイ（2007）は、世界の新自由主義の流れの始期を1978年と

しているが、日本における新自由主義的施策への転換はバブル経済が崩壊し、グローバリゼーションの本格的な展開が始まる90年代以降である。新自由主義的政策転換に向けた国民の同意調達に動員されたのが、反自民党政治と反開発主義である。それは経済成長による税収の増加を梃子にした自民党の利益誘導型政治と公共事業投資による再配分政策の見直しと連動していた(渡辺2007：299-306)。同時にそれは地方と農村の切り捨てを正当化する理由づけにもなった。新自由主義の「自己決定・自己責任」の原理に立てば、農村男性の結婚難は自己責任であり、アジア女性との結婚は自己決定である。したがって、政策的に対応すべき社会的イシューとはならない。こうした議論の立て方が、「ムラの国際結婚」の漸増という社会現象に対する社会的関心が持続しなかった理由の1つと考えられる。

「ムラの国際結婚」は一時的な現象ではないかとの予測もあった。しかし、自治体が直接的な結婚斡旋から撤退したあとも、民間の仲介業者を含むさまざまなチャンネルを通して、国際結婚は漸増し続けている。ホリフィールド(2007)は、ひとたび国際的な労働市場が出来上がると、連鎖移民や社会的ネットワークによって移民は自己永続的な現象になると指摘しているが(同上：56)、結婚移住女性が同郷の友人や知人の結婚仲介を始めているところにも同様の連鎖が働いていると考えられる。とするならば、農村においても都市においても国際結婚を家族形成の1つの方途として受け止め、それを前提に結婚移住者の適応を支える社会体制のあり方を考えるべきだろう。

6. 結婚移住女性の出身国の状況

　結婚移住女性の適応過程には、女性たちの送り出し国の事情も影響する。そこで本節ではまず、南魚沼市の結婚移住女性の主要な出身国である3ヵ国（韓国・朝鮮、中国、フィリピン）についてそれぞれの状況をまとめる。結婚移住者も移民の一形態である。移民システム・アプローチでは、個々の移民の移動は、マクロ構造とミクロ構造の相互作用の結果とみなす。つまり、移民の移動をマクロの視点から見るならば、移民自体が過去の歴史的発展の産物ということになる(カースルズ&ミラー

8　南魚沼市の調査結果から確認された結婚のきっかけは、母国や日本にいる家族や知人の紹介が53％と半数を占め、偶然の出会い27％、業者の仲介25％、宗教団体2.8％の順であった。

1993=1996)。この説明は、本節で検討する3ヵ国にもよく当てはまる。調査地である新潟県の2009年12月末の「特別永住者」の割合は9.3%と全国の割合18.7%と比べると2分の1の水準である。しかしながら、新潟県は1960年代に北朝鮮への帰国者を乗せた船が出港した地であり、1978年に新潟県、長野県、富山県、石川県を管轄する駐新潟大韓民国総領事館が設置されるなど、韓国・朝鮮の日本海側の交流の窓口になってきた。また、新潟県は1972年の日中国交正常化を実現した田中角栄首相（当時）の出身地であり、1983年には新潟県と中国黒龍江省は友好都市提携を結んでいる。「ムラの国際結婚」が始まった当初、新潟県が山形県についで注目を集めることになり、また、中国人結婚移住女性の多くが黒龍江省出身者であることと、こうした歴史的な交流関係は無関係ではないだろう。新潟空港からは、韓国・仁川国際空港と中国・ハルビン太平国際空港への直行便も出ている。

6-1. 韓国

　笹川（1989）により、80年代後半の韓国における結婚難の状況を要約しながら、「ムラの国際結婚」の初期に来日した韓国人結婚移住女性の背景を示しておきたい。

　韓国では80年代後半に、農村青年の結婚難が社会問題化し、1988年10月、政府・保健社会部の外郭団体として「結婚問題研究所」が設立された。当時の韓国は、農村で青年の結婚難が社会問題化する一方で、都市では女性の結婚難が社会問題化していた。農村部の「嫁不足」は、第1に輸出産業を中心とした経済成長政策による農業の産業経済的な位置づけの低下と、高度経済成長の始まりとともに70年代半ばから農村女性の都市への人口流出が急速に進み、結婚適齢期の男女比のバランスが崩れたこと、第2に高度経済成長の結果、都市と農村の生活水準の格差が拡大したためである。韓国・全国経済人聯合会編集の『韓国経済年鑑1988』に記載されている都市と農村の格差に関する部分を再引用する（同上：223）。

> 農村は以前にもまして困難な状況にある。80年に1戸あたり34万ウォンだった農家の負債は87年にはおよそ235万ウォンと約7倍に増えた。いっそう深刻なことは都市に対する相対的な貧困感が深まっていることだ。最近5年間（1982〜86年）に都市勤労者所得は年平均11.7%もふえたのに農家所得は7.6%にとどまっており……。安い農産物の輸入のために採算のあう作物が減っており、そのために耕地利用率は一時157.7%だ

ったが今は119.9％にまで落ちており、……都農間の所得格差はますます拡大せざるを得ない。……(しかも)アメリカは、牛肉・たばこ・ぶどう酒など様々な品目にわたって貿易報復措置を断行すると脅迫的な市場開放の圧力をかけている。

　この記述は、ウォンを円に変更し、データを日本のものに差し替えれば、日本の農林省の文書としても通用するのではないだろうか。笹川は、安易な一般化は危険としながらも、韓国農村男性の結婚難の理由を、「①農村部の人口構成、②都市と農村の経済的・文化的な格差、③男性の消極性」(同上：226)の3点にまとめた。
　他方、都市における女性の結婚難については、次のように記述されている。韓国では朝鮮戦争後の1954年から1974年が人口急増期である。これに農村から都市への女性の流入、さらに「男女の年齢差4歳の結婚が理想」という社会通念が働いたため、1985年のソウルにおける未婚男女数は、20代前半で約9万人、20代後半では約4万人の女性が「過剰」になっていた。これに加えて、韓国の家族法は、結婚した女性や娘が戸主になれないことなど、女性の地位が低く規定されていた。さらに、女性に対する早期定年制などの慣習があり、女性が経済的に自立することが困難であった。また、韓国の女性が未婚のまま生家にとどまることも難しい状況にあったため、結婚は女性にとって生活保障を得る手段であった。そうした状況下では、離婚した女性は居場所を失うことになる。笹川は、日本へ向かった韓国女性の背景について、「①大都市における未婚女性人口の相対的な過剰、②女性の経済基盤の弱さ、③家族法における女性の地位の低さ、④「適齢期」観念の強さと再婚の難しさ」(同上：233)の4点にまとめている。
　しかし、韓国社会に韓国女性たちを送り出す社会的圧力があったとしても、それだけでは日本人男性との結婚は成立しない。自然状態ではつながることのない韓国女性と日本の農村男性を結びつける仕組みがなければならない。それが日本側の仲介業者であり、また、韓国側の結婚斡旋業者である。韓国には都市部で金目当てに結婚斡旋をする「マダム・ツー」[9]と呼ばれる女性たちの存在もあった。
　韓国では1989年に海外渡航が自由化された。南魚沼市で聞き取りをした韓国人

9　結婚をまとめるために学歴や職業などに関して正確な情報を伝えず、そのことが離婚原因になっているとして「マダム・ツー」が社会問題化した。1988年に政府・保健社会部の外郭団体として設立された「結婚問題研究所」の目的の1つは「マダム・ツー」対策でもあった(笹川1989：218-219)。

結婚移住女性の2人は1987年の来日である。つまり、第4章で詳述するKo-2のように出国願望のあった女性たちにとって、結婚は数少ない出国のための手段の1つになった。韓国は、1987年の「民主化特別宣言」(6.29宣言)と1988年の「民族自尊と統一繁栄のための特別宣言」(7.7宣言)、そして同年に開催されたソウルオリンピックを契機に大きく変わった。この転換期をKo-2は、「25歳が限度、27歳では遅すぎる」といわれた「結婚適齢期」の真っ只中で迎えることになった。「あと半年頑張ることができれば私の人生は違うものになった」というKo-2の言葉には、適齢期規範に縛られ、男尊女卑の韓国社会の「息苦しさ」から逃れて、自分らしく生きたいという湧き上がる思いをもてあまし、リスクよりも生き直しの可能性にかけて国際結婚を選択した当時の韓国人女性の状況が凝縮されている。

6-2. フィリピン

　フィリピン女性と日本人男性との接触は、フィリピンの代表的産品である木材の輸入を手掛ける日本人商社員や企業駐在員から始まり、1964年の日本における海外旅行の自由化によって急激に拡大した。日本人海外旅行者は1964年の13万人からフィリピン国内の政情が不安定化する直前の1979年には400万人に達した。この急増は、大手旅行業者による台湾、韓国、タイ、フィリピンなどへのパック旅行の普及によるものである。また、観光客誘致を外貨獲得手段と位置づけるフィリピン政府が積極的に日本からの観光客誘致に取り組んだ結果でもある。1978年には、フィリピン政府は日本との国際線の航空機相互乗り入れを実施した。問題は、日本人観光客の大半が男性であり、その多くが「セックス・ツアー」を目的としていたことである。1981年1月、鈴木善幸首相(当時)がマニラを訪問した際には、買春観光に反対する抗議運動が繰り広げられた。それに加えて、1983年、元上院議員ベニグノ・アキノ氏が軍人に殺害された事件をきっかけに、フィリピン国内の政情が不安定化したため、1980年には26万人を数えた日本人観光客は、1984年には16万人弱にまで落ち込んだ。

　この状況を打開するために見出されたのが、フィリピン女性たちを「興行」ビザで日本に送り出す新たなビジネスであった。このビジネスは、日本とフィリピン双方のエージェント、さらに、海外への出稼ぎを外貨獲得手段と位置づけるフィリピン政府の政策を背景に急拡大した。フィリピン政府は、1982年に労働雇用省(DOLE:

Department of Labor and Employment)のもとに、海外雇用庁（POEA：Philippine Overseas Employment Administration）を設置し、そこでの歌や踊りの審査に通った者だけが日本大使館に興行ビザを申請できる仕組みを作った。フィリピン政府は、「興行」資格で出国するフィリピン人（9割以上が女性であり行き先は日本である）を「海外芸能アーティスト」（OPA: Overseas Performing Artist）と呼称しているが、その実態がパブやスナックでの接客であることは周知の事実である。日本政府もそうした実態を知りながら「興行」ビザを発給していたという点では、共犯関係にあった（佐竹2006：9-19）。また、定松（2002）は、日本側に性風俗産業という市場があったこと、そして、「企業中心社会と消費社会化の相乗効果による、『接待』『つきあい』など男性対象のサービス産業の発展、家族の生活時間・空間の離散、性の商品化など」（同上：49）がフィリピン女性を日本に引き寄せるプル要因として働いたと指摘している。

日本に出稼ぎに来たフィリピン女性の数が1万人を超えた1979年は、「ジャパゆき元年」と呼ばれ、10年後の1989年には、日本人男性とフィリピン女性との結婚が1万人を超えた（久田1989：290）[10]。久田は、「ムラの国際結婚」は内外から批判を浴びたが、行政主導の国際結婚件数は、自治体単位で見れば多くても10組程度のことであり、大半は都市部の風俗産業で働いていたフィリピン女性との結婚であったという。1987年頃から急増するフィリピン女性と日本人男性との結婚は、興業ビザによる日本への入国が厳しくなったことが背景にある。1989年4月には、興業ビザで入国する外国人を雇い入れることのできるバーやキャバレー等の条件が、月額35万円以上の飲食税の支払いから月額70万円以上に引き上げられた（同上：123）。フィリピン女性の日本への出稼ぎは、フィリピン社会の問題に起因するものであるが、女性たちが風俗産業に特化してしまったのは、日本の入管法が「家事労働者」や「看護士」での入国を認めないため「興行」ビザでの来日が消去法的に残された結果でもある（定松2002：49）。

2004年、米国務省の『人身売買報告書』で「人身売買監視対象国」と名指しされた日本政府は、2005年3月、「興行」資格の発給基準を厳格化し、6月には刑法・入管

10　日本の「農村花嫁」の送り出し国であるフィリピンやスリランカなどは、同時にアメリカやカナダ、オーストラリアといった欧米諸国への「メール・オーダー・ブライド」と呼ばれる結婚移住女性の供給国でもある。フィリピンでは、「ムラの国際結婚」で批判された現地での短期間での見合いから結婚式まで終わらせてしまう方式と「メール・オーダー・ブライド」は同じ位置づけである。フィリピン政府は、1991年にメール・オーダー・ブライド禁止法令を制定し、日本の仲介業者による「見合い」も禁止した。

法改正で人身売買被害者に在留特別許可を与え保護する措置を導入し、人身売買罪を新設した。この結果、「興行」資格で入国するフィリピン女性はピーク時の2004年には8万人を超えていたが、2009年には7465人まで激減した。調査地の旧六日町(現南魚沼市)でも、2001年の外国人登録者207人のうち「興行」資格の女性は86人と、全体の42%を占めていたが、2007年にはわずか1名となった。

　このような経緯があるため、日本社会では、フィリピン女性の存在を風俗産業や「農村花嫁」と結び付けて理解しがちであるが、見落としてはならないのがフィリピン女性のジェンダー観である。国連開発計画(UNDP)「人間開発報告書2007/2008」の、各国女性の活躍度を表す指数GEM (ジェンダー・エンパワーメント指数) を見ると、GEM測定可能な93ヵ国中、日本は54位、フィリピンは45位である。女性の経済・政治的な位置を見ると、日本はフィリピンよりも下位にある。フィリピンの女性たちが企業や官庁、学校で日本女性以上に活躍することができるのは、家事労働者を雇うことができるからではあるが、母国における女性の社会的地位は結婚移住女性たちの意識に影響を与えていると考えるべきだろう。それは、結婚仲介業者によって作り出された「従順な妻」のイメージと、彼女たちのジェンダー観との間にズレを生じさせる。こうしたフィリピン国内での女性の社会的地位や役割に対する理解がなければ、夫との対等で公平な関係を求めるフィリピン人妻との葛藤は厳しいものにならざるを得ない。この葛藤は、DVを引き起こす要因にもなれば、家庭内における日本人の夫の性別役割規範の変容を促す要因にもなりうる。

6-3. 中国

　日中間の人的交流は1972年の日中国交回復によって再開し、1978年の対外開放政策が打ち出された以降、徐々に増えはじめた。急増するのは80年代後半である。中国国籍の外国人登録者数は、1984年の6万7895人からわずか4年後の1988年には12万9269人へと倍増した。これ以降も、中国籍[11]の外国人登録者数は一貫して増加を続け、2007年末にはついに韓国・朝鮮を抜いて第1位となった (図1-1)。2009年データでは中国籍登録者は68万518人、構成比では31.1%を占める。

　日本における中国人結婚移住者は90年代に入ると増えはじめ、1997年にはフィリピンに替わって第1位となった。中国人結婚移住者が増加した要因は大きく2つ

11　中国籍には中国(台湾)、中国(香港)を含む。

ある。1つは、中国側の海外渡航規制が段階的に緩和されてきたことである。1984年に私費留学の道が開かれ、1986年には親族訪問など私的理由による海外渡航も可能になった。もう1つは、グローバリゼーションに乗り遅れた中国東北部の経済的低迷である。外資の投資が相次いだ沿海部の大都市とは対照的に、東北地方は国有企業による重工業の一大集積地であったために経済構造の転換が遅れ、経済発展に乗り遅れたのである。この経済的苦境が東北地方の人々を海外へ流出させるプッシュ要因となった。日本のみならず、1992年に国交を樹立した韓国へも東北地方に住む朝鮮族の女性たちが韓国農村に結婚移住者として向かった。[12]

日本の農村男性との国際結婚を仲介する業者は、当初、韓国、フィリピンで「花嫁」のリクルートを行なっていたが、90年代に入ると北京や上海に移動した。その後、市場経済化による外資系企業の進出などによって都市部の生活レベルが上昇すると、さらに活動拠点を経済発展の遅れた中国東北部へと移した（石田2008）。2006年6月に、南魚沼市で日本語教室開設のためのアンケート調査を実施したが、そのときの中国人回答者15名のうち7名は黒龍江省の出身者であった。中国における都市と農村の格差は、収入格差だけでなく、教育格差が大きな問題になっている。大学教育を受けた人口の割合は、都市12.31％に対して農村は0.65％と、18倍の格差がある。また、農村の義務教育財源の半分は農民に転化されるため、義務教育の未修了者も相当数いる。[13] また、農村戸籍か都市戸籍かにより、享受できる社会保障が異なり、農村戸籍者への福利厚生は制度的に未整備であるため、家族扶養への依存度が高い。このため女性未婚者にとって、結婚は社会保障の側面を持つのである（落合・山根・宮坂2007）。

7. 外国人の増加と地方自治体の国際化施策

80年代後半に山形県から始まった行政主導の国際結婚事業の理由づけは、「ムラ

---

12 金（2006）によれば、東北地方以外の中国国内への朝鮮族の移動者は約20万人、国外で就労した経験がある中国朝鮮族も約20万人に達するという。これは中国朝鮮族全体の約2割であり、また、世帯単位で見ると4-5割の世帯に移動者がいるという。韓国と日本は中国朝鮮族の主要な海外移動先である。また、延辺朝鮮族自治州の2000年の財政収入は16億5414元であるが、これに対して延辺朝鮮族の海外労務者の同年の収入は、19億2700元であった。

13　2007年8月2日、ながおか市民センターにおける、新潟大学国際センター准教授・張雲氏の講演「労働者・花嫁を日本へ送り出す中国の社会的背景」より。

とイエの存亡のため」であった。その主張は社会的批判を浴びたが、それを必要とするほどの危機的状況が農村にはあった。また、その状況は今も変わらず、「集落分化」型過疎[14]が進行するなど、より一層、厳しさを増している。本節では、80年代から始まる自治体レベルでの国際化施策の動きの中に自治体が主導して取り組んだ、いわゆる「ムラの国際結婚」を位置づけて、その今日的意味について考察する。

7-1. 80年代半ばまでの国際化施策

　図1-1に明らかなように、80年代後半に至るまで日本における外国人の約9割は朝鮮半島および台湾の出身者とその二世または三世であった。具体的な数字で確認すると、ニューカマーと呼ばれる新来外国人の来日が増加しはじめる直前の1986年の外国人登録者86万7237人の内訳は、「韓国・朝鮮」67万7959人(78.2%)と「中国」(9.7%)で87.9%である。「韓国・朝鮮」の比率は、1995年に50%を切り、それ以降も下がり続け、2009年には26.5%となった。このデータが示しているのは、80年代後半までは「外国人」といっても、その約9割は、基本的に日本語を話すことができ、また、日本での居住歴が戦前にさかのぼるか、日本で生まれ育った「外国籍住民」であったということである。

　したがって、これらの旧植民地出身者を主な対象とする戦後の自治体による外国人施策では、社会保障における内外人平等の実現が中心的課題であった。1967年に韓国籍者（1965年の日韓協定による「協定永住者」）に国民健康保険が適用されるようになったが、年金や教育には国籍条項が残されていた。内外人平等をめぐる取り組みは、革新自治体の誕生により大きく前進した。1971年に革新市長が誕生した川崎市では、1972年に在日外国人への国民健康保険への加入を認め、教育や他の社会保障分野でも順次、国籍条項を撤廃していった。また、1979年に政府が「経済的、社会的および文化的権利に関する国際規約」（社会権規約）を批准したことに伴い、公営住宅への永住者の入居が認められるようになった。さらに、1981年に社会保障の内外人平等を義務づけた難民条約を批准したことによって全国的に社会保障分野での内外人平等が大きく前進した。その後、旧植民地出身者の施策課題

14　過疎農山村地域の中でも、条件の不利な集落ほど、高齢化が進み、少子化が進み、少子化を通り越して無子化に至ることをいう（堤・徳野・山本編2008：148）。同一自治体内での人口移動は統計に現れない。また、過疎自治体の多くが隣接する自治体に吸収合併され、統計データから消えてしまっているため、過疎の状況が見えにくくなっている。その中で集落の消滅が始まっていることに留意する必要がある。

は指紋押捺等の外国人登録制度の諸課題や参政権問題、無年金問題に移った。

　ここで「特別永住者」について触れておく。第2節で旧植民地出身者の日本国籍が、1952年の法務府(現在の法務省)「民事局長通達」によって喪失させられたと述べた。2005年8月、韓国政府が公開した日韓国交正常化に至る外交文書によって、在日コリアンの人々が、冷戦構造下における東アジアをめぐる国際情勢によって翻弄された状況が明らかになってきた。当時、日本と韓国を東アジアにおける重要な軍事拠点と位置づけるアメリカ政府は、両国政府に国交正常化を強く求めていた。1965年6月、日本と韓国政府は日韓基本条約を締結し、国交を正常化したが、これは在日コリアンの人々を分断し、「朝鮮」にアイデンティティの拠り所を求める人々への差別を強めることになった。また、1972年9月、中華人民共和国政府と日中国交正常化を実現した日本政府は、日華平和条約の「終了」(事実上の破棄)を宣言し、中華民国(台湾)とは形式的断交状態となった。

　日本政府の韓国と台湾に対する外交方針の転換は、日本国内に居住していた元植民地出身者の法的身分に次のような影響を与えた。当初元植民地出身者は「ポツダム宣言の受諾に伴い発する命令に関する件に基づく外務省関係諸命令の措置に関する法律」(以下、法126)により、引き続き在留資格を有することなく、在留が認められるようになった。その後、1965年に日韓関係が正常化され、「日韓法的地位協定」が結ばれたことから、「韓国国民」は1966年から5年間に限り日本政府に申請すれば「協定永住」が取得できることになり、協定永住の子は、出生によって「協定永住」が取得できるとされた。また、1981年の入管令改正によって、法律名が「入管法」に変更された際には、「協定永住」を取得しなかった者(約27万人)に、特例により「永住」(特例永住)を許可する制度が導入された。この結果、旧植民地出身者とその子らは4つの在留資格(「法126」、「法126の子」、「協定永住」、「永住者」)に分かれることになった。この問題は、1991年、日韓両国外相の間で「日韓法的地位協定に基づく協議に関する覚書」が調印された年に制定された「日本国との平和条約に基づき日本の国籍を離脱した者等の出入国管理に関する特例法」(以下、入管特例法)によって「特別永住者」に一本化された(田中1995：44-48)。**表1-4**は、入管特例法制定前の1989年時の元植民地出身者の法的身分状況を整理したものである。

表1-4. 国籍・出身別、在留資格、「特別永住」対象外国人

(1989年末現在・単位：人)

	総数	韓国・朝鮮	台湾	その他
総数	608,029	600,795	5,760	1,474
協定永住	426,318	326,318	0	0
永住者	261,074	254,788	4,952	1,334
法126	18,408	17,490	789	129
法126の子	2,229	2,199	19	11

出典：田中(1995：47)より転載。
注：「法126」の正式名称は、「ポツダム宣言の受諾に伴い発する命令に関する件に基づく外務省関係諸命令の措置に関する法律」というものである。「占領下で制定されたポツダム政令である出入国管理令が、平和条約発効後も法律として存続できるようにするため」(田中1995：45)に制定したものである。そこには旧植民地出身者（朝鮮・台湾）について、「別に法律で定めるところにより、その者の在留資格および在留期間が決定されるまでの間、引き続き在留資格を有することなく、本邦に在留することができる」と記されていた(同上：45)。

7-2. 80年代後半以降の国際化施策

　80年代後半以前と以降を分けるものは、外国籍住民の多様化と急増である。1980年代後半にアジア系を中心とするニューカマー外国人が急増した要因は、1985年のプラザ合意を契機とする日本のバブル景気とそれに伴う製造業分野での労働力不足によるものである。渡戸(2007)は、自治体の外国人政策の段階的展開を次のようにまとめている。第Ⅰ期に対応することになったニューカマー外国人の中には多くの「非正規滞在者」も含まれていた。

第Ⅰ期：「応急的対策期」　80年代末～90年代前半
　　円高を背景に、アジア系を中心とするニューカマー外国人の突然の急増を受けて、応急的な対策が採られた。多言語情報（ゴミ出しのルール等、生活関連情報）の提供、庁舎内多言語公共サインや相談窓口の設置などが行なわれたが、全体としては「短期滞在者型」政策が中心であり、この時期の自治体政策のキーワードは、「地域国際化」から徐々に「内なる国際化」に転換していった。

第Ⅱ期：「外国人住民政策体系化模索期」　90年代半ば～90年代後半

長引く不況の下、外国人居住者の地域への定着・定住化(=住民化・市民化)傾向が顕在化し、それに伴い生活全般の諸問題が噴出しはじめ、複雑化するニーズ(とりわけ不就学を含む子どもの保育・教育問題)への対応が迫られるようになった。また、それまでの「地域国際化」政策の限界も明確となり、自治体は徐々に「外国人住民政策」の体系化を探りはじめる。その過程で一部の自治体では、外国人住民の「支援」と同時に「参画」を図るようになった。「支援」ではボランティア・NGO・エスニック団体等との「協働」が広がりはじめ、「参画」では1996年創設の川崎市の「外国人市民代表者会議」に代表されるような外国人市民の諮問機関の設置が試みられるようになる。

第Ⅲ期:「多文化共生政策期」　2000年代～
　多文化都市自治体の外国人政策の限界が増大し、特に日系ブラジル人労働者とその家族が集中する自治体は、2001年に浜松市の呼びかけに応えて「外国人集住都市会議」を発足させ、連合して国の総合的な政策対応を要求するようになった。

　第Ⅲ期には、外国人施策について国の政策として取り組む必要性を主張するいくつかの重要な提言がなされた。主導的な役割を担ったのは経済団体である。2000年1月、日本経営者団体連合会は、「労働問題委員会報告」[15]において、少子高齢化社会に向けた移民受け入れ問題の検討、ならびに技能実習制度の拡充と改善を提言した。また、少子高齢化問題をクローズアップさせる国連の報告書も同年3月に発表された。国連人口部は、先進諸国が抱える少子高齢化による人口減少・労働力不足への対応として「補充移民replacement migration」という概念を打ち出し、日本は1995年の生産年齢人口(15歳～64歳)を維持するには、2000年から2050年の間に毎年64万7000人の移民受け入れが必要だと述べられている。
　2004年4月、経団連は、①「質と量の両面で十分コントロールされた秩序ある受け入れ」、②「外国人の人権と尊厳が擁護された受け入れ」、③「受け入れ側、送り出し側双方にとってメリットある受け入れ」を外国人受け入れの3原則とする「外国人受入れ問題に関する提言」を発表した。そこでは、「人口減少の"埋め合わせ"としてではなく、多様性のダイナミズムを活かし、国民1人1人の"付加価値創造

15　2002年5月、経済団体連合会と日本経営者団体連盟は組織統合して、日本経済団体連合会(略称は「日本経団連」または「経団連」)となった。

力"を高めていく、そのプロセスに外国人が持つ力を活かすために、総合的な受け入れ施策[16]の必要性が提案された。他方、2005年6月、総務省の委嘱を受けた「多文化共生の推進に関する研究会」は、7回の研究会を経て、2006年3月、「多文化共生の推進に関する研究会報告――地域における多文化共生の推進に向けて」をまとめた。同報告書では、これまで管理の対象であった「外国人」との共生を図るために、国、県、市町村のレベルでどのように役割分担していくかという点に踏み込んでいる。また、「多文化共生」が国の行政文書で使われたことも、第Ⅲ期を特徴づけるものである。

　これらの動きは、日系南米人が集住する自治体や、労働力不足という現実的な課題に危機感を持つ経済界からの働きかけが推進力になっている。では、こうした都市部や外国人集住地での動きは、結婚移住女性の暮らす農村部ではどのような影響を与えていたのだろうか。「応急対応期」にあたる80年代後半に、結婚移住女性は農村部に流入しはじめた。都市部と農村部の大きな違いは、外国人政策と実態とのギャップを埋める市民組織の存在の有無と支援者の層の厚みの違いにあったといえるだろう。

　表1-5は、1985年3月〜2005年9月の間に朝日新聞が「国際結婚」に関連する記事で取り上げた自治体の一覧である。全体で105自治体(31道府県)である。「ムラの国際結婚」研究の主要4冊(表1-5注参照)が取材地として取り上げた東北6県と新潟県、長野県、徳島県を「ムラの国際結婚」の「主要地帯」、それ以外の地域を「その他」とし、さらに1985年から1992年をA期間、1993年から2005年をB期間として比較すると、次のことがわかる。「主要地帯」の報道件数は、A期間34件、B期間42件である。全体報道に占める割合は、A期間は58.6％であったが、B期間には35.9％へと減少した。B期間はA期間の報道件数に対して1.2倍に増加しているものの、「その他」地域の報道件数は3.1倍である。ここから、「国際結婚」報道が、B期間に入ると、全国各地へと広がったことがわかる。しかし、自治体による結婚移住女性の定住支援という視点でこれらの自治体を見ると、包括的な受け入れ体制をとったといえるのは、山形県最上地域のみである。次節では、なぜ、最上地域が包括的な支援体制を組むことができたのかを考察する。

16　http://www.keidanren.or.jp/japanese/policy/2004/029/index.html　経団連ホームページ、アクセス：2009年7月1日。

第1章 「ムラの国際結婚」の歴史的・社会的背景　　81

表1-5.「国際結婚」報道に登場した自治体

県名	朝日新聞報道 1985年3月～1992年12月 A期間	朝日新聞報道 1993年1月～2005年9月 B期間	A期間	B期間	B/A
青森県		十和田市、六戸町、三戸町	0	3	
秋田県	羽後町(2)、湯沢町、増田町(3)	羽後町(2)、上小阿仁村	6	3	
岩手県		岩泉町、葛巻町	0	2	
宮城県		仙台市(3)	0	3	
山形県	大蔵村(5)、朝日町(5)	大蔵村(3)、朝日町、高畠町、河北町、寒河江市、新庄市、大蔵村(5)、山形市(3)、最上地域(2)	10	18	
福島県	会津若松市、郡山市、鮫川村	石川町(2)、伊達町(2)、飯舘村(2)	3	6	
新潟県	安塚町、塩沢町、松代町、川西町	山北町、粟島浦村、豊浦町、川西町、南魚沼市、上越市	4	6	
長野県	上田市(3)、豊田村、清内路村	上田市	5	1	
徳島県	東租谷山村(6)		6	0	
		小計 全体報道数に占める割合	34 58.6%	42 35.9%	1.2倍
北海道		札幌市	0	1	
福井県		福井市、武生市	0	2	
茨城県	つくば市、茂木町	つくば市、宇都宮市(5)、土浦市、牛久市、馬頭町、野木町	2	10	
栃木県	喜連川町、黒羽町、那須町、小山市、上河内村(2)、塩谷町、河内町、宇都宮市(2)	小山市、佐野市(3)、烏山町	10	5	
東京都	新宿区、目黒区、豊島区	目黒区、品川区、八王子市、港区(2)、世田谷区、足立区、板橋区、武蔵野市	3	9	
千葉県		多古町	0	1	
群馬県		前橋市(2)、大泉町	0	3	

埼玉県	熊谷市、浦和市	春日部市、川口市(2)、富士見市、蕨市	2	5	
山梨県		甲府市、増穂町	0	2	
神奈川	横浜市、相模原市	横浜(2)、藤沢市(2)	2	4	
静岡県		浜松市(2)	0	2	
愛知県		名古屋市(5)、豊田市	0	6	
滋賀県		東浅井郡、長浜市	0	2	
大阪府	福島区	箕面市、大阪市(7)	1	8	
兵庫県		篠山町、西宮市	0	2	
岡山県		岡山市(2)	0	2	
広島県	油木町	福山市、東城町、三和町	1	3	
香川県		高松市、坂出市、高瀬町	0	3	
高知県		高知市	0	1	
福岡県	古賀町	福岡市(2)、大野城市、北九州市	1	4	
熊本県	熊本市		1	0	
鹿児島県	大隈町		1	0	
		小計　全体報道に占める割合	24　41.4%	75　64.1%	3.1倍
		合計	58	117	

注：新聞報道は朝日新聞記事データベース「聞蔵」を用いて1985年3月～2005年9月の期間で「国際結婚」をキーワードに検索した記事の中から自治体名(一部地域や地区表記を含む)が記載されたものを集計した。自治体名は記事掲載時のもの。(　)内の数字は掲載数。主要4冊とは、宿谷(1988)、小暮(1989)、新潟日報社編(1989)、佐藤編(1989)である。なお、宿谷(1988)は、「主要地帯」の他に埼玉県寄居町、神奈川県川崎市、大阪市、福岡市の国際結婚者についても取材している。

7-3. 行政主導による「ムラの国際結婚」支援の先例——いわゆる「最上方式」

　結婚移住女性への定住支援に関しては、「最上方式」と呼ばれる行政主導型の多面的ケアシステムを確立した山形県最上地域が先進地とされる（武田2009c）。最上地域の事例調査に基づく論考も多い（柴田1997、仲野1998、渡辺2002など）。最上地域は、山形県東北部に位置する1市4町3村（新庄市・金山町・最上町・舟形町・真室川町・大蔵村・鮭川村・戸沢村）で構成される地域で、8市町村のうち6町村は過疎地域自立促進特別措置法による過疎地域である。1986年に大蔵村が行政主導で10人のフィリピン女性との結婚を成立させると、1987年に真室川町、1988年に鮭川村、そして1989年には戸沢村と他の3町もそれに続いた。この時点で7町村が迎えた「外国人花嫁」は50人に達していた。

　当初、迎え入れた結婚移住女性の支援は農業後継者対策の一環とされ、農業委員会が所管していた。しかし、結婚移住女性の抱える問題が、言葉、生活習慣、宗教、文化の違い、嫁姑問題、出産育児など多方面に及ぶことが明らかになるに従い、地域全体で取り組む必要性が認識されるようになった。1989年、その事業の推進母体として最上広域市町村圏事務組合の中に国際交流センターが設置された。

　最上地域が取り組んだ結婚移住女性の定住支援施策は、(1) 日本語教室と日本語講師養成講座などコミュニケーション支援、(2) 保健所やボランティア団体と連携した保健・医療支援、(3) 連れ子を含めた国際結婚家族の子どもの教育支援、(4) 地域社会の異文化理解への啓発活動などである。最上地域の先進性は、第1に、外国人も「住民」であり、日本人と同様に市町村の行政サービスを受ける権利を有するものであり、外国人の定住支援は市町村固有の義務であるとの基本姿勢を確立したこと。第2に、日本語教室には結婚移住女性同士の情報交換や、彼女たちのニーズを汲み取る多面的な機能を持たせ、教室活動から汲み上げられた課題解決を行政がバックアップする体制をとったこと。第3に、保健所、国や県の行政機関、ボランティア団体、有識者などとのネットワーク構築に意識的に取り組んだこと。第4に、結婚移住女性が直面する課題の多くが農村社会が積み残してきた問題であるとの共通認識に立ち、結婚移住女性の支援事業と地域づくりとを連動させる視点を持って取り組んだことがあげられる。最上地域における自治体の広域連携による、結婚移住女性のアイデンティティを尊重した取り組みは、全国的な注目を浴び、1994年には国土庁長官賞を受賞した。

2003年、国際交流センターは所期の目的を達成したとして閉所された。最後の「平成14年度国際交流センターの概要」を見ると、2001年の新庄市を除く7町村の外国人登録者数(300人)と各自治体で調べた結婚移住女性の数(296人)はほぼ同数である。おそらく、国際結婚事業が始まるまで、同地域には外国人居住者はほとんどいなかったと思われる。そうした地域で突如、外国人女性を家族の一員として迎えることになったのである。それは、受け入れ家族にとっても地域にとっても、ある意味で緊急事態というべき状況であった。都市部のように外国人支援の経験を持つ市民や市民組織に協力を期待することはできない。この事態に対処するには、行政が主導する以外に方法はない。とはいえ、行政にとっても初めて直面する課題だった。最上地域の経験から学ぶべきことは、自らに不足する社会資源を、自らを開くことによって、広く外部から動員した、その手法であろう。

　2006年8月、国際交流センター設立の経緯やその後の状況を確認するため、センターの設立に関わった戸沢村職員A氏から話を聞いた。A氏は、戸沢村では国際結婚事業を開始する前から、アジア学院(栃木県)で学ぶアジアやアフリカからの外国人研修生のホームステイを引き受けるなど、国際交流の蓄積があり、それが結婚移住女性の支援体制づくりでリーダーシップを発揮できた理由だと強調した。

　戸沢村の国際結婚事業は1988年に当選した村長の選挙公約であった。村長は就任後間もなく事業を予算化し、企画調整課を所管部署に定めた。このとき国際結婚事業の担当者に任命されたのがA氏である。A氏は村内の独身男性のリストアップから始めて、1人1人の話を聞き、候補者を取りまとめた。7000人規模の自治体で小回りが利き、首長の特命事業であったことが、庁内の横断的ネットワークを構築し、国際交流センターで主導的役割を果たすことができた要因である。しかし、首長の特命事業であることは、事業を推進する強みになると同時に、首長の交代によって容易に政策が変更される危うさも内包する。

　戸沢村の結婚移住女性は、1989年の12名から2001年の37名へと3倍に増加した。その後の状況をA氏に確認すると「現在40名」だという。5年間に3名の増加は予想外に少なく、その理由を尋ねると、1980年代後半に未婚男性が見せたような、結婚への意欲が感じられなくなっているという。1980年から2005年までの戸沢村の人口減少率22.2%は、最上地区(13.3%)の中でもっとも高い。過疎が一定程度進んでしまうと、家族形成そのものに対する意欲が低下することを示しているのかも

しれない。

7-4. 自治体による結婚支援の現状──秋田県上小阿仁村の事例

　矢口(2005)は、全国3186自治体の首長を対象に実施した地方公共団体等における結婚支援に関する調査から、未婚率の上昇を7割の首長は自治体にとって問題だと認識し、特に1万人未満の自治体では未婚率の上昇を「単に個人の結婚問題としてだけではなく地域全体の課題として捉えている」ことを明らかにした。また、人口1万人以上の自治体では41%、人口1万人未満の自治体では62%が、自治体として何らかの結婚支援事業に取り組んでいる。具体的な支援内容で多いのは、結婚相談員(無給)の委嘱である(約3割)。さらに、人口1万人以上の自治体の0.9%、人口1万人未満の自治体の4.4%は、「国際結婚を促進するための支援事業を行なっている」。行政主導の国際結婚事業は過去のものではない。2009年9月12日付毎日新聞地方版に、埼玉県羽生市が、市内の独身男性に姉妹都市提携を結んでいるフィリピン・バギオ市の女性を紹介する事業を計画していると報じられた。男性の結婚難が「ムラの存亡」に直結するというのが80年代後半に始まった「ムラの国際結婚」の論理であった。羽生市の事例は、都市部でも未婚率の上昇が地域社会の危機として意識される段階に入ったことを示している。農村の結婚問題は日本の社会的再生産の問題が先行して現れていたものと考えるべきだろう。しかし20年前に「アジア女性の商品化」と批判された手法とは異なる方法が模索されているようである。

　具体的な事例を見てみよう。たとえば、2007年に行なわれた秋田県上小阿仁村村長選挙では、行政による国際結婚の推進を公約に掲げた小林宏晨氏が当選した。上小阿仁村には、2004年まで国際結婚カップルには、30万円の結婚祝い金を支給する制度があった。1987年から2004年までに21組の国際結婚カップルが誕生し、現在も19組が村内で暮らしている。しかし、行政が結婚に介入することの是非をめぐる議論の末、2004年にこの制度は廃止された。小林候補は、結婚支援制度の復活と国際結婚の推進を訴えたのである。

　上小阿仁村は「平成の大合併」に際して、単独立村を選択した自治体の1つである。しかし、人口2955人(2008年11月)、高齢化率44%、25歳から55歳までの男性未婚率43%(209人)という状況は、まさに「ムラの存亡」を実感させる厳しさがある。過疎化と少子高齢化による地域社会の維持・再生への危機感は、80年代後半に「ム

ラの国際結婚」が始まったときよりも、より一層重く農村社会にのしかかっている。

在住外国人交流会で結婚支援を話題にした小林村長のもとに、フィリピン妻たちから、多くの家族や親戚、友人などの写真と履歴書が届けられ、2008年10月、上小阿仁村は広報誌で、フィリピン女性との結婚希望者の募集を始めた。[17] 定住フィリピン人妻のネットワークを活用した結婚仲介を試みようというものである。連絡先は村長である。地方や農村の外国人住民(多くは結婚移住者)は、絶対数は少ないけれども、1人1人が名前を持った存在として、家族やコミュニティ、子どもの学校関係や就労先で日本人との日常的な関わり合いの中で暮らしている。この日本人との相互関係の深さは、高い流動性や匿名性の中に紛れ込むことのできる都市の外国人と異なる点である。農村では1人1人の存在の重みが違うといえるのかもしれない。ここに結婚移住女性が地域社会の変容を担う主体として力を発揮できる潜在的可能性を見出すことができる(武田2009b)。

最後に、行政主導の国際結婚事業に立ち戻りたい。戸沢村も含めて実際に行政担当者が見合いツアーを引率したケースは、初期の1〜2回である。社会的批判への応答というよりも、対費用効果の問題も大きかったと思われる。初期に国際結婚事業に取り組んだ自治体担当者は、応募男性たちの相談にのり、結婚相手の国の文化や言葉の勉強会なども行なっていた(新潟日報社学芸部編1989)。行政仲介が問題だったというより、その関与が中途半端に終わったために、その後の民間業者の無責任な結婚仲介が問題を拡大した側面がある。行政は、「ムラの存亡」の旗を降ろさず、情報提供や相談業務、民間業者の監視などの分野で関わり続けるべきだったのではないだろうか。

8. まとめ

本章では「ムラの国際結婚」の意味を歴史的視点から問い直す作業を行なった。そこでは、日本における女性のセクシュアリティが、どのように政治的に利用されてきたのかについての考察にかなりの紙幅を割いた。マクガーティーら(2002=2007)は、他者をカテゴリー化するときには、自分自身に対するカテゴリー化も行なうこ

---

[17] 2008年11月21日付、産経ニュース地方版、「嫁不足…やっぱり国際結婚　秋田・上小阿仁村『行政仲介』を復活」。

と、つまり、他者に対する見方、ステレオタイプ化に動員されるのは、「われわれ」の間で共有されている知識、理論、イデオロギー（規範）である（同上：110）と述べる。この視点に立てば、「農村花嫁」のステレオタイプの考察には、まず、日本社会が歴史的に女性のセクシュアリティをどのように位置づけてきたかを理解しておく必要がある。

　次に、結婚移住女性の主要な出身国である3ヵ国について、女性たちを結婚移住に向かわせる、どのような社会的経済的文化的要因があったかを検討した。80年代後半には「農村花嫁」の主要な送り出し国であった韓国からの結婚移住者は減少している。南魚沼市の外国人登録データで見ると、韓国人女性26名のうち、「永住者」は23名、「日本人の配偶者等」は3名である。通常、結婚移住者は「日本人の配偶者等」の在留資格で入国し、早ければ3年、通常は5年で「永住者」に在留資格を変更しているので、このデータからも韓国からの結婚移住者は減少していることが裏づけられた。理由は、民主化や経済発展、そしてそれに伴う性別役割規範の変化などが女性たちに韓国国内における生き方の選択肢を広げたためと考えられる。アジア諸国でも少子高齢化が進んでいる。とするならば、結婚移住女性の出身国・地域の経済的社会的状況によっては、日本へと結婚移住女性を送りだす圧力がいつまでも続くとは限らない。

　フィリピン人結婚移住女性については、「ジャパゆき」現象と関連づけられてステレオタイプ化されてきた。これは、フィリピン政府が外貨獲得手段として政策的に国民の海外デカセギを推奨していること、また、日本政府が単純就労の外国人労働者の受け入れを認めない政策をとっているため、フィリピン女性の就労先がパブやスナックでの接客など風俗産業に特化するという特殊要因があったためである。接客の場での出会いが相対的に多く、また、仲介業者によって作りだされた「従順さ」というフィリピン女性のイメージが、フィリピン女性のジェンダー観との間に大きなギャップを生み出している。その根拠として、国連開発計画による各国女性の活躍度を示すGEM（ジェンダー・エンパワーメント指数）を示したが、これによれば、日本よりもフィリピンの方が女性の経済・社会的位置が高い。こうした背景知識はフィリピン女性の適応過程を考察する上で重要である。

　中国からの結婚移住女性の流れは、中国政府の海外渡航規制についての段階的な緩和、そして日本と中国、とりわけ旧満州の領域にあたる東北部との人的ネッ

ワークが大きく作用している。また、主要3ヵ国の中では、業者仲介による結婚の比率が高いことが特徴である。経済的要因と中国国内での再婚の難しさが女性たちに業者仲介による日本人との結婚に向かわせている。また、そうした女性たちの弱みに付け込み、中国側のブローカーが夫側への口止めをした上で、女性から高額の手数料を取っていることなどが、結婚後の女性の適応過程や夫婦関係の形成をゆがめてしまう一因になる[18]。

　後段では、地方自治体の国際化施策について、渡戸(2007)による時期区分に従い、第Ⅰ期(応急的対策期)、第Ⅱ期(外国人住民政策体系化模索期)、第Ⅲ期(多文化共生政策期)に分けて検討した。これらの区分は、80年代から難民支援やニューカマー外国人の支援、外国人労働者の支援、そして性搾取を受けている外国人女性をシェルターで保護し支援する活動などを積み上げてきた都市部にはよく当てはまる。しかし、農村部については、包括的に結婚移住女性の支援体制に取り組んだ山形県最上地域を除けば、第Ⅰ期にも第Ⅱ期にもほとんど自覚的な取り組みは行なわれていない。したがって、農村の現状は、国際化施策や外国人支援に関する経験の蓄積を持たないまま、いきなり第Ⅲ期の多文化共生という社会理念の実現を迫られているといえよう。一方で、農村に暮らす男性の結婚難は、さらに深刻さを増している。その対策として、現在も人口1万人以上の自治体の0.9％、1万人未満の自治体の4.4％が「国際結婚」を促進する政策をとっているという調査結果を示した(矢口2005)。

　以上の考察から引き出されるのは、今後も、農村における国際結婚は漸増するとの推測である。国際結婚を特別なものとしてしまうのではなく、国際結婚を家族

18　2010年に3ヵ月にわたり黒竜江省H県で結婚仲介業者の調査を行なった米国・ニュージャージー州ラトガース大学博士課程に在籍しているY.C.氏によれば、中国では国際結婚仲介所での金銭授受は法的に禁止されているので、知人の紹介あるいは結婚相談という形をとる。日本人男性が支払う仲介料は、ブローカーまでに仲介者が何人関わっているか、さらにサービス内容(ビザ申請のアドバイスや結婚後のアフターケアなど)によって100万円から300万円と大きな開きがある。また、業者は中国女性の側からも紹介料を受け取っており、相場は10万元(約125万円)であった。H県の年収は上位でも4万元程度なので、この紹介料は普通の人たちの年収の3年分にあたる。女性たちはこれを通常親族から借金をして支払うことが多く、来日後に働いて返済しなければならない。H県は人口22万人のうち4万人は来日経験があるといわれる。したがって、各集落(70戸程度)には最低数名の来日経験者がおり、中にはその割合が半数を超える集落もある。集落内では誰が日本へ行ったか誰が帰ってきたかといった情報が共有され、また来日経験者の「日本へ行けば稼げる」という"うわさ"により来日願望が強められる。加えて面子を大事にする中国人女性たちが日本での問題を語らないために、いきおい希望だけが肥大化する。女性たちには、「結婚」、「留学」、「就労」の3つの来日手段があるが、ビザの取得が一番簡単なのが「結婚」だと考えられており、中国東北部から日本に向かう結婚移住者の流れはしばらくは続くと推察される(2010年6月25日の聞き取り)。

形成の1つのあり方として受容し、異なる文化背景を持つ結婚移住女性を家族やコミュニティに迎え入れることの積極的な面をいかに引き出すかに焦点を当てるべきだろう。

第2章
実態調査地域の特徴
―新潟県南魚沼市の概要と外国籍住民の存在―

1. はじめに

　本章の目的は、第1に本研究の調査地として新潟県南魚沼市を選んだ理由を明らかにすること、第2に多角的なデータをもとに南魚沼市の概要と外国籍住民の状況について提示することである。特に、女性たちの社会的経済的状況の変化について詳しく取り上げる。南魚沼市における国際化や結婚移住女性を支援する市民活動において中心的な役割を担っているのが30代〜40代の子育て世代の女性たちだからである。また、「農業で食えない」という制約ゆえに構造的にもたらされた南魚沼市の歴史的開放性についても試論として言及しておきたい。筆者は歴史的に取り組んできた「生きるための工夫」の流れの中に「ムラの国際結婚」を位置づけることができると考えている。

　まず、南魚沼市を調査地として選定した理由である。南魚沼市の国際結婚については、「ムラの国際結婚」に関する初期の代表的な研究である宿谷（1988）、日暮（1989）、新潟日報社学芸部編（1989）、佐藤編（1989）で取り上げられている。社会的注目を浴びたがゆえに、相次ぐ取材攻勢の中でマスコミと国際結婚当事者家族との間でトラブルも起きた。1988年3月、塩沢町農業委員会が仲介した5人のフィリピン人「花嫁」が塩沢町に到着した3ヵ月後に某テレビ局が取材に入り、「その取材班がタガログ語で『寂しいでしょ』『フィリピンに帰りたくない？』などの質問をして花嫁の里心に火をつけた――として家族や町農業委員会が怒り、マスコミ取材はお断り」（新潟日報社学芸部編1989：198）という状況が生まれた。当時、新潟県や山形県の国際結婚の調査を行なった日本青年館結婚相談所所長・板本洋子氏によれば、「塩沢町は行政のガードが固くて調査しきれなかった」という。[1]

　山形県最上地域のように行政が第一線で結婚移住女性の定住支援を行なったところについては、90年代半ばまで調査研究が行なわれている。しかし、「ムラの国

1　2007年8月22日、日本青年館での聞き取り。

際結婚」に対する社会的関心が短期間のうちに弱まったために、南魚沼市を含めて他の多くの農村に暮らす結婚移住女性たちがどのような適応過程を経たのか、そうした女性たちと地域社会との関係がどのようなものであったのかは、ほとんどわかっていない。社会的関心がどうあろうと、さまざまな困難や葛藤を克服しながら家族形成を行なってきた国際結婚家族は相当数にのぼる。他方で、その間も農村の過疎化は進み、農業の産業的基盤の弱体化は進んだ。

　グローバル化の進展に伴う移民の女性化に注目が集まる中で、ジェンダーの視点から結婚移住への関心が再び高まりを見せているが、多くは再生産領域のグローバル化や女性移住者への人権侵害の問題などが中心である(伊藤1992:1996、伊藤・足立編2008)。結婚移住女性の受け入れ社会の文化変容を促す主体的行為者としての役割に着目した研究(渡辺2002、Burgess2004、柳2006)も散見されるが、それらも、少数の結婚移住女性からの聞き取りをもとにした、閉鎖的な農村コミュニティの中で戦略的交渉を通じて、周囲の説得や起業に成功した一部の「個人的成功」事例の考察にとどまっている。また、いずれも農村社会を封建的で閉鎖的なものとして固定した上で議論しているために、結婚移住女性を受け入れた家族や農村社会の変容のダイナミズムを捉えきれていない。もとより、家族は社会的に孤立した存在ではありえない。結婚移住女性を受け入れるホスト社会の変化と、そこに国境を越えてよりよい人生を切り開こうとする強い意志を持った結婚移住女性の日常の生活実践を交差させることによって、彼女らの成功を「個人的なこと」にとどめず、第二世代の生き方を含めた農村社会の新たな可能性を切り開く糸口を見出すことができるのではないか。これが筆者の「ムラの国際結婚」研究の基本的な立場である。

　結婚移住女性の適応過程と、女性たちを受け入れた家族や地域社会の異文化受容力の形成について考察するには、一時点の状況に関する調査ではなく経時的変化の過程を捉える必要がある。この点で、本事例地は、先行研究を通じて国際結婚が始まった当初の状況を知ることができ、また、そうした先行研究の中で調査対象となった結婚移住女性の聞き取りが可能であったこと。さらに、筆者自身が第5章で取り上げる市民組織および日本語教室の立ち上げに関わった経緯があり、当事者および関係者からの調査協力を得られたことが、南魚沼市を事例地に選定した理由である。

2. 南魚沼市の概要

　南魚沼市は新潟県南部に位置し、「平成の大合併」により3つの基礎自治体（大和町、六日町、塩沢町）が合併して市制に移行した。人口は約6万2000人である。市内には関越自動車道の2つのインターチェンジ（六日町、塩沢・石打）と上越新幹線浦佐駅がある。また隣接する湯沢町にもインターチェンジと上越新幹線が停車する越後湯沢駅があるというように、日本屈指の豪雪地帯にありながら高速交通網は驚くほどよく整備されている。その理由は後述する。南魚沼市の南側には2000m級の三国山脈が連なり、南東側の山々の1つには「日本百名山」に選ばれた巻機山（1967m）があり年間3万人が登山に訪れる。西側には700m～800mほどのなだらかな魚沼丘陵が広がり、唯一開いている北側に向けて流れる魚野川は小千谷市で信濃川（長野県側では千曲川）と合流する。

　次に、南魚沼市の『市勢要覧データ編』から主要なデータについて確認しておきたい。図2-1は人口と世帯数の推移を見たものである。人口は1955年の7万1581人をピークに1970年には6万1995人まで減少した後、1995年まで微増が続いた。これはスキー観光産業の発展と大型公共土木事業による効果であった。人口は1995年以降、減少局面に入っているが、世帯数は増加し続けている。単身世帯や高齢独居世帯の漸増に歯止めがかからない。これに年齢別人口構成を見た図2-2を合わせてみよう。1960年には36.0％（2万4713人）を占めていた年少人口は、2005年には14.6％（9235人）にまで減少している。他方、老齢人口は1960年の7.1％（4867人）から2005年には24.6％（1万5699人）と3倍以上に増加している。このデータを見る限り、少子高齢化が好転する可能性を見出すことはできない。また、未婚率は全国的傾向とはいえ歯止めがかからない（図2-3）。周辺集落に限らず、「まちば」と呼ば

---

[2]　2005年国勢調査によると、一般世帯1万8937戸、65歳以上の老齢人口比率24.8％、三世代同居率52.5％。合併前の基礎自治体の人口は、大和町1万5000人、塩沢町2万人、六日町2万8000人である。

[3]　1960年代から急速な発展を遂げたスキー観光産業が農業と民宿との複合経営の道を開き、また冬期雇用の場を提供した。この時期に開発された12のスキー場は、現在も営業を続けており、石打丸山スキー場や上越国際スキー場など全国的にも有数な集客力を持つスキー場が含まれている。

[4]　上越新幹線（1982年開業）、関越自動車道（1985年全線開通、1991年関越トンネル4車線化で完了）、三国川ダム建設（1993年完成）。1987年当時は、旧六日町では3戸に1戸が土建業に関係していた（1987年7月8日付、朝日新聞夕刊3面、「深まる土建王国のひずみ」）。

れる旧自治体の中心部にある町内会でも構成世帯の3分の1の「跡取り」が独身というところが珍しくない。

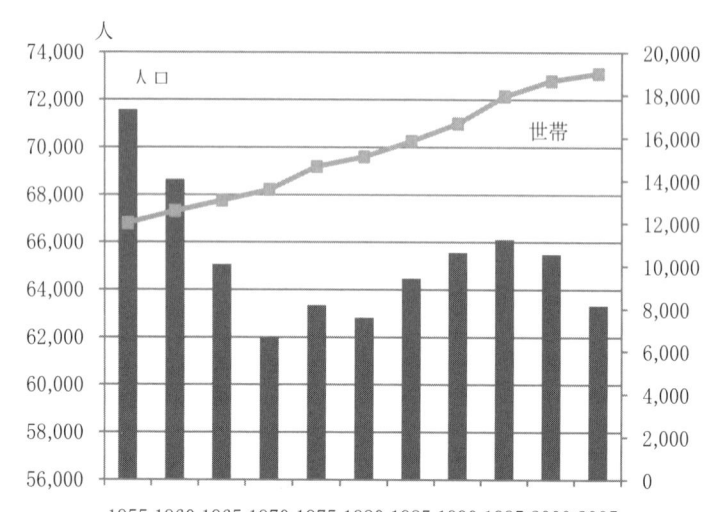

図2-1. 南魚沼市の人口と世帯数の推移（1955年〜2005年）
出典：『南魚沼市2006　市勢要覧データ編』より作成。

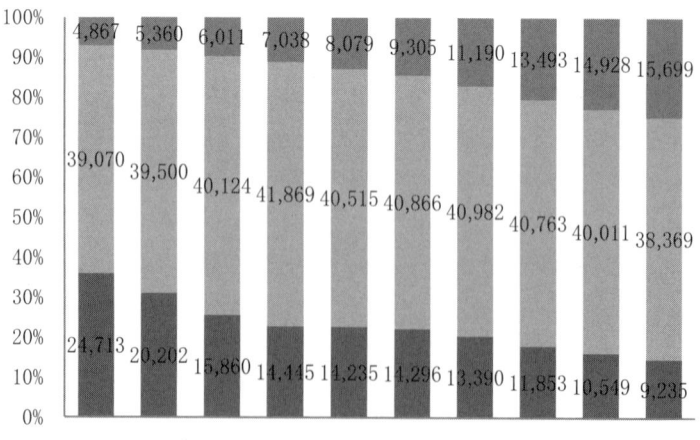

図2-2. 南魚沼市の年齢別人口構成（1960年〜2005年）
出典：『南魚沼市2006　市勢要覧データ編』より作成。
注：年少人口15歳未満、生産年齢人口15歳〜64歳、老齢人口65歳以上。

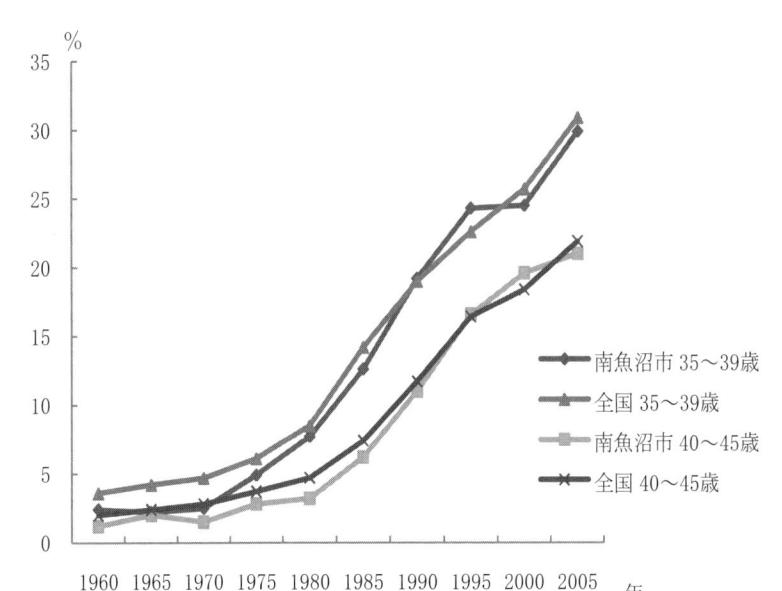

図2-3. 南魚沼市と全国の男性未婚率の比較（1960年〜2005年）
出典：2005年国勢調査より作成。

　産業別就業人口（2005年）は、第1次産業4060人（12.5%）、第2次産業1万221人（31.6%）、第3次産業1万8045人（55.8%）である。図2-4から70年代前半に、第1種兼業と第2種兼業の逆転が起きていることがわかる。農家戸数と農業人口は、ともに一貫して減少し続けているが、専業農家は2000年の274戸から2005年には342戸とわずかに増加に転じた。第1次産業の総生産額に占める割合6.6%は新潟県（2.3%）の約3倍、第1次産業就業人口1人当たりの生産額431万円は新潟県（263万円）の1.6倍と、県内では第1次産業の存在感が比較的高い自治体であるということができる。「南魚沼市の農林水産ビジョン」(2007年)によれば、2005年の農業就業人口6216人のうち基幹的農業従事者は3221人である。その72%は70歳以上で高齢化が著しい。一方で認定農業者が86名(1993年)から329名(2005年)に、新卒者を含む新規就農者も2002年以降の5年間に46名増加しており、まだ南魚沼市の農業には展望があると行政担当者は語る。[5]また、人々の農業へのこだわりを示すデータもある。

5　2008年8月5日、南魚沼市役所での農林課長からの聞き取り。

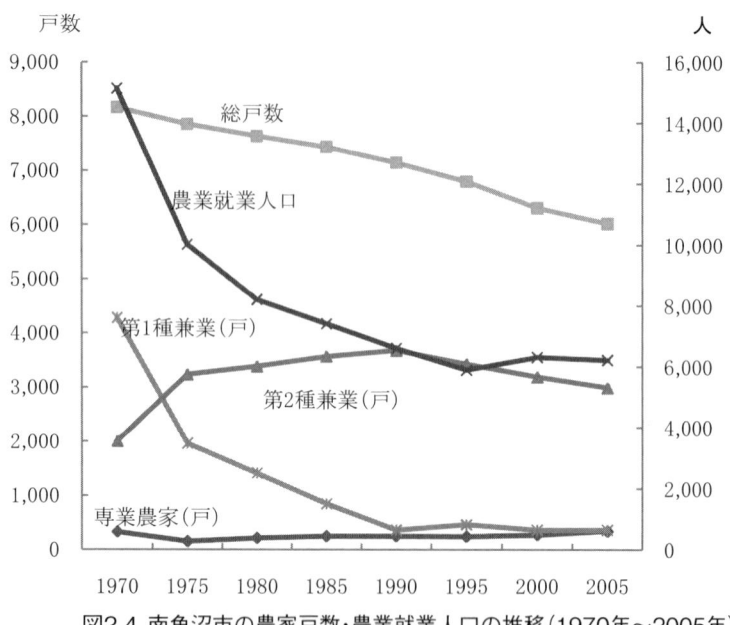

図2-4. 南魚沼市の農家戸数・農業就業人口の推移(1970年～2005年)
出典：『南魚沼市2006　市勢要覧データ編』より作成。

　2000年～2001年に東京大学が旧大和町住民を対象に行なった学術調査によれば、町の農業の重要性については(N=334)、「増える」(9.0%)、「変わらない」(38.6%)、「減る」(23.4%)、「わからない」(27.2%)、「関心がない」(1.8%)と回答し、約半数の回答者が農業を前提とした地域の将来像を描いている。また、農業観については(N=380、複数回答2.8回答／人)、「生活のために行なう仕事」(16.9%)、「地域にとって重要な仕事」(14.7%)、「代々続く家業として行なう仕事」(13.7%)、「生きがいとなる仕事」(11.2%)、「環境を守るために重要な仕事」(11.2%)などの意見が寄せられた(東大調査2003: 49-51)。

　また、南魚沼市の農業経営規模別データを見ると、0.3ha未満の農家数が959(1965年)から1296(2005年)へと増加し、比率で見ると13.1%から21.5%に増加している。これは政策的な農地の集約化を反映したものではあるが、農家は規模を縮小しながらも完全な離農を選択していないこと、つまり、農業が経済論理だけでなく、生活規範、あるいは、暮らし方に近い位置づけをもって営まれていることを示している。

2-1. 産業構造の変化と女性

　南魚沼市の産業構造の特徴には、「3戸に1戸が土建業関係に就労」[6](1987年)と報じられた公共事業への極端な依存がある。これは南魚沼市が田中角栄元首相の後援会組織「越山会」発祥の地であり、田中氏が推進した「列島改造論」に基づく大型公共事業の恩恵に浴した地域だったからである。公共事業の受注と選挙の際の田中氏(自民党)への投票という利益誘導型政治により、建設業者による「組織ぐるみ選挙」が長く続いた。もっとも公共事業だけでは冬場の就労問題を解決できないため、冬季間、稼ぎ手の男たちは関東方面へ出稼ぎに出た。「一年中家族が一緒に暮らしたい」という願いは、スキー観光産業の発展によって70年代にようやく達成された(保母1996)。冬季間はスキー観光産業に関連する宿泊業やリフト会社などの季節従業員として働き、夏場は土木作業員として現金収入を得る。そして兼業で稲作をするというのが一般的な就労形態となった。

　この産業経済構造は、公共土木事業の予算が縮小する中で転換を迫られることになる。図2-5は南魚沼市の事業所従業員の産業別推移を見たものである。1996年を境に建設業従業員が減少し、小売・飲食業とサービス業がその割合を高めていく。「平成18年度事業所・企業統計調査」から産業大分類(民営事業所)15業種の女性従業員の割合を見ると、「医療、福祉」(73.4%)、「金融・保険業」(59.4%)、「飲食店、宿泊業」(56.8%)、「情報通信業」(53.2%)、「教育、学習支援」(51.3%)の5業種で女性は男性を上回っている。すべてサービス業に分類される。「卸売・小売業」は男性(50.2%)と女性(49.8%)が均衡している。これは日本の産業構造の再編による経済のサービス化やソフト化に伴う女性労働者の増加と見事に一致する。経済のサービス化は、「都市的生活様式」を農村社会に浸透させ、その中で女性は消費者(生活者)であると同時に、サービスの生産・供給者(労働者)として、存在感を高めてきた(渋谷2006)。

　先述した東大調査 (2003) によれば、質問紙調査に回答した女性199名のうち92名(46.2%)は「他の市町村で生まれ、大和町に移ってきた」と答えている。「移ってきた」理由の多くは結婚によるものと推察されるが、女性たちは「よそ者」であっても、以前のように農業の手間作業(無償労働：アンペイドワーク)を他の選択肢がない中で一方的に引き受ける存在ではない。むしろ家計収入の観点からは、「嫁」が外で働

6　1987年7月8日、朝日新聞夕刊、「深まる土建王国のひずみ」。

くことは家族にとって合理的選択であり奨励される。三世代同居の農村の女性た
ちは、幼児の世話や家事を姑と分担できるため、都市の核家族世帯で子育てを
する女性たちよりも、場合によってはゆとりを持って暮らすことができる。南魚沼市
ボランティア連絡協議会の資料（平成19年度）を見ると、登録団体83グループ（会員数
1427名）のうち、女性が代表者を務めるグループが63（76％）団体ある。女性の社会
的経済的地位の上昇が、ボランタリーな活動分野でも女性の存在感を高めている。
このような地域社会の変容の中で、農村社会とは無縁と思われていた国際交流団
体も立ち上がってきた。

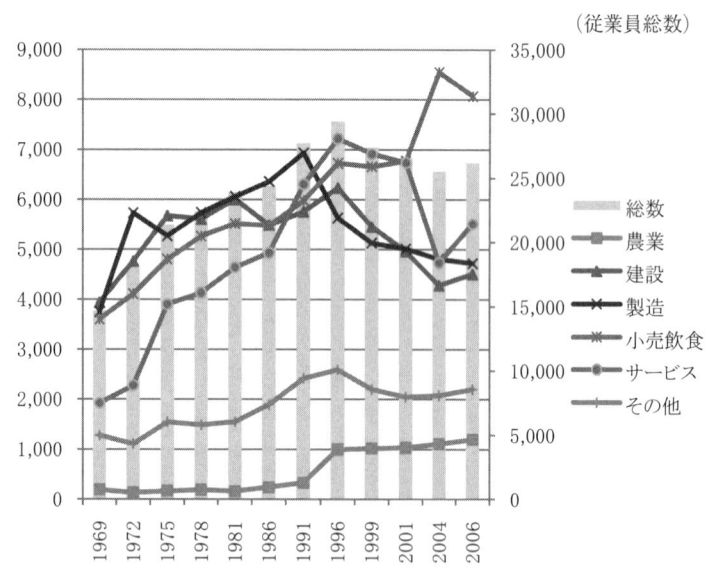

図2-5. 南魚沼市の事業所従業員の産業別推移
出典：『南魚沼市2006　市勢要覧データ編』

2-2. 政治構造の変化と女性

　2005年に3町が合併し市政に移行するまでは、町会議員の最低当選ラインは300
票前後であった。したがって、100戸前後の集落であれば1名の町会議員を送り出
すことができた。集落で主立った人々が推薦候補を決め、選挙期間中は毎日各戸
から選対事務所に手伝いに出る。それは「締め付け」の1つの手法であった。村の出
入り口には「見張り」を置き、他候補の運動員が選挙活動に入るのを監視する。各

町とも公明党と共産党は独自に議席を確保していたが、その他はほぼ「村ぐるみ選挙」で当選してくる議員であったといってよい。

　こうした、いわば慣行化していた「村ぐるみ選挙」の変化を印象づけたのが1992年4月の旧大和町長選挙である。この選挙は3選を目指す保守系無所属の現職と、町立病院の院長を辞して立候補したＫ氏との一騎打ちで戦われた。Ｋ氏は1970年に当時の町長に請われて大和町にやってきた医師で、全国的にも地域医療の分野で知られていた。しかし、「よそ者」である。「よそ者」に町の行政を任せるわけにはいかない。それに対してＫ氏は、「組織で縛る選挙を変えるべきだ」と訴え、都市型の草の根選挙を繰り広げた。Ｋ氏の主な支持者は、「医療と福祉のまちづくり」構想に共鳴する女性たちだった。高齢化社会を見据え、福祉分野で雇用を生み出そうというＫ氏の主張は、家庭で老親介護を期待されている女性たちにはリアリティを持つ訴えに響いた。

　自民・社会両党の町支部、共産党1名を除く20名の町会議員、町職員組合の支持を受けた現職が、圧倒的大差で当選すると予想された。しかし、Ｋ氏との票差は2200票ほどだった（有権者数約1万1000人、投票率91％）。Ｋ氏の思いがけない善戦は、従来の職場や組織、地縁・血縁による「しばり」が利かなくなっていたこと、つまり、表向きは現職支持を表明しながら、その実、Ｋ氏に投票した有権者が予想外に多かったということである。

　女性たちがＫ氏を支持した要因は、前節で見た産業構造の変化がもたらした女性のエンパワーメントの結果として説明できるだろう。もともと女性は、結束型の農村社会における政治的意思決定の場からは排除されていた。つまり、女性は「しばり」の外に置かれていたため逆説的だが、異なる価値観を受容しやすかったといえる。こうした変化は、男女共同参画社会基本法の成立（1999年）などによって制度的に後押しされているので、逆行することは考えにくい。女性たちは地域政治においても今後ますます存在感を高めていくだろう。

　ここまで産業構造と政治構造の変化が、どのように女性の社会的地位に影響を与えてきたかを描写してきた。筆者は、2000年以降に結婚移住女性の支援組織が立ち上がってくる前段として、女性が家庭や地域社会でエンパワーメントされていたことが意味を持っていたと考えている。結婚移住女性1人1人に着目すれば、「日本語ができなければここでは生きていけないと思った」というように、日本語の習

得は死活問題である。しかし、日本語支援を地域の課題にするには、何らかの形でそれを公共の場に持ち出す主体がなければ事態は動かない。そのためにはまず、当事者が声を上げることが必要だが、国際結婚家族には、日本語支援を公的に求めることへの躊躇があった。「ムラの国際結婚」に対する負の意味づけと、結婚は「個人の問題」であり、そこで生じる問題は「自己責任」で対処するという思考に縛られた当事者は声を上げることができないからだ。当事者からの声がないからといって、それは「問題がない」ことを意味しない。本当に困っている人たちは、声を上げる術を持たず、声を上げる力もない場合がある。だからこそ、「問題」は発見されなければならない。この調査を開始する際に、筆者が懸念していたのは、当事者の協力が得られるだろうか、ということであった。しかし、それは杞憂に終わった。当事者、とりわけ夫たちの「こんな話で役に立ちますか？」という言葉には、「形になりにくい人々の眼差しやぎこちない対応」の中で何とか家族を守ろうと懸命に生きている人たちの抱え込んできた葛藤の深さと、国際結婚という選択に対する共感を求める響きがあった。

　南魚沼市でこの当事者からの声なき問題の存在に気づいたのは、結婚移住女性と個人的につながり始めた女性たちだった。女性たちには同じ「嫁」としての共感と「もし日本語ができなかったら」という想像力が働きやすいからだ。もともと国際結婚家族の割合は100戸に1戸の割合である。地縁・血縁による従来の地域組織では、その小さな声に気づいても、具体的な支援活動を立ち上げることは難しい。地域組織には日本語支援に必要な人的資源を調達することができないからだ。必要な人材は集落を越えて広域に求めるほかない。本調査で浮かび上がってきたのは、子育てや保育所・小学校を通じて結婚移住女性と直接的な接触機会を持つ30代から40代の女性たちの社会的ネットワークの存在だった。

　Putnam（2000）は社会関係資本を「結束型」と「橋渡型」に区別するが、重要なことは、「結束型」か「橋渡型」かではなく、双方の社会関係資本を豊富にしつつ補完関係を高めることである。農村社会には、集団内部の互酬性を強める「結束型」社会関係資本は豊富だが、それでは個人化が進み多様化する構成員のニーズに対応しきれない。結婚移住女性のニーズを充足する以前に既にコミュニティ内部に「橋渡型」社会関係資本を充足する必要性が生じていたと捉えれば、結婚移住女性の存在はその動きを加速させる要因として働いていると考えることができる。さらに、南

魚沼市に特有の条件を付け加えるならば、スキー観光産業との関係である。地域住民のスキー観光産業に関わる主要な業態は民宿業になるが、そこでの主役も女性たちである。

2-3. 農村社会の持つ構造的開放性

　南魚沼市はブランド米「コシヒカリ」の産地だが、単に「コシヒカリ」を作っているだけではなく、「コシヒカリ」の誕生に深く関わった地でもある。「コシヒカリ」の原種である「越南17号」は、食味は良いが病気に弱く、倒伏しやすく栽培が面倒であったため、食糧増産の時期には見向きもされなかった。だが、いずれ米は量から質への転換が起きると予測した研究者と南魚沼市の篤農家の協力によって「コシヒカリ」は誕生した（酒井1997）。[7]さらにもう少し時代を遡ると、開放性を持った興味深い地域性が浮かび上がってくる。この地域は越後と関東圏を最短距離で結ぶ拠点宿場として歴史的に人の交流が盛んであった。また、1600年代に生産を開始した越後縮は農家の次男や三男が江戸の大名や旗本の下屋敷に売り込みに出かけていた（塩沢町誌2000）。[8]現在も営業を続けている酒蔵の中には江戸時代に創業したところもある。[9]さらに大正時代に長野県上田で始まった自由大学が新潟県では2校（魚沼と八海）確認されているが、いずれも隣接する魚沼市にあった（成田2007：102-103）。八海自由大学の会場には南魚沼市（旧大和町）にある普光寺も使われていた。魚沼で自由大学が開設されたのは、この運動の中心を担った土田杏村が新潟師範学校の2級後輩だった渡辺泰亮（当時の伊米ケ崎小学校長）に声をかけたのがきっかけである。開設期間は1922年から1926年までのわずか4年間であったが、毎回受講料を払って参加する受講者は100名を超え、300名という記録も残っている。受講者は教員や学生が多いものの、農業、商業、女性や僧侶も含まれていた（森山1971）。

7　2000年10月24日、NHK総合テレビ「プロジェクトX ～挑戦者たち～」で『うまいコメが食べたい～コシヒカリ・ブランド米の伝説』でコシヒカリを誕生させた新潟県長岡農業試験場（当時）の職員・杉谷文之氏に協力した南魚沼市の篤農家たちが紹介された。
8　江戸時代のベストセラーである『北越雪譜』は、塩沢の縮商人であり文人でもあった鈴木牧之の著作で雪国の生活を叙述したものである（鈴木牧之編撰、1991）。雪に閉ざされた地域でありながらその商業ネットワーク（販路としての江戸との関係や、青苧を取り寄せていた会津との関係など）を通じた人的交流が活発に行なわれていたことがわかる。
9　南魚沼市内には、享保2(1717)年創業の青木酒造（主要銘柄：鶴齢）、明治元(1868)年創業の高千代酒造（主要銘柄：高千代）、大正11(1936)年創業の八海醸造（主要銘柄：八海山）が、2009年現在も酒造りを行なっている。

戦前の農村集落については、「共同体がその内の個を規定する共同体規制によって運用され、ある程度の社会的封鎖性を持った局地的小宇宙」(荒樋2006：4)として説明される。このような集落の「内部」的な関係性についての見方に異論はないが、筆者がこの調査を通じて興味を覚えたのは、農村集落の「外部」との豊かな関係性についてである。「内部」に対して社会的封鎖性を持つ一方で、生活条件が厳しければ厳しいほど、コミュニティとして存続するためには、「外部」との関係において「生きるための工夫」や資源の調達が必要になる。それが冬季間に農業の副業として営まれた縮織りであり、酒造りであり、新しい知識を求めた自由大学への参加であり、米の品種改良への協力であり、出稼ぎであった。広井(2009)は、コミュニティを「重層社会における中間的な集団」として捉え、コミュニティはその原初から、「外部」に対して「開いた性格」を持っていること、コミュニティづくりということ自体の中に「外部とつながる」という要素が含まれていると述べる(同上：24-25)。この視点は、本研究で考察する農村で暮らす結婚移住女性の受容を考える上で、さらに農村社会の将来構想を考える上で重要である。具体的な考察は次章以降で行なうが、ここでは、もう一例、「生きるための工夫」として取り組まれている南魚沼市のスキー観光産業について見ておきたい。

　南魚沼市には12のスキー場がある。その中には、入場者数で全国のトップクラスに入る石打丸山スキー場[10]と上越国際スキー場も含まれている。中でも石打丸山スキー場は、住民主導のスキーを通じた地域開発の事例として注目を浴び、保母(1996)は、「従来の地域開発が持っていた問題点の1つは、外部から企業を誘致して開発しても、その利益は域外に流出し、開発地域の住民には環境・公害被害だけがもたらされることにあった。石打区の開発哲学はこの従来型開発の問題点をクリアすることを主張し、実際にそれを行なう方式を作り出した」ものだと、内発的発展の観点から高く評価している。石打区というのは、南魚沼市の行政区の1つで約260世帯のうち8割がスキー観光産業に携わっている。戦後間もない1949年にスキー場を開設し、収穫した米を食堂や民宿で付加価値をつけて供することによって農家所得を引き上げ、出稼ぎを克服した(石打丸山観光協会1989)。経済状況の悪化やスポーツ・レジャー産業の多様化により、スキー観光産業自体の低迷は否めず楽観

---

[10] 第28回冬季スキー国体「塩沢国体」(1973年)、第46回冬季スキー国体「にいがた魚沼国体」(1990年)のアルペンスキー会場であった。

はできないが、現在取り組んでいるグリーンツーリズムや自然体験型観光などの模索を通じていずれ新たな活路を見出してくるに違いない。

最後に人的交流の観点から、「外部とのつながり」を見ておきたい。旧大和町住民の居住歴についての調査結果がある(表2-1)。これによれば、回答者(N=385、20歳以上の無作為抽出)のうち30.9%が「他の市町村で生まれ、大和町に移ってきた」こと、男女別で見ると、男性14.1%、女性46.2%、30代に限ると65.7%が「他の市町村で生まれ、大和町に移ってきた」ことがわかる。「大和町で生まれたが他の地域に住んだこともある」との回答者は、全体で24.2%、男性で29.9%、40代では41.9%である。これは、通学圏内にある高等教育機関が限られているために、大学等に進学する場合はいったん他出するなど、構造的に人口の流動化が起きるためである。高等教育機関への進学率は、2000年に53.4%と初めて50%を超えた。2005年に48.5%と一時的に減少したが、それ以外は50%台を維持している。南魚沼市も他の農村地域と同様に、いったん他出した子どもたちの就労の場が限られているために戻ることができないという問題を抱えている。第5章では、この他出子たちを「越境プレイヤー」として捉える視点について改めて議論する。

表2-1. 南魚沼市(旧大和町)住民の居住歴に関する調査結果

		1.生まれてからずっと住んでいる	2.大和町で生まれたが、他の地域に住んだこともある	3.他の市町村で生まれ、大和町に移ってきた	合計
全体		173	93	119	385
		44.9%	24.2%	30.9%	100.0%
性別	男	103	55	26	184
		56.0%	29.9%	14.1%	100.0%
	女	69	38	92	199
		34.7%	19.1%	46.2%	100.0%
年齢	20代	22	11	6	39
		56.4%	28.2%	15.4%	100.0%
	30代	4	8	23	35
		11.4%	22.9%	65.7%	100.0%
	40代	28	36	22	86
		32.6%	41.9%	25.6%	100.0%
	50代	25	18	27	70
		35.7%	25.7%	38.6%	100.0%

年齢	60代	38	7	20	65
		58.5%	10.8%	30.8%	100.0%
	70代	43	6	11	60
		71.7%	10.0%	18.3%	100.0%
	80代〜	12	7	9	28
		42.9%	25.0%	32.1%	100.0%
住所	浦佐	30	20	50	100
		30.0%	20.0%	50.0%	100.0%
	東	51	28	24	103
		49.5%	27.2%	23.3%	100.0%
	大崎	40	19	18	77
		51.9%	24.7%	23.4%	100.0%
	藪神	47	25	26	98
		48.0%	25.5%	26.5%	100.0%

出典：(東大調査2003：225)より転載。

3. 増加する外国籍住民とその実態[11]

　図2-6は、南魚沼市の人口と外国人登録者数の推移を示したものである。外国人登録者は1980年の37名から、719名（人口比1.19%、2005年3月現在）へと一貫して増加し続けている。他方、人口は1995年から減少局面に入っているので、このままの傾向が続くならば、外国人登録者の人口に占める割合は、今後、さらに高まると予測される。また、図2-6の折れ線グラフは外国人登録者数の推移とその中に占める留学生の数を表したものである。留学生の占める割合39.4%は全国平均の6.3%を大幅に上回るが、90年代半ば以降、留学生の増加曲線よりも外国人登録者の増加曲線の方が上回っており、留学生以外の外国人の増加を裏づける。

　表2-2は、外国人登録者の在留資格について、南魚沼市と全国を比較したもので、網掛けした項目に、南魚沼市と全国の大きな開きが認められる。表2-2から読み取れる南魚沼市の外国人登録者の特徴は、第1に「特別永住者」が少ないことである。全国的には21.1%を占める「特別永住者」がわずか2.5%（19名）である。第2に

11　「外国籍住民」という用語については、「外国籍市民」あるいは「外国人住民」などいくつかの呼称が考えられるが、本論文では利用可能なデータが基本的に外国人登録データであるため、「外国籍」を、また、「市民権」と響きあう「市民」よりも、南魚沼市ではようやく外国籍居住者を「住民」として理解するための端緒を開いた段階であることから、「外国籍住民」を用いる。日本国籍を取得した元外国籍者を視野に入れた考察が必要であることは認識している。なお、2006年および2007年に実施したアンケート調査時には、用語の使い分けが定まっていなかったため、調査票をそのまま引用する場合には「外国籍市民」も用いる。

「家族滞在」が全国4.4%に対して8.1%と約2倍の水準であるのは、留学生の家族が多いためである。第3に「教授」資格者は国際大学の教員であるが全国比の3倍である。第4に「研修」(4.6%)と「特定活動」(9.3%)を合わせると13.9%になる。これも全国と比べると5.8ポイント高い。「特定活動」は、「法務大臣が個々の外国人について特に指定する活動」を行なう者に対して認める在留資格だが、南魚沼市の場合は、ほぼ外国人実習生に限られている。以上から1990年以降、外国人登録者数を押し上げたのは、留学生に加えて、結婚移住者(そのほとんどが女性)と外国人研修・実習生であることがわかる。

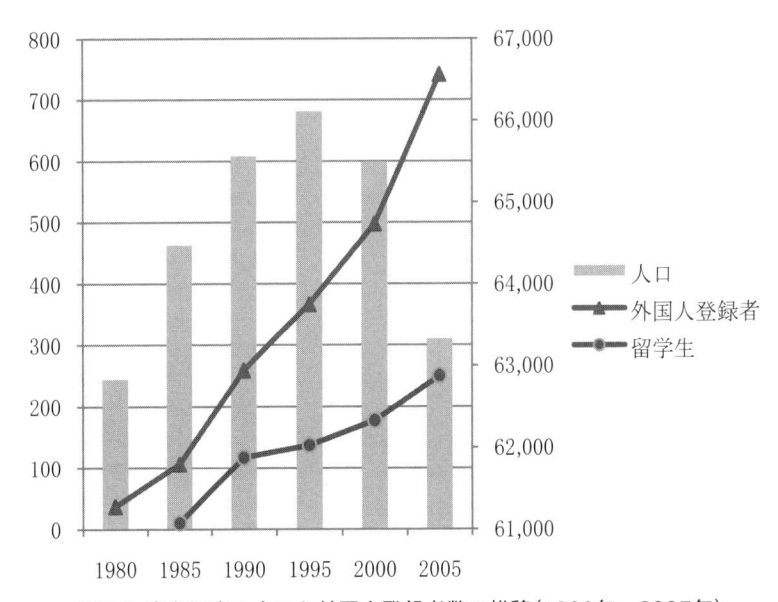

図2-6. 南魚沼市の人口と外国人登録者数の推移(1980年〜2005年)
出典:『南魚沼市2006、市勢要覧データ編』、ならびに留学生数は国際大学資料を参照。

表2-2. 在留資格別構成の南魚沼市と全国の比較　（2006年度）

	南魚沼市	構成比	全国	構成比
特別永住	19	2.5%	443,044	21.2%
永住者	127	16.7%	394,477	18.9%
家族滞在	62	8.1%	91,344	4.4%
技　術	1	0.1%	35,135	1.7%
教　育	3	0.4%	9,511	0.5%
教　授	9	1.2%	8,525	0.4%
興　行	1	0.1%	21,062	1.0%
研　修	35	4.6%	70,519	3.4%
就　学	0	-	36,721	1.8%
人文知識・国際業務	5	0.7%	57,323	2.7%
短期滞在	8	1.1%	56,449	2.7%
定住者	28	3.7%	268,836	12.9%
投資・経営	1	0.1%	7,342	4.1%
特定活動	71	9.3%	97,476	4.7%
日本人の配偶者等	84	11.0%	260,955	12.5%
文化活動	0	-	3,025	0.1%
留　学	300	39.4%	131,789	6.3%
その他	7	0.9%	91,386	4.4%
	761		2,084,919	

出典：南魚沼市市民課より入手したデータと『在留外国人統計・平成19年度』より作成。

　図2-7は、2008年7月現在の南魚沼市の外国人登録者の在留資格を集計したものである。留学生（39%）や外国人研修・技能実習生（14%）の割合は大きいが、留学生は最長2年の滞在であり、また、外国人研修・実習生は通算3年までの滞在であるので、地域社会と長期的関係を持つ存在は、定住を前提とする結婚移住女性ということになる。「日本人の配偶者等」（11%）で来日した結婚移住女性は、一定の期間を経て「永住者」（17%）に在留資格を変更している。この2つの在留資格を持つ外国籍住民の割合は今のところ28%だが、この割合は今後も漸増していくと予測される。定住外国人の主体は結婚移住女性である。つまり、地域社会の国際化や多文化共生を考える上で、結婚移住女性はもっとも重要かつ連携すべき外国籍住民なのである。

第2章　実態調査地域の特徴——新潟県南魚沼市の概要と外国籍住民の存在——　　107

　表2-3は南魚沼市に合併する前の3つの自治体別に人口と外国人登録者数を調べたものである。この表から、外国人の増加は、市内で均一に進んでいるわけではないことがわかる。合併前の自治体単位で人口に占める外国人の割合を見ると、塩沢地区0.40％、六日町地区0.83％、大和地区3.0％である。3.0％の大和地区だけを取り出せば、外国人集住都市会議[12]のメンバーである長野県の飯田市(2.8％)・上田市(3.0％)、三重県津市(3.1％)・四日市市(3.1％)、愛知県岡崎市(3.3％)などに匹敵する。外国人集住地域で大半を占めているのは日系南米人であるが、南魚沼市では「留学生」の存在感が大きく、また、そのほとんどが大和地区に暮らしている。

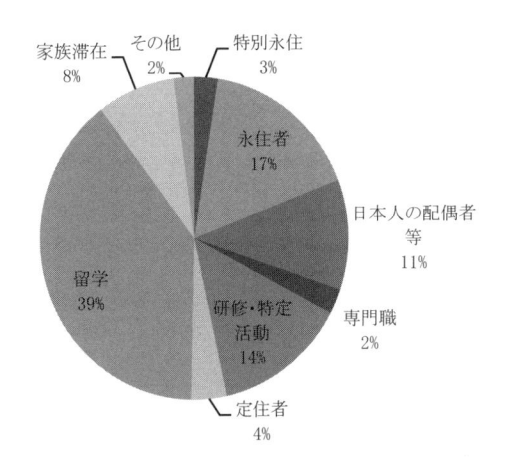

図2-7. 南魚沼市の外国人登録者の在留資格別構成
出所：2008年7月17日付の南魚沼市データより作成。総数761名。

12　2001年5月、日系南米人が集住する13自治体が共通の課題を持ち寄り、問題解決と国・県への提言や連携した取り組みを検討することを目的に発足。2008年度には26自治体となった。

表2-3. 南魚沼市の地区別人口と外国人登録者の推移(2000年～2008年)

人	外国人登録者数(3月31日現在)				住民登録人口(3月31日現在)			
	塩沢地域	六日町地域	大和地域	合計	塩沢地域	六日町地域	大和地域	合計
2000	48	178	272	498	21,099	28,984	15,134	65,217
2001	60	195	349	604	20,971	28,832	14,978	64,781
2002	58	202	400	660	20,932	28,760	14,843	64,535
2003	63	228	405	696	20,781	28,536	14,726	64,043
2004	69	242	393	704	20,583	28,366	14,598	63,547
2005	74	252	416	742	20,410	28,225	14,511	63,146
2006	83	236	422	741	20,224	28,085	14,441	62,750
2007	77	233	423	733	20,112	28,037	14,315	62,464
2008	79	232	427	738	19,939	27,888	14,234	62,061

%	塩沢地域	六日町地域	大和地域	合計
2000	0.23	0.61	1.80	0.77
2001	0.29	0.68	2.33	0.93
2002	0.30	0.80	2.69	1.09
2003	0.30	0.80	2.75	1.09
2004	0.34	0.85	2.69	1.11
2005	0.36	0.89	2.87	1.18
2006	0.41	0.84	2.92	1.18
2007	0.38	0.83	2.95	1.17
2008	0.40	0.83	3.00	1.19

出典：平成20年南魚沼市市勢要覧データと同市役所市民課資料より作成。

　山﨑(2007)は、3地区の特色──六日町地区は商業地区、大和地区は文教地区[13]、塩沢地区は農業地区──を文化的要因と捉え、「市民調査」[14]の結果から、①外国人登録者数の増加に対する知覚、②外国人の増加に対する評価、③外国人に対する偏見、④外国人との付き合い、⑤国際交流イベントや国際理解講座への参加経験、⑥外国人との交流態度の違い、の6項目について3地区の相違を分析し、大和地区の住民意識が他の2地区に比べて、外国人の増加を「より良い」と評価し、周囲に暮らし

13　県内有数の大学進学校である高等学校1校、医療系専門学校1校、大学院大学1校が立地している。
14　概要は第3章を、調査の詳細は武田編(2007)を参照。

ている日本人の外国人に対する差別や偏見が少ないと感じ、外国人との付き合い方もより深く、国際交流イベントや国際理解講座への参加率も高く、今後も外国人と付き合っていきたいと考えていることを析出し、「接触仮説」が支持されると結論づけた。参考までに全国的な日本人と外国人との接触経験と南魚沼市の調査結果を比較すると次のことがわかる。総理府(現内閣府)が2000年11月に実施した「外国人労働者問題に関する世論調査」によると、外国人と「日常的な生活を通して付き合う機会がある」(4.6%)、「たまにあいさつをしたり話をすることがある」(5.0%)、と答えた人は合わせて9.7%であった。一方、南魚沼市の調査で「あなたは、この地域で暮らす外国人の方とつきあいがありますか」との質問に、「あいさつする程度の人はいる」(25%)、「世間話などをする人がいる」(5%)、「個人的につきあっている人がいる」(3%)、「家族ぐるみでつきあっている人がいる」(4%)、を合わせると37%であった。2つの調査時期が異なり質問項目が違うという点を考慮しても、この比較から南魚沼市民は全国的に見ても外国人との接触機会がかなり多いといえる。

　ただし、ここで市民がアンケートに答える際に思い浮かべている「外国人」とは誰か、ということを考えなければならない。人数でいえば約100名、外国人登録者の13.9%を占める外国人研修・技能実習生と市民との交流の機会はほとんどない。外国人研修・技能実習生が出会う市民とは、就労先の人々か、借り上げアパートの周囲に暮らす人々、または、集団で週末に買い出しに出かけるショッピングセンターですれ違う市民がほとんどである。結婚移住女性たちは、集落の人々や、生活者として子どもの保育所や学校、勤務先などで市民との日常的な接触機会があるものの、結婚移住女性が交流の主体となるようなイベントはない。ようやく日本語教室での交流会が始まった段階であるので、このアンケート調査には反映されていない。とするならば、アンケート回答者が交流相手として想定していたのは、多くは「留学生」であったと推察される。

　筆者は、こうした現状分析から「接触仮説」については、ブラウン(1995=1999)が主張する4条件について留意する必要があると考える。単に、文化的な背景が異なる人々が接触するだけでは、相互交流や相互理解が進むどころか、反目の原因にさえ

15　接する機会が多ければ好感度が増すとする仮説。偏見やステレオタイプは、その対象を十分に理解していないために生じることが多いので、接触を通してお互いの類似性や共通性を認識することによって否定的な態度が改善されるというもの(土屋2000：77)。
16　http://www8.cao.go.jp/survey/h12/gaikoku/index.html　アクセス：2008年10月28日

なる。ブラウンは、異なる民族集団同士の相互理解が形成されるには、「制度的なサポート」、「接触の十分な頻度と密度」、「協働活動」、「できるだけ対等な地位」の4条件が必要だと主張している。これは、結婚移住女性の定住過程におけるホスト側住民の役割の重要性を示唆する。言葉も文化も不案内な状態で、たった1人、日本人家族の中に包摂される結婚移住女性には自らが当面する生活上の適応をするだけで精一杯であるからだ。したがって、結婚移住女性の適応には、ホスト側のどのような人々が結婚移住女性とホスト社会とを結びつける役割を担う可能性がもっとも高いかを考察する必要がある。

結論を先取りするならば、それが30代から40代の子育て世代の女性たちであり、地域組織と補完関係を持つ市民組織である。南魚沼市では2000年代に入って、ようやくブラウンの主張する4条件を満たす条件が整い始めたといえる。

4. 結婚移住女性の現況

1988年2月に作成された新潟県社会福祉課（当時）の新潟県議会への報告資料によると、当時新潟県内にいた122名のアジア人花嫁のうちの36％にあたる44名が南魚沼市（表2-4）に居住していた（新潟日報社学芸部編1989：27）。南魚沼市の「外国人花嫁」の受け入れには、韓国ルートとフィリピン・ルートがあり（同上：196）、フィリピン・ルートを主導していたのが塩沢町農業委員会の石坂豪会長である。同氏は、1988年5月に新潟県東頸城郡浦川原村で開催された「むらの結婚を考える」シンポジウムで、「わが町にも外国人女性が来ている。この人たちに対して、カネで買ってきたなんてことは絶対にいってほしくない。外国人女性が嫁いだ家庭が、生きがいを見出し、明るくなってきていることは紛れもない事実だ。あれこれいう前に、温かく迎える環境づくりにみんなが力を合わせてほしい…国、県が手を打つべき時期にきている」と発言している（同上：24-25）。

他方、韓国ルートは六日町を拠点に日本人同士の結婚仲介を行なっていた社会奉仕団体「魚沼美徳会」を母体に1987年に発足した国際交流協会南魚支部が推進していた。同支部は、東京都江東区亀戸に本社があった仲介業者（代表は新潟県出身）と提携し、半年ほどの間に41組の国際結婚をまとめ、1987年12月には近隣7町の首長、県会議員、大韓民国副領事らを迎えて、15名の韓国人花嫁の合同歓迎会を

開催した(同上：37-42)。

　また、1980年代に入ると大型公共事業による好況を背景に、いわゆるフィリピン・パブが開店され、そこで客として出会った日本人男性とフィリピン女性が結婚するケースも見られるようになっていた。[17]この他に旧塩沢町では、同町にある3つのスキー場と韓国・ドラゴンバレースキー場とが企業間交流を行ない(1988年～1991年)、同町のゴルフ場のキャディ不足をドラゴンバレースキー場の従業員で補っていた。そのうちの数名が関係者の仲介で結婚したが、このルートで結婚した韓国人女性で現在も居住しているのは1人である。[18]

表2-4. 1988年時の南魚沼市の「外国人花嫁」数

	旧町名	人数	合計	内訳
南魚沼市	塩沢町	15人	44人	韓国9人・フィリピン6人
	六日町	25人		韓国19人・フィリピン3人・他3人
	大和町	4人		韓国4人

出典：新潟県社会福祉課調べによる1988年2月現在の「アジアからの花嫁の数」。(新潟日報社学芸部編1989：27)

　結婚移住女性の存在は、2007年1月に実施した外国籍市民の生活実態調査[19]によって、初めてある程度明らかになった。この調査の回答者148名[20]のうち45名が日本人男性と結婚している外国人女性であった。45名の内訳は、30代と40代で80％、国籍では、中国(15名)、フィリピン(15名)、韓国・朝鮮(10名)の3ヵ国の他に、ルーマニア、ブラジル、ロシア、スリランカ、米国の国籍者が各1名である。

　また、南魚沼市の結婚移住女性の数は、外国人登録者のうち、19歳～61歳の女性で在留資格が「日本人の配偶者等」である者、および「永住者」である者183人

17　外国人登録者の在留資格別データが確認できる旧六日町の2001年データを見ると、登録者207人のうち「興行」資格の女性が86人と全体の42％を占めている。2004年に「興行」資格の審査を厳格化する入管法の改正があり、2007年には「興行」資格のフィリピン女性の数は1名に激減した。
18　2006年6月29日、当時の状況を知るH氏からの聞き取り。
19　外国籍市民を対象とした支援ニーズを調べるための質問紙調査。調査期間：2007年1月15日～同年2月14日。調査対象：16歳以上の外国人登録者630名。回答数148通。回収率23.5％。調査票言語：日本語・英語・中国語・韓国語・タガログ語。調査方法：郵送法。調査は(財)トヨタ財団助成による「新潟県魚沼地域における外国人花嫁の定住支援のためのネットワーク構築」事業として実施した。概要は第3章を、詳細は武田編(2007)参照。
20　148名の基本属性は、性別は、男性45％・女性55％、年齢は20代から40代で91％。主な在留資格は、留学47％、永住14％、日本人の配偶者等21％であった。

(2008年)から180名前後と推計した。結婚移住女性は最初に在留資格「日本人の配偶者等」を取得し、在留期間1年または3年が付与される。その後、「永住者」への在留資格変更を申請するケースが多い。日系南米人二世にも「日本人の配偶者等」が付与されるが、183名に含まれるブラジル人は3名である。この他に調査の過程で日本国籍を取得していた結婚移住女性にも出会っているので約180名という数字はかなり精度が高いと考える。

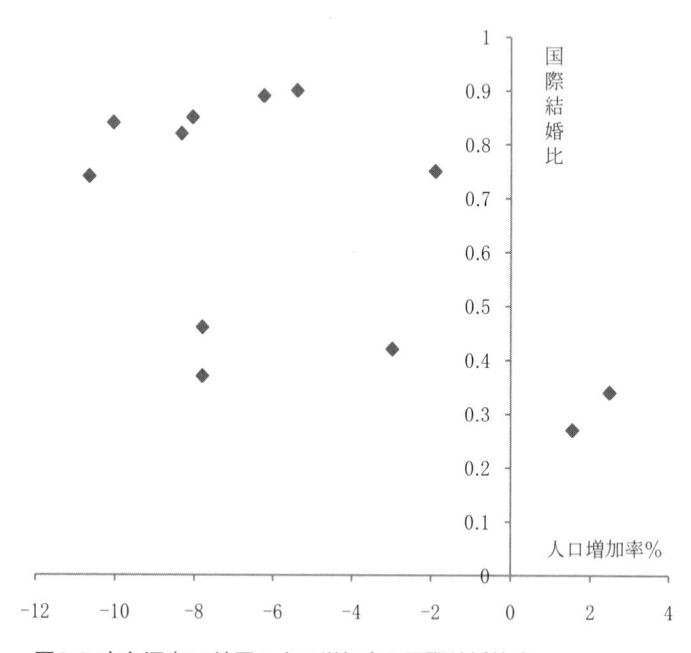

図2-8. 南魚沼市12地区の人口増加率と国際結婚比率
居住集落まで把握できた結婚移住女性は外国人登録データ183名のうち105名(補足率56.8%)である。地区毎の結婚移住女性の捕捉率は、旧六日町(六日町・五十沢・城内・大巻)92名中42名(45.7%)、旧大和町(浦佐・藪神・大崎・東)38名中23名(60.5%)、旧塩沢町(塩沢・中之島・上田・石打)52名中40名(76.9%)である。本図から人口減少地区で国際結婚家族の比率が高いという相関を読み取ることができる。相関係数の推定値 マイナス0.57。人口増加率は1995年と2006年の比較による。
出典:南魚沼市市勢要覧データ編。

今回の調査により、結婚移住女性は市中心部よりも人口減少が進む周辺集落により高い割合で居住していることが明らかになった（図2-8）。同一市内における過疎の不均衡な進行状況が結婚移住女性の分布に現れていると見ることができる。周辺集落に相対的に結婚移住女性が分散していることで懸念されるのは、女性たちにとって来日当初のもっとも支援が必要な時期に、夫もしくは家族などの協力がなければ、日本語教室に通うこともできず、市役所をはじめ公共機関や病院などの利用も困難だということである。

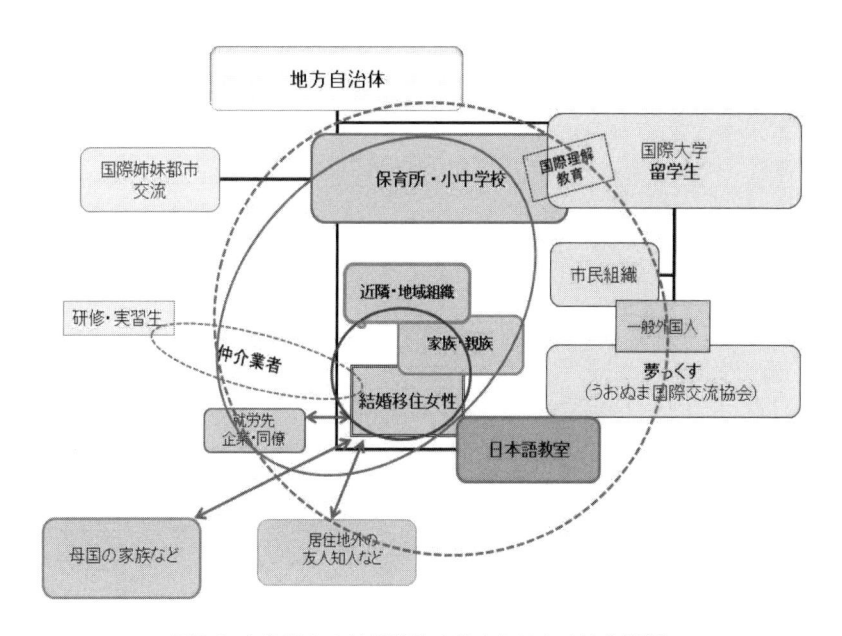

図2-9. 南魚沼市の結婚移住女性をとりまく社会関係

　図2-9は調査時点における結婚移住女性を取り巻く社会関係を示したものである。適応第1ステージにある女性たちの社会関係は、一番小さな円で囲まれた範囲、つまり、夫と家族、ごく身近な近隣の人々との関係に留まる。第2ステージに入ると子どもの保育所や小学校の教師や保護者との関係、そして就労していれば職場の同僚などとの関係が加わる。図の右側に示した市民組織や日本語教室と結婚移住女性たちがつながり始めたのは、2000年代以降のことである。このため、まだこうした条件を効果的に活用できる段階には至っていない。本研究で明らかになった

知見の1つは、この図に示した母国の家族との関係についてである。これまでの先行研究では、結婚移住女性は「生まれ育った環境や社会から切断され、言葉や習慣も分からず孤立しがちである」と記述されることが多かった。しかし本研究で明らかになったのは、女性たちが来日後も母国の家族などとのトランスナショナルなネットワークを維持し、子どもたちの教育や自分自身の将来構想の中で活用しうる資源として捉えていることだった。先に農村コミュニティの「外部」に対する開放性とコミュニティづくり自体の中に「外部とつながる」要素が含まれていると述べた。筆者は、結婚移住者の持つこのトランスナショナルなネットワークを活かすようなコミュニティづくりの取り組みも農村の将来を考える上で重要な要素だと考えている。これらの点については、次章以降で詳しく検討していきたい。

第3章
結婚移住女性の適応と受容における諸問題
──市民アンケート調査とその結果分析──

1. 本研究で実施した実態調査

　「ムラの国際結婚」と結婚移住女性の実態を明らかにするため、新潟県南魚沼市において3つのアンケート調査を実施した。1つめは、2006年6月4日に「日本語交流教室」第1回料理教室で日本語学習ニーズを把握するために実施したアンケート調査である。2つめは、2006年10月に実施した「多文化共生の地域づくりに関する南魚沼市民アンケート調査」(以下、「市民調査」)、3つめは、2007年2月に実施した「南魚沼市在住の外国籍住民のアンケート調査」(以下、「外国人調査」)である。そして、これらの調査では把握できなかった結婚移住女性の来日経緯や適応過程、および配偶者や家族との関係については、別に面接による聞き取り調査を行なった。それについては第4章で取り上げる。本章では、(財)トヨタ財団の助成を得て実施した「市民調査」と「外国人調査」を中心に考察していく。

表3-1. (財)トヨタ財団の助成による2つのアンケート調査の概要

調査表題	「多文化共生の地域づくりに関する南魚沼市民アンケート調査」	「南魚沼市在住の外国籍住民のアンケート調査」
調査目的	日本人市民が地域の多文化化・多民族化にどのような見通しを持ち、外国籍住民の存在をどのように認識しているのか、多文化共生の地域づくりへ向けた外国籍住民への定住支援策を探る基礎データの収集。	外国籍住民の一定のプロフィールを明らかにし、求めている生活支援ニーズを明らかにすること。特に配偶関係から結婚移住女性を抽出し、女性たちの社会的状況を把握することに重点を置く。
対象者	南魚沼市全1万8645世帯(回答者は世帯員1名)。内訳は、旧大和町4086世帯、旧六日町8792世帯、旧塩沢町5767世帯。	南魚沼市に外国人登録を行なっている16歳以上の全外国籍住民630名。
調査期間	2006年10月1日～11月15日	2007年1月15日～2月14日

調査方法	南魚沼市社会教育課長より各行政区長に担当区内全世帯へ調査票の配布を依頼。回収は国際大学に郵送してもらうほか、市公民館本館（浦佐）、六日町地区館、塩沢地区館、五十沢・城内・大巻の3つ開発センターに設置した回収箱に投函してもらう方法をとった。また、「夢っくす」ホームページを使ったウェブ回答も11通あった。				郵送（242通）および遁送*（五十沢・城内・大巻地区：148通）。国際大学関係外国人についてはメールボックスへの直接投函とした（240通）。回収は、国際大学に郵送してもらうなどの方式をとった。		
回収結果	①配布数：1万8645世帯				①配布数：630通		
	②回答数：2248通				②回答数：148通		
	③回収率（②/①）：12.1%				③回収率（②/①）：23.5%		
	④旧町別回答率						
		世帯数	回答数	回答率		配布数	回答数
	大和町	4086	550	13.5%	郵送242通	390通	63通
					遁送148通		
	六日町	8792	823	9.4%	国際大学	240通	85通
	塩沢町	5767	836	14.5%	合　計	630通	148通
	*居住地の回答がなかったもの39通。						
集計方法	単純集計およびクロス集計				単純集計およびクロス集計		
実施機関	「夢っくす」（トヨタ・プロジェクト・チーム）[1]				「夢っくす」（トヨタ・プロジェクト・チーム）		
協力機関	南魚沼市（社会教育課） 国際大学				南魚沼市（企画情報課・市民課） 国際大学		

*遁送：南魚沼市嘱託員による文書配達システム

---

[1] 調査チームは「夢っくす」会員と南魚沼市役所職員、国際大学教員など12名で構成した。また南魚沼市役所からは調査票の配布や報告書（概要版）の印刷と全戸配布を、国際大学の学生からはデータ入力などの協力を得た。

1-1. アンケート調査の目的と意義

　南魚沼市では20年ほど前から結婚移住女性が漸増しはじめたが、彼女らの存在は社会的には不可視化されてきたといってよい。結婚移住女性が暮らす集落の人々は、もちろん、その存在を認識している。しかしながら、彼女たちが日本社会に適応する上で必要な日本語の習得や生活習慣などに戸惑っているからといって、それに対して集落が対応すべき課題だという議論にはならない。それは「その家の問題」だからである。国際結婚当事者(夫)も家族も、あえて「家の問題」を語ることはしない。負の意味づけがなされた「農村花嫁」や「アジアの花嫁」という言葉の定着によって、当事者たちは幾重にも疎外されているからである。「農村花嫁」の夫であることは、日本人の女性と結婚できなかったこと、多額の手数料を支払って業者に結婚仲介してもらったことを意味するため、当事者たちは、折々に「形になりにくい人々の偏見やぎこちない対応」に晒されているからでもある。結婚移住女性の存在の不可視化とは、次のような状況の結果として続いてきたと考えられる。1つは「複合的な不利」が重なる中で選び取られた結婚であるために、当事者が「問題を言語化することができなかった」可能性であり、もう1つは「言語化できない」存在を地域社会が見出すことができなかった可能性である。

　岩田(2008)は、さまざまな「複合的な不利」を経験する中で社会的排除が生じるという。結婚したい意思を持ちながら結婚の機会を得られなかった農村に暮らす男性たちは、先行研究では「低学歴・低収入」、かつ「伝統的な家制度から抜け出しきれない男」(宿谷1988)として描かれてきた。しかし、こうしたステレオタイプな見方をしたために、農村男性の「結婚難」という社会的問題が「原子化・個別化」された人々の多様なライフコースの中で生じていることが見落とされ、さらに当事者を社会的に疎外することになったのではないか。社会的疎外とは岩田の言葉を借りれば「社会的排除」ということになる。「ムラの国際結婚」の中で生じた問題の多くは、国際結婚を選択した男性たちの社会的孤立の中で二次的に生じた面もある。ゆえに問題状況の解消は、国際結婚当事者の社会的包摂と関連づけて考える必要がある。

　社会的問題や課題はそれ自身として単独に存在するものではない。自然災害の被災地のように、問題状況が誰の目にも明らかである場合を除けば、潜在化している問題は、誰かがそれに気づき、社会的文脈に持ち込まなければ、問題として認

識されることはない。誰かによって発見されることにより、社会的問題に、あるいは克服すべき社会的課題になる。結婚移住女性の問題は、彼女たちに出会い、彼女たちが日本語学習の場を求めていることを知った市民組織(「夢っくす」)の会員によって発見された。

　この調査の当初の目的は、(1)南魚沼市および魚沼市の2007年6月の定例市議会に向けて、実態調査に基づいた外国人住民支援策の請願書を提出し、自治体主催の日本語教室の開設を目指すこと、(2)調査プロジェクトを通じて、地域社会の中で自主的に外国人支援や日本語学習支援を行なっている個人、ボランティア団体を掘りおこし、自治体、学校、日本語教育の専門家を加えた日本語支援ネットワークを立ち上げること、においた(武田編2007)。

　しかし、この調査活動の始動と前後して、南魚沼市社会教育課が日本語教室の開設に向けて準備会を発足させ、日本語教室の開設が確実になった。そこで、調査目的の(1)を次のように変更した。第1に、結婚移住女性は地域社会の中でどのような関係を築いているのか、または、築いていくことができるか、その手掛かりを見出すこと。第2に、国際結婚に対する地域住民と結婚移住女性との意識や期待のギャップ、そして、外国人への偏見差別の実情、多文化共生の地域づくりに対する市民と結婚移住女性の双方が期待する行政施策などを明らかにすること、とした。

　また、結婚移住女性の定住支援体制の整備には、行政と市民が地域社会の多文化化・多民族化の状況を理解してもらうことが前提条件になるだろうとの予測を立て、調査自体を多文化共生の地域づくりの取り組みとして位置づけ、南魚沼市長に調査協力を申し入れた。その結果、調査票の配布は行政の文書配布ルートを利用させてもらうことができた。また、調査結果の要約版は、市広報に折り込む方法で全戸配布することができた。調査期間は、日本語教室を立ち上げ、運営を軌道に乗せる時期と重なったため、期せずして、この調査活動はアクション・リサーチ[2]

2　アクション・リサーチとは、研究のための研究ではなく、その調査の結果が社会問題(ここでは結婚移住女性の定住支援)の緩和や解決につながるように、研究者と実践者が対等な立場で協力し合う研究手法をいう。ここでいう実践者には、トヨタ・プロジェクト・チームに参加していた研究者を除く、行政関係者と「夢っくす」会員、日本語教室のボランティアの人々、そして、調査の過程で出会った被調査者を含んでいる。被調査者の1人である韓国人女性(Ko-2)には、調査票の韓国語で記載された自由記述の和訳で協力してもらい、また、筆者の分析結果についても当事者の立場から助言をいただいた。

的性格を持つことになった。

　なお、「外国人調査」は当初、結婚移住女性を直接調査対象とする予定であったが、2つの理由から断念した。1つは、外国人登録法の制約のために結婚移住女性に絞り込んだデータの入手ができなかったこと、もう1つは、結婚移住女性の支援者の中にも国際結婚に対する周囲の偏見を雰囲気として感じ取り、躊躇する者がいたためである。そこで、回答者の配偶関係から結婚移住女性を抽出する方法をとった。また、調査票は日本語、英語、中国語、韓国語、タガログ語を用意したが、女性たちの日本人家族も調査票を読むと想定されたため、結婚移住女性が帰属する家や家族との関係、日本人配偶者の学歴や経済状況などに踏み込んだ設問は最終段階で取り下げなければならなかった。

1-2. 回答者の属性とその特徴

　表3-2は「市民調査」、表3-3は「外国人調査」の回答者の基本属性をまとめたものである。「市民調査」の回答者の年齢構成は、60代以上が40.3％と大きな割合を占めた。一方、20代と30代は10.4％と低く、また、男性60.0％に対して女性38.1％と大きな違いが現れた。これは、区長経由の配布物に世帯内で対応するのが主に世帯主であるためと考えられる。行政区長経由で全世帯に調査票を配布する方式は、調査活動により多くの市民の参加を得るアクション・リサーチの観点からは効果的であったが、積極的に回収率を高めるための働きかけはできなかった。回収率は12.1％であるが、2248のサンプル数を得ることができた。

　「市民調査」の回答者の年齢構成に不均衡があり、また、男性が多く、若い世代の意見が十分に反映されていない点については、年代別の集計と男女別集計を行なうことによって補った。「外国人調査」については、回答者の属性から「日本人と結婚している女性」45人を抽出し、結婚移住女性データとして用いる。これは、南魚沼市に暮らす約180名と推定される結婚移住女性の25％にあたる。

表3-2. 日本人市民アンケート回答者の基本属性

1. 性別	人数	%
男 性	1,349	60.0
女 性	857	38.1
無回答	42	1.9
合 計	2,248	

2. 年代	人数	%	性別	既婚	未婚	離死別	無回答
20代	64	2.8	男	5	11	0	0
			女	21	27	1	0
30代	171	7.6	男	43	16	1	0
			女	83	23	5	0
40代	343	15.3	男	135	27	4	2
			女	139	16	17	3
50代	743	33.3	男	397	28	18	6
			女	249	9	25	6
60代	540	24.0	男	342	12	20	15
			女	109	2	32	6
70代以上	365	16.3	男	220	1	19	18
			女	84	3	24	9
無回答	22	1.0					
合 計	2,248						

3. 職 業	人数	%	男性	女性	無回答
自営業	470	20.9	350	115	5
会社員	213	9.5	105	108	0
専門・技術職	341	15.2	236	100	5
経営・管理職	107	4.8	94	13	0
公務員	176	7.9	114	62	0
専業主婦	263	11.7	3	258	2
農 業	56	2.5	51	3	2
パート	68	3.0	12	56	0
失業・求職・無職	392	17.4	312	73	7
その他	120	5.3	59	58	3
無回答	42	1.8	13	11	18
合 計	2,248		1,349	857	42

表3-3. 外国籍市民アンケート回答者の基本属性

項目	区分	人	%
性別	男性	67	45.3
	女性	81	54.7
年齢	16歳〜19歳	2	1.4
	20代	64	43.2
	30代	53	35.8
	40代	18	12.2
	50代	7	4.7
	60代	3	2.0
	70代	1	0.7
在留資格	教授	4	2.7
	法律・会計業務	1	0.7
	教育	2	1.4
	技術	1	0.7
	留学	70	47.3
	家族滞在	6	4.1
	永住	20	13.5
	日本人の配偶者等	31	20.9
	永住者の配偶者等	3	2.0
	在留期限切れ	1	0.7
	無回答	1	0.7
国籍	韓国・朝鮮	15	10.1
	中国	23	15.5
	フィリピン	19	12.8
	インドネシア	16	10.8
	タイ	3	2.0
	スリランカ	3	2.0
	ロシア	1	0.7
	その他	67	45.3
	無回答	1	0.7
信仰	仏教	27	18.2
	キリスト教	45	30.4
	イスラム教	33	22.3
	儒教	0	0
	その他	15	10.1
	特になし	27	18.2
	無回答	1	0.7
居住地域	六日町地区	44	29.7
	大和地区	92	62.2
	塩沢地区	11	7.4
	無回答	1	0.7

在日期間	6ヵ月未満	30	20.3
	6ヵ月〜1年	17	11.5
	1年〜3年	43	29.1
	3年〜5年	12	8.1
	5年〜10年	18	12.2
	10年以上	27	18.2
	無回答	1	0.7
今後の滞在予定	1年〜2年	67	45.3
	3年〜5年	14	9.5
	6年〜10年	6	4.1
	永住予定	41	27.7
	日本国籍取得予定	16	10.8
	無回答	4	2.7
現在の職業	農林漁業	1	0.7
	その他自営業	4	2.7
	サービス業	8	5.4
	会社員	16	10.8
	教師等専門職	12	8.1
	公務員	2	1.4
	パート・アルバイト	12	8.1
	専業主婦	18	12.2
	学生	70	47.3
	失業・休職中	2	1.4
	その他	3	2.0
生活情報を得るために必要な言語	英語	91	61.5
	ロシア語	13	8.8
	中国語	11	7.4
	韓国語・朝鮮語	10	6.8
	インドネシア語	10	6.8
	フィリピン語	8	5.4
	タイ語	4	2.7
	シンハラ語	3	2.0
	その他	14	9.5
	外国語による情報提供は不要	18	12.2
合 計		148	

2.「国際結婚」に対する市民の意識

2.1. 現状と傾向

　調査を実施した2006年の南魚沼市の外国人登録者は701名（留学生254名含む）であった。この外国人登録者数に関して印象を聞いたところ、57%が「多い」、34%が「こんなもの」、9%が「少ない」と回答した。約6割の市民が、予想外に外国人が多

いと感じたのは、外国人登録者の地域的偏在が見られるためと考えられる（表3-4）。国際大学が立地する大和地区の外国人登録者の人口に占める割合は、2.69％である。これは、都道府県別外国人登録者比率の上位を占める、東京都2.88％、愛知県2.85％、岐阜県2.59％、静岡県2.58％に匹敵する（2007年）。しかし、大和地区を除けば、六日町地区は0.85％、塩沢地区は0.36％で新潟県の0.59％を下回る。

　今後の外国人登録者数の見通しについては、回答者の8割が今後も外国人が増えると予想した（複数回答、回答数3,217）。その理由は「国際結婚が増加」（27.6％）、「外国人労働者の増加」（27.3％）、「留学生の増加」（10.7％）、「外国との交流の拡大」（19.6％）、「人口減少による外国人労働者の必要性」（14.8％）であった（図3-1）。年代別に見ると、60代～70代女性の「国際結婚」と回答した割合が他の世代に比べて顕著に高い。また、各世代とも「外国人労働者の増加」を予測している。「人口減少」を理由にあげた割合が高いのは、40代～50代と60代～70代男性である。労働力人口の減少により、外国人労働者の受け入れが必要になるとの認識は、南魚沼市にも農業や水産加工、製造業分野に外国人研修・実習生が受け入れられているためと考えられる。外国人研修・技能実習生は外国人登録者の14％を占めている。

表3-4. 外国人登録者の地域別分布

平成19年南魚沼市市勢要覧データ

（人）	外国人登録数（3月31日現在）				（人）	住民登録人口（3月31日現在）			
	大和地域	六日町地域	塩沢地域	合計		大和地域	六日町地域	塩沢地域	合計
16年	393	242	69	704	16年	14,598	28,366	20,583	63,547
17年	668		74	742	17年	42,736		20,410	63,146
18年				741	18年				62,750
19年				733	19年				62,464

（％）	大和地域	六日町地域	塩沢地域	合計
16年	2.69	0.85	0.34	1.11
17年	1.56		0.36	1.18
18年				1.18
19年				1.17

出典：「平成19年度南魚沼市市勢要覧データ」。町村合併の結果、地区別データがわかるのは平成16（2004）年までである。

124

■国際結婚　■労働者　■留学生　■国際交流　■人口減少

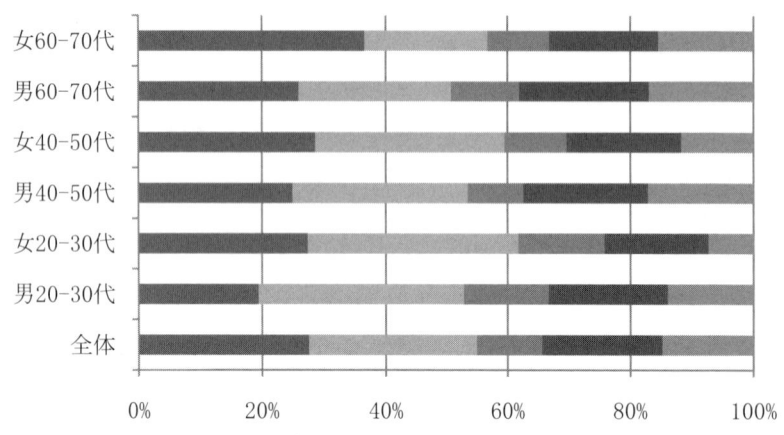

図3-1. 外国人が今後も増加すると思う理由
出典：「トヨタ・プロジェクト・サーベイ」より作成。
「国際結婚＝これからもっと国際結婚が増えるから」
「労働者＝これからもっと工場や会社で働く外国籍住民が増えるから」
「労働者＝これからもっと留学生が増えるから」
「国際交流＝これからもっと外国との交流が増えるから」
「人口減少＝これからは日本の人口が減るので外国人労働者が必要になるから」

■良い　■わからない　■避けるべき

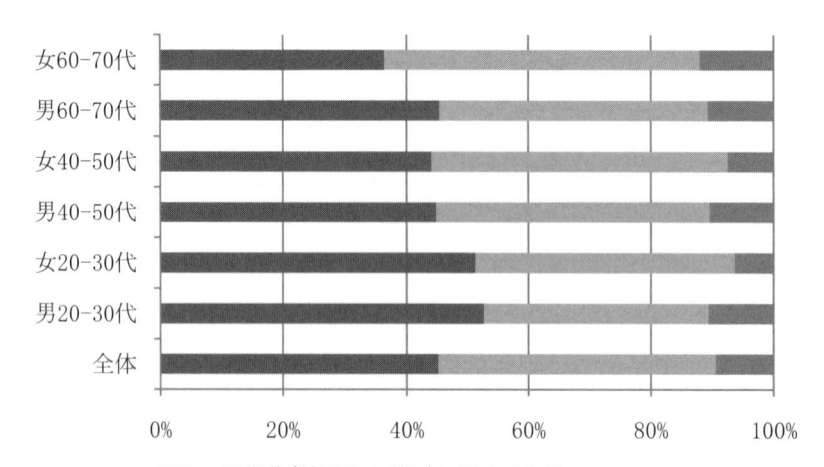

図3-2. 国際化（外国人の増加）に関する意見
出典：「トヨタ・プロジェクト・サーベイ」より作成。

外国人が増えることについては、「良い」とする回答が45％を占め、「避けるべきだ」とする回答の9％を大きく上回った（図3-2）。年代別に見ると、「良い」とする割合は女性の60代〜70代が目立って少ない。他方で20代〜30代は男女とも半数以上が肯定的であることがわかった。「避けるべき」とする意見は、女性に比べて男性の方が世代を問わず若干高い結果となった。

　図3-3は国際化（外国人の増加）が進むことで期待すること、図3-4は国際化（外国人の増加）が進むことで心配することについての回答である。外国人が増えることで「交流の機会が増えること」や「国際的な感覚を持った人材が増える」ことを期待する一方で、「社会問題」の増加を懸念している。その理由には「生活習慣や文化が違う」こと、そして「言葉が通じない」ことをあげている。さらに、年代別意見を見て見ると、国際結婚と外国人の増加に否定的傾向が見られた60代〜70代女性が国際化に期待しているのは、「外国の生活習慣・文化を知ることができること」である。若い世代は、「外国人との交流の機会が増えること」と「外国語にふれる機会が増えること」に対する期待が高い。心配することに関しては、各世代とも共通して、「外国人が増えると社会問題が増えること」の割合が高い。特に40代〜50代男性の割合が高い。60代〜70代女性は「なんとなく不安だから」と答えた割合が他の世代に比べて高い。その一方で、「言葉」や「生活習慣文化」についての違いについての割合が低いことをどのように評価したらよいだろうか。60代〜70代女性は、結婚移住女性の姑世代にあたる。国際結婚にも国際化にも相対的に否定的な意向を持ちながら、「言葉」や「生活習慣文化」についての違いについてはあまり心配していない。これを異文化に対する感受性の低さとみなせば、結婚移住女性にとっては、折り合いを見出すことの難しさの一因になる。

■交流機会 ■人材養成 ■地域経済 ■異文化理解 ■外国語理解 ■日本文化

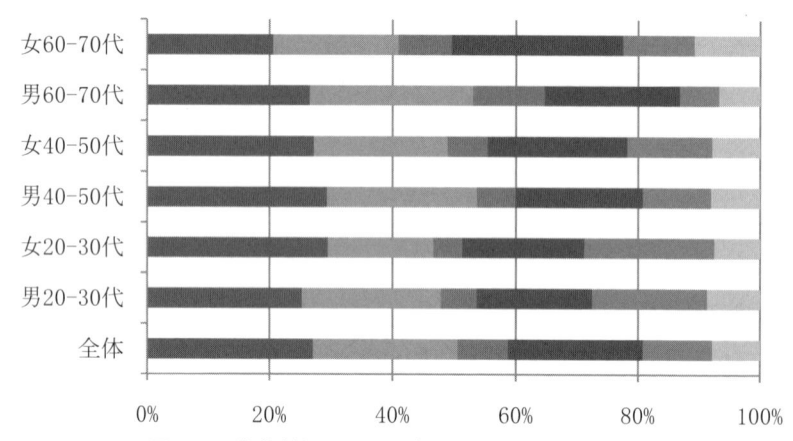

図3-3. 国際化(外国人の増加)が進むことで期待すること
出典:「トヨタ・プロジェクト・サーベイ」より作成。
「交流機会=外国人との交流の機会が増えること」
「人材養成=国際的な感覚を持った人材が増えること」
「地域経済=外国人技術者・労働者が増え、地域経済が発展すること」
「異文化理解=外国の生活習慣・文化を知ることができること」
「外国語理解=外国語にふれる機会が増えること」
「日本文化=日本の文化が外国に広まること」

■言葉 ■生活習慣文化 ■仕事上の競合 ■社会問題 ■不適応 ■不安感

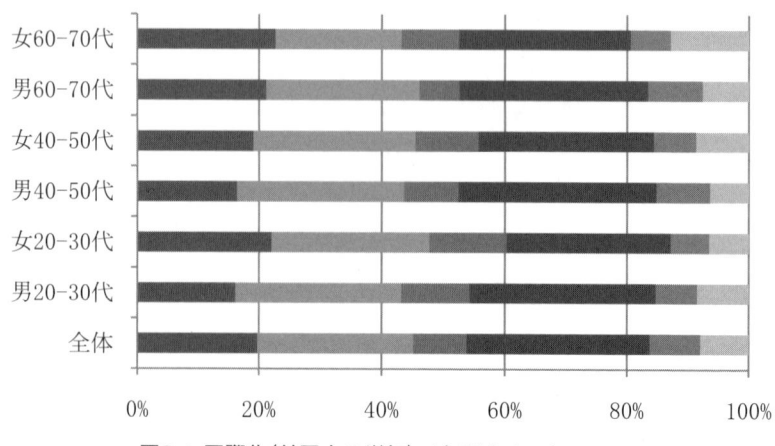

図3-4. 国際化(外国人の増加)で心配すること

出典：「トヨタ・プロジェクト・サーベイ」より作成。
「言葉=言葉が通じないこと」
「生活習慣文化=生活習慣や文化が違うこと」
「仕事上の競合=外国人労働者が増えて日本人が仕事を見つけることが難しくなること」
「社会問題=外国人が増えると社会問題が増えること」
「不適応=外国人は魚沼の生活になじむのが大変なこと」
「不安感=なんとなく不安だから」

次に、外国人が増えるとした第1の理由である国際結婚の増加について、詳しく見ていく。日本人市民は「国際結婚」について、「国際的な相互理解が進んで良いことだと思う」(14%)、「必要であれば良いのではないかと思う」(54%)というように、肯定的な意見を持つ市民の割合は68%に達した。年代別では、若い世代ほど肯定的であり、特に20代〜30代女性の肯定の割合が高い（図3-5)。60代〜70代女性は、「良い」との回答が他の世代に比べて目立って少なく、「避けるべき」がもっとも高い。60代〜70代男性も「避けるべき」と答えた割合が高い。60代〜70代は、40代男性の未婚率が21%であることを考えると、国際結婚は身近な問題であるために、慎重な回答を寄せた結果ではないかと考えられる。国際結婚当事者になる可能性が高い40代〜50代の未婚男性61名の肯定的回答は43名(70%)であった。

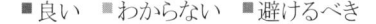

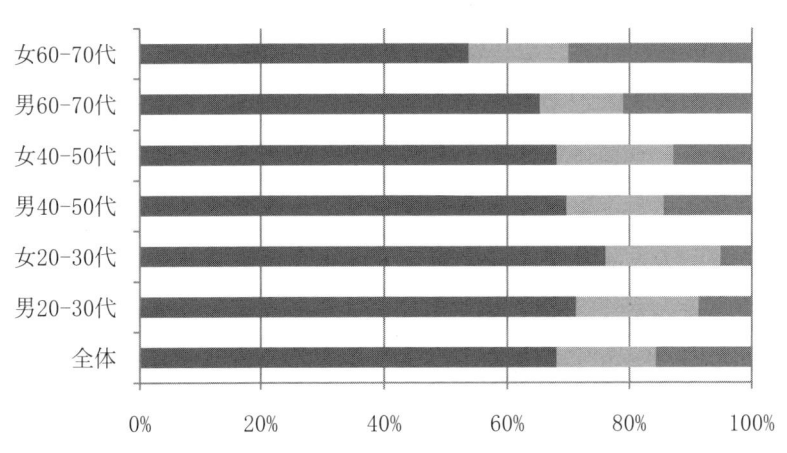

図3-5. 国際結婚に関する意見
出典：「トヨタ・プロジェクト・サーベイ」より作成。

表3-5は、1989年～1990年に光岡(1996)が中高年を対象に実施した国際結婚の意識調査と南魚沼市の40代～60代の回答を比較したものである。光岡調査が実施された時期は「ムラの国際結婚」のさまざまな問題が健在化していた時期であるが、「反対」が24.8%、「何ともいえない」が50.9%、「やむを得ない」と「まことに結構」をあわせても23.8%である。南魚沼市民の国際結婚に対する肯定的意見が約7割と高い割合を占めたのは、光岡調査から16年～17年の時間的経過を経て、国際結婚が身近なものになったためであろう。アンケートの自由記述欄にも家族の中に国際結婚者がいると明記していた者が9名いた。

表3-5. 国際結婚に対する中高年の意識調査結果の比較

光岡調査1989年～1990年(N=2,640)		南魚沼市調査2006年(N=1,626)	
回答	%	回答	%
何ともいえない	50.9%	どちらともいえない	16.5%
外国人花嫁の人権を考えると反対	24.8%	双方に困難があり望ましくない	17.0%
深刻な結婚難からやむを得ない	17.2%	必要であればよい	55.2%
わが国の国際化に役立ち、まことに結構	6.6%	相互理解が促進されてよい	12.3%
その他	0.4%		

出典:光岡調査は光岡(1996:130)から作表したもの。南魚沼市調査は、武田編(2007b:103)の元データから40代、50代、60代の回答を集計しなおしたもの。

次に、国際結婚に対する否定的意見(15%)の内容を見ておきたい。理由(2つまでの複数回答)は、「文化や生活習慣の違い」(41%)、「言葉やコミュニケーションの問題」(27%)、「経済的な格差」(13%)、「宗教の違い」(11%)などである。図3-6は、国際結婚を「避けるべき」とした回答者の理由を年代別・男女別に集計したものである。20代～30代は「避けるべき」と回答した人数が少ないため集計に含めなかった。「経済格差」と「宗教」について、世代間、男女間で評価の違いが見られる。60代～70代男性は「経済格差」以上に「宗教の違い」を懸念している。一方、40代～50代女性は、「宗教の違い」についてはあまり重きを置かず、「生活習慣文化の違い」や「経済格差」を相対的に困難な要因だと考えていることが注目される。男性より女性の方が宗教について、寛容であると見られる結果になったのは、「夫の家に入る」ことが一般的である女性の場合は、現実的に宗教へのこだわりを強く持てないことが影響していると推察される。しかし、この宗教へのこだわりのなさは、たとえ

ば、宗教を生活のよりどころとするカソリック信者のフィリピン女性を家族に迎えた時には、葛藤要因になる可能性がある。

■生活習慣文化　■経済格差　■言葉　■宗教　■その他

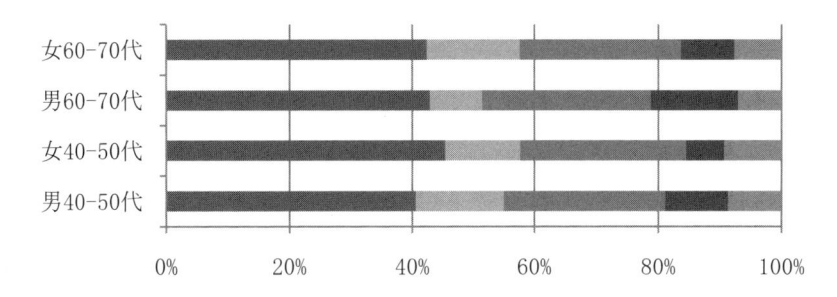

[棒グラフ：女60-70代、男60-70代、女40-50代、男40-50代]

図3-6. 国際結婚を「避けるべき」とする理由
出典：「トヨタ・プロジェクト・サーベイ」より作成。
「生活習慣文化＝文化や生活習慣の違い」
「経済格差＝経済的な格差」
「言葉＝言葉やコミュニケーションの問題」
「宗教＝宗教の違い」
「その他」
＊なおこの設問に対する20代～30代の回答数は極端に少なかったため、考察に含めなかった。

　表3-6は、国際結婚について「望ましくない」と回答した者が、「その他」欄の理由として記述した意見をまとめたものである。批判的な意見の中身を見ると、金目当ての結婚ではないかと結婚移住女性を批判するもの（6件）、偽装結婚を疑うもの（3件）、家政婦のように結婚移住女性を扱っているなど夫を批判するもの（3件）、言葉や文化の違いから結婚の継続に不安があるとするもの（3件）などであった。他にも「犯罪の増加」や「国が乱れる」、「結婚移住女性の親族まで家庭に入ってくる」、「子どもに対する差別の懸念」など、厳しい意見が目立った。「金目当て」ではないかという批判は、結婚仲介に多額の手数料が動いている事実や、家族への送金に対する理解の齟齬によるものと思われる。

表3-6. 国際結婚を望ましくないと思う「その他」の理由

No.	国際結婚を望ましくないと思う「その他」の理由
61	本人同士は良いが、その子どもとかが差別されるのが心配。(男・50代)
85	冬の生活が苦しいので、文化とか気取ってもとてもだめだと思う。(男・70代)
98	知り合いを見ていると妻(外国人)側の負担が多すぎる。特に地方は。(女・40代)
468	恋愛でなく、金目当ての結婚が多いので。(男・40代)
476	良いと思うがやはり、文化や生活習慣、経済格差、言葉やコミュニケーションの問題があると思う。(女・50代)
688	国が乱れる。(女・70代)
689	金銭的な問題やトラブルがある。(男・60代)
1054	日本人の相手の収入、資産をあてにして母国へ(お金を)送りつづける。そのために結婚する。日本国人の子どもが欲しい。母国へ連れて帰る。(男・50代)
1163	金銭的トラブルがある事もある。(女・50代)
1220	教育制度の違い。(男・30代)
1612	外国の嫁の親族までも家庭に入ってきている。(女・60代)
1668	男性自身の意識(生活に対して)が、奥さんを家政婦と同等なことと勘違いしている。(女・30代)
1729	本当の愛情が生まれての結婚ではないので心配する。(女・60代)
1736	女がドロボーだから。金目当て、これホンネ。(女・50代)
1750	アジア系は愛よりも打算的で結婚よりも契約的。それがトラブル発生の原因となる。(男・60代)
1969	犯罪が増えると思うので。(男・50代)
2005	外人の考え方や性格、性質が悪く思われる悪質な外人はよくない。(男・60代)
2037	今までに詐欺まがいの結婚話が多々あり、気を付けてほしい。(女・60代)
2184	偽装結婚が多くあるようだから。(男・50代)
2218	偽装などが増えている。(男・50代)

出典:「トヨタ・プロジェクト・サーベイ」より作成。

また一方で、身近に結婚移住女性がいる人からは次のような好意的な意見が寄せられた。「私たちの地区は外国からのお嫁さんが多く、又、婦人会にも入会している為、ごく自然な形で交流できています。…ごく身近なところからの交流がますます盛んになれば良いと微力ながら協力しているつもりです」(女性・50代・専門技

術)、「本人が地域になじもうとしない場合はしょうがないが、各団体の代表はさそってあげる声かけが必要」(女性・50代・事務職)、「私の家から上3軒隣に中国から来た親子、下5軒隣りはフィリピンから嫁いで来た方がいます。この人たちと接するには、チャンスがないと接しられない。各集落で誰かがリーダシップを取り機会を作ってほしい」(女・70代・家事手伝い)など。また、息子が国際結婚しているという人からは、「日本に嫁いで来て、横とのつながり、信用出来る人達との交流、又日本の古き良き物にも大いに興味を持っていると思います。大きな団体でなくとも、小さなサークル等がありましたら嫁さんを参加させたいと思っています」との記述があった。

「国際結婚」に批判的な意見があることはやむを得ないとして、後段のコメントに注目したい。こうしたコメントの背後には、身近に暮らす結婚移住女性に関心を示し、集落など地域組織が彼女らと交流する「機会」を作ってくれることを期待している一定の市民層の存在を感じさせる。

2-2. 地域の国際交流活動への参加度

行政や民間団体による国際交流イベントや国際理解講座への参加経験については、「参加経験あり」が20%、「参加経験なし」が80%であった。不参加の理由を見ると、男女とも「情報がない(知らなかった)」がもっとも多く、47%を占めた(図3-7)。「情報不足」については、もともと南魚沼市には、法人格を持った国際交流協会等がないため、小規模の市民グループによるイベントが大半で、一般市民に参加を呼びかけるイベント自体が少ないことも「知らなかった」という回答が多くなった理由だと考えられる。

では、市民はどのようなイベントや講座を期待しているのであろうか。1位は「外国人と交流できるイベント」(30.8%)、次に「料理教室」、「外国語教室」、「国際情勢や国際協力に関する講座」、「日本語ボランティア養成講座」と続く(図3-8)。この中で、現在、実施されている主なものは、国際大学が開催する「オープンデー」(学園祭)と「アセアン・ナイト」の2つが規模も大きく、一般市民に開放されている。「外国語教室」については、公民館の社会教育事業として英会話教室と韓国語教室、中国語教室などが開講されているほか、「夢っくす」が会員向けに英会話教室を開催している。「日本語ボランティア養成講座」については、この調査が実施された2006

年に日本語教室が開設され、そのネットワークを通じて新潟県国際交流協会の主催、あるいは共催する講座が単発で開催されるようになったばかりである。「国際情勢や国際協力に関する講座」については、国際大学が年2回ほど開催している市民向けの講座がある。

地区別の参加率を見ると、塩沢地区12.9%、六日町地区19.2%、大和地区32.9%と、大和地区の参加率が他の2地区に比べて突出している。これは、大和地区内に国際大学が立地している地の利によるものと考えられる。

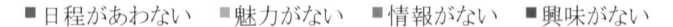

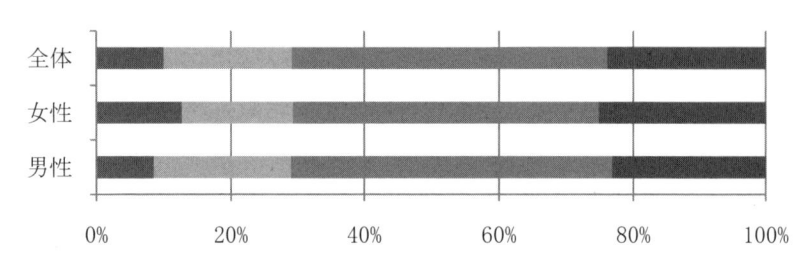

図3-7. 国際交流イベントに参加経験のない市民があげた不参加理由
出典:「トヨタ・プロジェクト・サーベイ」より作成。

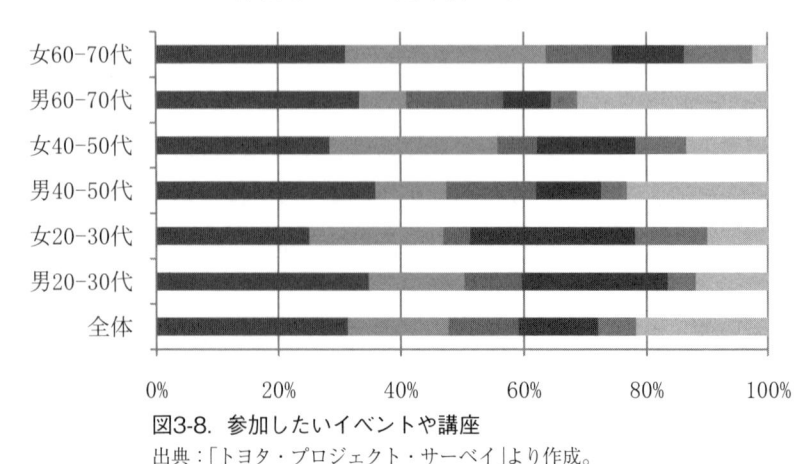

図3-8. 参加したいイベントや講座
出典:「トヨタ・プロジェクト・サーベイ」より作成。

「交流イベント＝地域に暮らす外国人と交流できるイベント」
「料理教室＝外国の料理教室」
「講座講演会＝国際情勢(政治・経済)や国際協力についての講座」
「外国語教室＝外国語教室」
「日本語養成＝外国人の日本語学習を手助けするための日本語ボランティア養成講座」

2-3. 外国人との交流意識

　地域で暮らす外国人との付き合いの有無を聞いたところ、63％は「まったく付き合いはない」と答えた。一方、「家族ぐるみで付き合っている人がいる」4％、「個人的に付き合っている人がいる」3％、「世間話などをする人がいる」5％、「あいさつする程度の人はいる」25％を合計すると37％になる(図3-9)。

　では、市民のどのような層が、外国人との豊富な接触機会を持っているのだろうか。図3-9から、30代と40代女性の「付き合いがある」と答えた割合が他の世代と比べて目立って高いことがわかる。30代〜40代女性の多くは、子どもが小中学生であると推察される。この子育て世代の女性たちが、外国人との接触機会を通じて異文化受容力を獲得している程度がもっとも高い。その一方で、40代男性が「付き合いなし」と答えている割合が飛び抜けて高い結果が出た。これは、PTAの父親参加率の低さとも関係していると考えられる。

■付き合いなし ■挨拶程度 ■付き合いあり

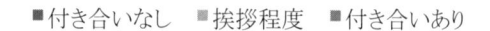

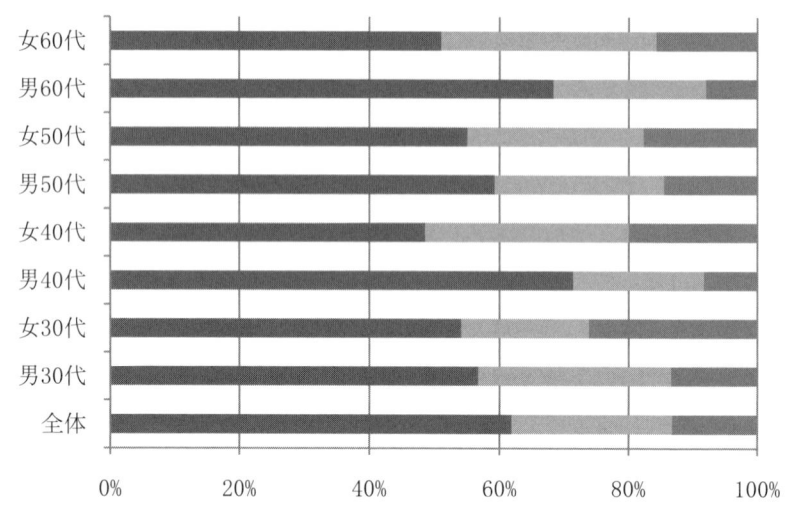

図3-9. 外国人との付き合いの状況
出典:「トヨタ・プロジェクト・サーベイ」より作成。

　図3-10に、今後の外国人との付き合いについての回答をまとめた。今後についても、現在、付き合いの多い30代〜40代女性の「付き合いたい」とする回答が他の世代に比べて高く、これに、30代男性が続く。一方、60代女性の外国人との付き合いに対する消極性が目立つ。女性の場合には、60代前の世代と後の世代との間に、国際化や外国人との付き合いに関する意識の断層のようなものがあることをうかがわせる結果となった。

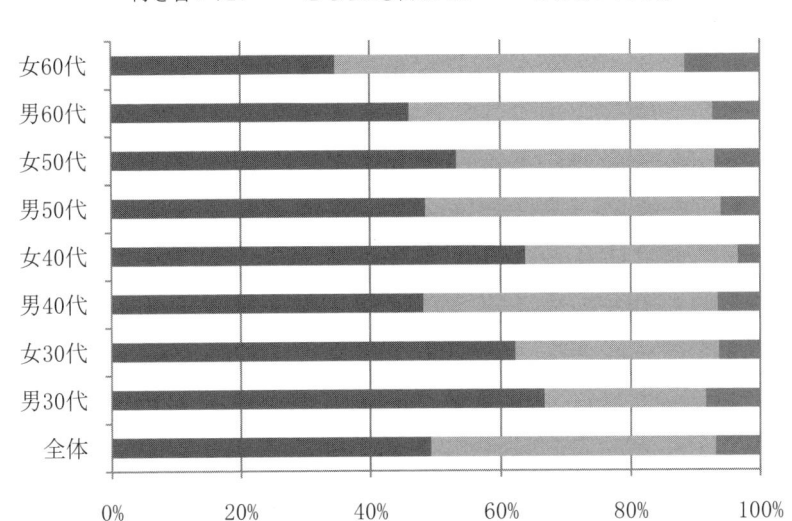

第3章　結婚移住女性の適応と受容における諸問題——市民アンケート調査とその結果分析——　135

■付き合いたい　どちらとも言えない　付き合いたくない

図3-10．今後、外国人と付き合う意思について
出典：「トヨタ・プロジェクト・サーベイ」より作成。

　次に、「積極的に付き合っていきたい」あるいは「どちらかといえば付き合っていきたい」と回答した市民は、外国人とどのような付き合いを望んでいるかを見てみたい。希望として多かったのは、「言葉や料理、生活習慣などを教えてもらいたい」(31.0%)、「挨拶をかわすなど、簡単な付き合いをしたい」(26.2%)であった。異文化への高い関心を示す一方で、付き合いの程度としては「挨拶をする程度」にとどめておきたいという結果であった。この回答をさらに世代別・性別に分けて、5つの回答項目ごとに調べたものが図3-11である。自由記載の「その他」については、分析から除いている。

　世代別に見ると、次のことがわかる。交流に消極的な60代女性は、「挨拶程度」とする回答の割合が高い。「外国の言葉や料理、生活習慣などを教えてもらいたい」については、女性全般に高い支持を得ている。30代と40代を中心に男性は、「スポーツや文化活動などを通して付き合いたい」とする回答が女性に比べて高い。言葉を解さなくても楽しむのできるスポーツなどは、参加しやすいと考えていることがうかがえる。また、女性は男性と比べると、「日本語や料理、日本の生活習

慣などを教えてあげたい」と回答した人の割合が多い。これらの世代別意向は、外国籍住民との交流を企画する際に考慮すべき視点といえるだろう。

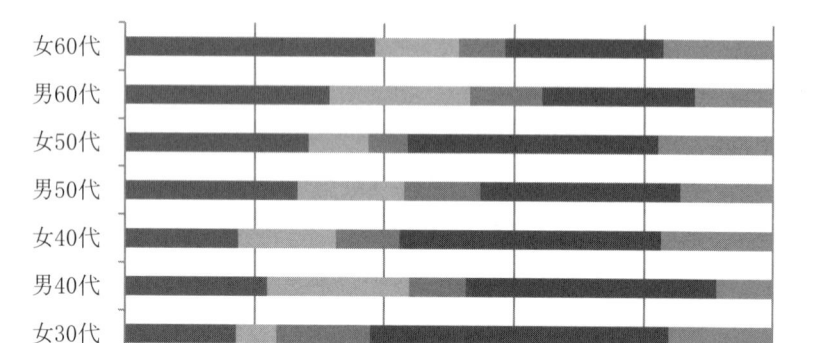

図3-11. 付き合いたいと答えた人が希望する付き合い方
出典:「トヨタ・プロジェクト・サーベイ」より作成。
「挨拶程度=挨拶をかわすなど、簡単な付き合いをしたい」
「スポーツ=スポーツや文化活動などを通して付き合いたい」
「イベント=国際交流イベントなどを通して付き合いたい」
「外国文化=外国の言葉や料理、生活習慣などを教えてもらいたい」
「日本文化=日本語や料理、日本の生活習慣などを教えてあげたい」

3. 結婚移住女性の社会的状況

　本節では、当該地域に住む45名の結婚移住女性の社会的状況について、女性たちの社会的ネットワーク形成過程の側面から考察する。桑山紀彦(1995)は、結婚移住女性の適応過程について、第1ラウンド(嫁いでから5年目くらいまで)と第2ラウンド(嫁いで5年目以降、または子どもが就学する頃)に分けた。しかしながら、調査時点の制約から、第3ラウンドをどのように設定するかについては保留した。そこで筆者は、本調査で確認できた結婚移住女性の自立の目処となる10年目以降を第3ラウ

ンドとして、45名を3つのグループに分けた。表3-7は45名の結婚移住女性のプロフィールをまとめたものである。各ラウンドは、南魚沼市の国際結婚の第3期、第2期、第1期と読み替えることができる。第1期にあたる1987年〜1997年とは、突然の国際結婚現象に地域社会は戸惑い、社会的な批判の前に行政が手を引き、結婚移住女性の存在が不可視化されてしまった時期である。第2期にあたる1998年〜2001年は、小中学校で留学生を招いた国際理解教育が活発に取り組まれるようになり、市民の国際交流への関心が高まった。しかし、国際理解や留学生への関心と身近に暮らす結婚移住女性への関心とは結びついていない。第3期は2002年〜2007年である。第5章で考察する留学生との交流を目的とする市民組織、「夢っくす」(うおぬま国際交流協会)が活動を開始し、そこに結婚移住女性たちがつながっていった。

3-1. 結婚移住女性のプロフィール

第1期に来日した女性は韓国人が最多で10名、次にフィリピン人7名、その他2名が続く。第2期は、中国が6名と最多になり、フィリピンとその他が各3名、第3期は、中国がさらに増えて9名、フィリピンは5名であった。業者仲介による結婚は、第1期は韓国人3名、第2期は中国人2名、スリランカ人1名、第3期は中国人3名、合わせて9名である。結婚移住女性の主な国籍が、韓国、フィリピンから中国へと変わっているのは、日本全体の結婚移住女性の国籍の移り変わりと一致している。

なお、フィリピン人は1期から3期にわたって分散しているが、業者仲介はなく、結婚のきっかけはすべて「偶然の出会い」と「日本にいる友人知人による紹介」である。これは1991年にフィリピン政府がメール・オーダー・ブライドを禁止する法令を施行したことの影響だと思われる。第1期には農業委員会によるフィリピン女性との結婚仲介が行なわれているが、回答からはその存在が認められなかった。

宗教は、仏教8名、キリスト教22名、その他4名である。特にないと答えた者も11名いる。45名のうち、夫の両親と同居している女性は25名であった。連れ子を伴った女性は、第1期1名、第2期1名、第3期3名で、第1期のフィリピン女性を除く4名は中国人女性である。また、第3期の結婚のきっかけは、14名中8名が「日本にいる知人等の紹介」であった。聞き取り調査の結果と合わせて考えると、「日本

にいる知人等」とは、先に結婚移住した同国人女性である可能性が高い。妻の来日前の職業は、公務員3名、専門職（看護師、教員等）8名、会社員13名、サービス業6名等である。来日前職業で「主婦」と答えた女性は1名だが、来日後の職業に「主婦」と答えた女性は12名である。また、「パート」も来日前には3名だったのが来日後は11名に増加している。ここから結婚移動によって、女性たちが職業的経済的自立性を弱めていることを読み取ることができる。教育を受けた年数は、6年から21年と非常に大きな開きが見られた。夫の職業については、回答した結婚移住女性の認識によるものである。「会社員」と回答された夫が、兼業で農業を行なっている可能性は非常に高い。また、夫の職業を「農業」と回答したK5の場合は、女性の年齢が50代であるので、夫は勤務先を定年退職し農業専業になったとも考えられる。

　結婚移住女性の将来構想を示す、今後の滞在期間については、回答した42名中、6年～10年2名、永住27名(64%)、国籍取得13名(31%)であった。聞き取り調査でも、女性たちの多くが、定住から日本国籍の取得といった単線的なライフコースではなく、子どもが独立した後は、母国へ帰るという選択肢についても、かなりの具体性を持って考えていることがわかった。

表3-7. 結婚移住女性45名のプロフィール

区分	国籍	年齢代	宗教	教育年数	将来構想	結婚	家族構成	夫の職業	妻の職業	妻来日前職業	連れ子
第1期 1987年 〜 1996年 居住歴 10年 以上 第3ラウンド	A	40	キ	18	6-10年	恋愛	夫子	教師	会社員	会社員	
	B	40	キ	17	永住	恋愛	夫子親	会社員	その他	専門職	
	K1	50	無	10	永住	母国	夫子親	会社員	パート	会社員	
	K2	40	無	8	―	母国	夫子	サ業	サ業	専門職	
	K3	60	仏	―	永住	母国	夫	失業中	自営業	―	
	K4	50	無	11	永住	業者	夫子	会社員	パート	サ業	
	K5	50	無	12	永住	業者	夫親	農業	経営	サ業	
	K6	50	キ	―	帰化	業者	夫子親	会社員	パート	―	
	K7	40	無	14	帰化	日本	夫子	会社員	サ業	公務員	
	K8	40	他	21	永住	日本	夫子	公務員	専門職	―	
	K9	40	仏	12	―	日本	夫	自営業	自営業	―	
	K10	70	キ	9	永住	日本	夫子	失業中	無職	―	
	P1	40	他	14	永住	日本	夫子親	会社員	会社員	専門職	
	P2	30	キ	10	帰化	日本	夫子	会社員	会社員	パート	
	P3	30	キ	18	永住	日本	夫子親	会社員	会社員	会社員	有
	P4	40	キ	8	帰化	恋愛	夫子親	失業中	主婦	サ業	
	P5	30	キ	10	帰化	恋愛	夫	自営業	会社員	その他	
	P6	30	キ	10	永住	―	本人の親	―	パート	―	
	P7	40	キ	12	永住	―	子	―	サ業	―	
第2期 1997年 〜 2001年 居住歴 5〜10年 第2ラウンド	C1	30	他	16	永住	母国	夫子親	会社員	主婦	会社員	
	C2	30	無	11	帰化	業者	夫子親	自営業	サ業	専門職	
	C3	30	仏	16	帰化	日本	夫子親	会社員	主婦	専門職	有
	C4	30	仏	12	永住	日本	夫子	パート	パート	会社員	
	C5	30	無	14	永住	日本	夫子親	会社員	農業	公務員	
	C6	30	無	11	帰化	業者	夫子親	自営業	主婦	会社員	
	P8	30	キ	11	永住	恋愛	夫子親	会社員	パート	―	
	P9	30	キ	6	永住	日本	夫他	会社員	サ業	サ業	
	P10	30	キ	14	6-10年	日本	夫子	会社員	パート	教師	
	Rum	30	キ	14	永住	日本	夫子	自営業	主婦	専門職	
	Rus	30	無	15	永住	恋愛	夫	経営	パート	公務員	
	S	20	キ	11	永住	業者	夫子	会社員	主婦	会社員	

		C7	20	他	14	帰化	恋愛	夫親他	会社員	パート	会社員	
第3期		C8	40	仏	8	永住	日本	夫子	専門職	主婦	会社員	有
2002年		C9	40	無	10	永住	日本	夫子親	公務員	パート	サ業	有
〜		C10	30	仏	11	帰化	日本	夫子親	農業	会社員	会社員	有
2007年		C11	30	仏	8	帰化	日本	夫子親	会社員	主婦	会社員	
居住歴		C12	30	キ	8	帰化	日本	夫親	会社員	サ業	サ業	
5年未満		C13	20	無	12	永住	業者	夫子親	会社員	主婦	—	
第1ラウンド		C14	30	キ	10	永住	業者	夫親	会社員	パート	主婦	
		C15	40	仏	12	帰化	業者	夫親	農業	主婦	専門職	
		P11	30	キ	12	恋愛	夫子親	会社員	サ業	その他	
		P12	30	キ	12	永住	恋愛	夫	会社員	会社員	パート	
		P13	30	キ	11	永住	日本	夫子親	会社員	主婦	失業	
		P14	30	キ	10	—	日本	夫親	—	失業中	パート	
		P15	20	キ	10	永住	日本	夫子親	会社員	主婦	会社員	

表中の表現：
1 国籍：A(米国)、B(ブラジル)、C(中国)、P(フィリピン)、K(韓国)、Rum(ルーマニア)Rus(ロシア)、S(スリランカ)。
2 宗教：キ(キリスト教)、仏(仏教)、無(特になし)、他(その他)
3 結婚(結婚のきっかけ)：恋愛(偶然の出会い)、日本(日本にいる知人等の紹介)、母国(母国にいる知人等の紹介)、業者(結婚仲介業者による紹介)
4 家族構成：夫子親(配偶者・子ども・配偶者の親)＋結婚移住女性
5 夫の職業、妻の職業：サ業(サービス業)
出典：「トヨタ・プロジェクト・サーベイ」より作成。

　アンケート調査からは、結婚移住女性の居住地域（合併前の自治体別）までの把握しかできないが、45名の居住地域は、六日町地区24名(53%)、大和地区10名(22%)、塩沢地区11名(24%)であった(表3-8)。全回答者148名の居住地域の分布は六日町地区44名(30%)、大和地区92名(63%)、塩沢地区11名(7%)であったのに対して、結婚移住女性の分布に限ると、六日町地区と塩沢地区の割合が相対的に高くなった。
　結婚移住女性の居住地の分布状況をさらに詳しく見るために、日本語教室登録者および筆者が調査の中で個別に確認した結婚移住女性105名の分布と人口増加率との関係を調べた結果が図3-12である。外国人登録データから推計した結婚移住女性183名を分母に求めると、105名の捕捉率は57%となる。図3-12にプロットした12地区は、昭和32年の町村合併以前の行政区で、六日町地区は六日町、五十

沢、城内、大巻の4地区、大和地区は浦佐、薮神、大崎、東の4地区、塩沢地区は塩沢、中之島、上田、石打の4地区である。

地区毎の捕捉率は、六日町地区92名中42名（45.7%）、大和地区38名中23名（60.5%）、塩沢地区52名中40名（76.9%）である。この図から、人口減少地区に結婚移住女性の比率が高いという相関を読み取ることができる。相関係数の推定値はマイナス0.57であった。人口増加率は1995年と2006年の比較による。人口増加が見られたのは、旧六日町の六日町地区と旧大和町の浦佐地区の2地区のみで、両地区とも旧自治体の中心部である。ここには同一市内において進行している、中心部への人口集中と周辺部の過疎化の現象が示されている。

表3-8. 結婚移住女性の国籍別居住地域

	六日町地区	大和地区	塩沢地区	合計
フィリピン	8		7	15
中国	7	7	1	15
韓国・朝鮮	7	1	2	10
ブラジル	1			1
スリランカ	1			1
ロシア		1		1
アメリカ		1		1
ルーマニア			1	1
結婚移住女性の合計（%）	24 (53%)	10 (22%)	11 (24%)	45 (100%)
アンケート回答者の合計（%）	44 (30%)	92 (63%)	11 (7%)	148 (100%)

出典：「トヨタ・プロジェクト・サーベイ」より作成。

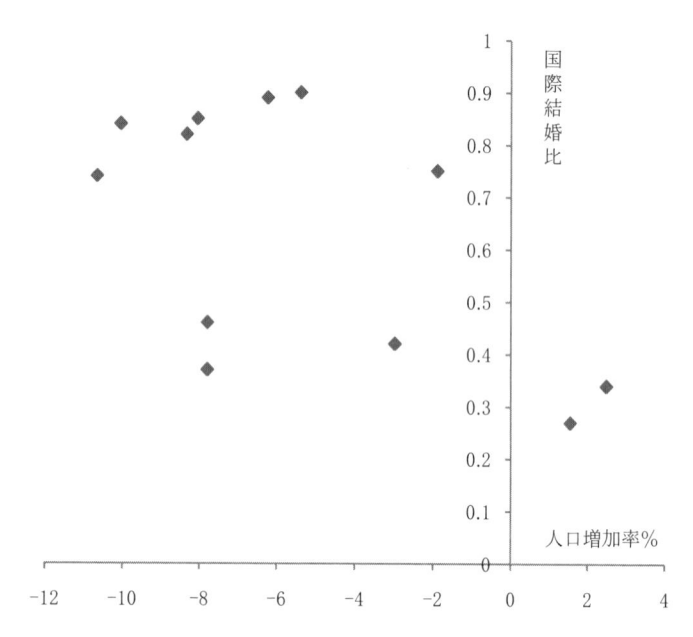

図3-12. 南魚沼市12地区の人口増加率と国際結婚の比率(図2-8再掲)
出典:南魚沼市市勢要覧データ編、および筆者の調査データより作成。

3-2. 日本語の習得と子育てを通じた社会的ネットワークの形成

　図3-13は調査時点における結婚移住女性をめぐる社会関係図である。適応第1ステージにある女性たちの社会関係は、夫や家族、ごく身近な近隣の人々との関係に留まる。第2ステージに入ると子どもの保育所や小学校での教師や保護者との関係、また、就労に伴う職場の同僚などへと広がっていく。図3-13の右側にある日本語教室や「夢っくす」ネットワークが使えるようになるのは2002年以降のことである。本節では、女性たちの来日時期を3つの期に分けて(表3-7)、その諸相を考察していく。

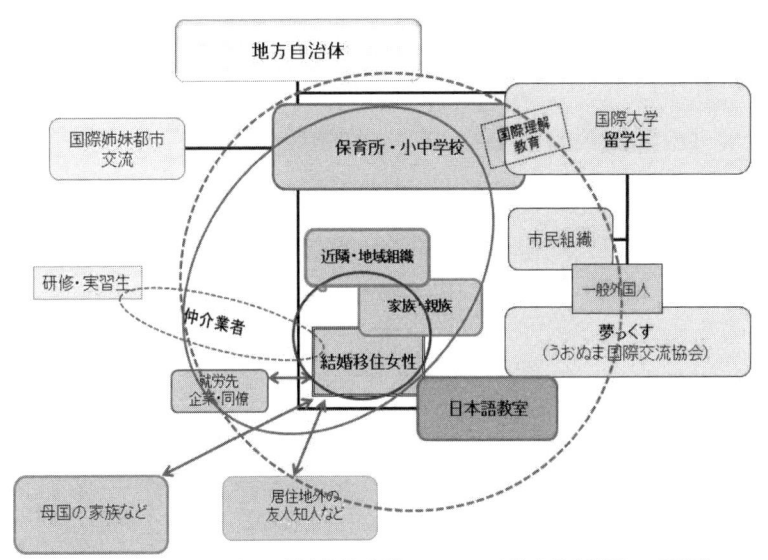

図3-13. 南魚沼市の結婚移住女性をとりまく社会関係（図2-9再掲）

　結婚移住女性が社会適応する上で、最初に必要に迫られるのは日本語の習得である。来日から10年以上経過している第1期の女性たちでも、19名中11名が日本語で困ることがあると答え、第2期は12名中8名、第3期は14名全員が「困る」と答えた。図3-14は女性たちがどのように日本語を習得しているかを整理したものである。南魚沼市に日本語教室が開設されたのは2006年なので、それまでは基本的に家族に日本語を教えてもらうか、テレビなどを見ながら自学したと推察される。第1期の女性たちの回答に「職場の同僚」の割合が高い点に、滞在期間の長期化に伴う就労先での交友関係の広がりをうかがわせる。一方、第1期に比べて、第2期、第3期の女性たちが「友人」と答える割合が高くなっているのは、女性たちの周囲に個人的に日本語を教える日本人の存在がいることをうかがわせる。これは、地域社会の異文化受容力の形成という点から注目される。第1期に比べると、第2期、第3期と時間が経過するのにしたがって、地域社会の中に結婚移住女性の日本語習得を手助けする市民がより多く現れるようになったことを示唆するからである。そのような地域社会の変化が2006年の日本語教室の開設に結びついたといえるだろう。地域の日本語教室は、予算があっても、それを担う人材がいなければ実現し得ないからである。

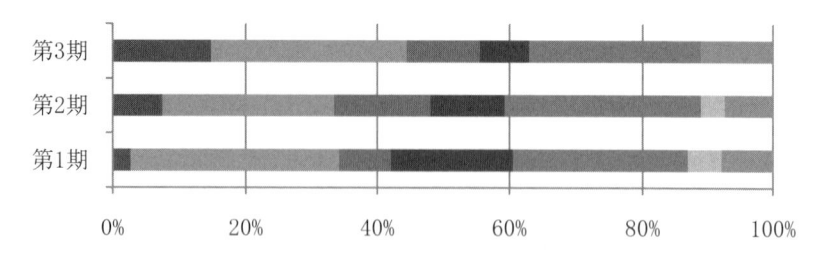

図3-14. 日本語の習得方法
出典：「トヨタ・プロジェクト・サーベイ」より作成。

　45名中32名に子どもがいる。図3-15はその年齢構成を示したものである。6歳未満が14名、小学生15名、中学生4名、16〜18歳4名、19歳以上が3名である。第1期の女性たちの子どもたちが一部成人し始めているが、全体として見れば、結婚移住女性の多くは自らの適応課題に取り組みながら母親役割も果たそうとしている段階にある。保育所および小学校は、結婚移住女性たちが社会的ネットワークを広げる貴重な場になる。しかし、うまく活用できない女性もいることが次の設問の解答から浮かびあがってきた。。

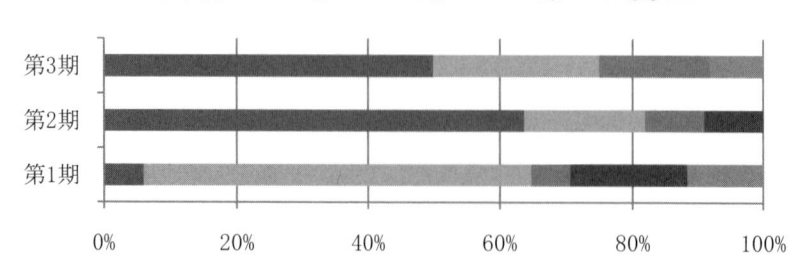

図3-15. 子どもの年齢
出典：「トヨタ・プロジェクト・サーベイ」より作成。

子どものいる結婚移住女性32名の中で、子育てに不安があると答えた女性は27名(第1期12名、第2期7名、第3期8名)であった。図3-16は、母親たちがどのようなことに不安を感じているのかをまとめたものである。第2期と第3期の女性は、「自分の日本語が十分でないことが心配」だと答えた割合が高い。第1期の女性が第2期と第3期の女性よりも、「自分が勉強を教えてやれない」と答えているのは、子どもたちが高学年になっているためであろう。

　第2期の女性たちが、「PTAや保護者会の活動になじめない」と答えているのは、小学校区が保育所に比べてはるかに広域になるためと考えられる。保育所では子どもの送迎でほぼ毎日他の保護者と顔を合わせる機会があったのに比べて、小学校の保護者との付き合いは保護者会など特別な機会だけになる。日本語のハンデのある結婚移住女性が、限られた機会に限られた時間の中で新たに出会った保護者と関係を作ることの難しさは容易に想像がつく。第2期の女性たちが「子育ての悩みを話せる友人がいない」と回答している割合が高いのは、PTAなどで他の保護者と一緒になっても、わからないことを気軽に聞ける関係をうまく作れていないことを示唆している。それは、次のような、日本人の母親からの記述からも推察される。「外国人のお母さんが学校にいるが、個人差がある。偏見はなくてもなかなか交流が進まない」(女性・30代・主婦)。もちろん、結婚移住女性の中には、そうした場で日本人保護者との関係形成に成功している女性たちもいるし、教育現場は女性たちの社会的ネットワークを広げる貴重な場であることは確かだ。ここから、結婚移住女性と日本人保護者たちが出会う貴重な教育現場をどのようにしたら、より効果的に相互が学び合い変容する場にできるかが課題として浮かび上がってくる。

■日本語力 ■教えられない ■子育て ■保護者会 ■教育費 ■相談先がない

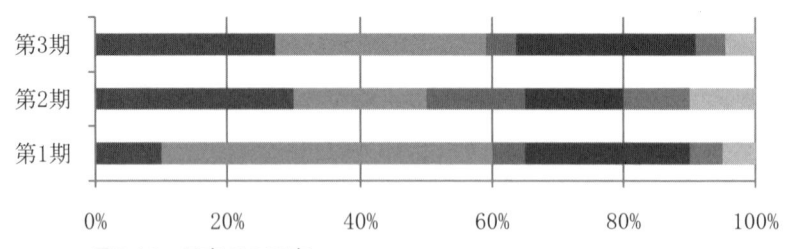

図3-16. 子育ての不安
出典:「トヨタ・プロジェクト・サーベイ」より作成。
「日本語力=自分の日本語が十分でないことが心配」
「教えられない=自分が勉強を教えてやれない」
「子育て=自分が日本の子育ての習慣になじめない」
「保護者会=PTAや保護者会の活動になじめない」
「教育費=保育料や教育費の負担が大きい」
「相談先がない=子育ての悩みを話せる友人がいない」

　鈴木・渡戸(2002)は、3つの自治体(東京都豊島区・神奈川県大和市・群馬県伊勢崎市)の多文化共生の住民意識調査から、「外国人との交流→肯定的な外国人意識→前向きな意向」という図式が単純に成立しないと指摘している。日本人の母親が、外国人の母親の存在や境遇に気づくことと、実際に声をかけることとの間には、かなり隔たりがあり、その隔たりを埋めて両者をつなぐには、何らかの仕掛けや触媒が求められている。

　次の外国人の母親のコメントは、留学生を中心とした現状の国際交流の課題を浮かび上がらせるとともに、結婚移住女性をより積極的に教育現場に包摂するための手掛かかりを示している。

　　子どもたちが学校で世界各国の文化、宗教に接するような機会を沢山つくってくださることを願います。南魚沼の一部の小学校では年に1回ほど国際交流してるけれど、学校に来られる外国人が国際大学の学生だけで構成されているのが少し残念です。現地に住んでる外国人等は学校の子どもたちと接するチャンスが無い。各国ごとに学校のシステムが異なるために結婚して来た外国人の親が学校を訪問することは勇気がいることだと思います。地域に住む外国人がもう少し積極的に参加できる機会をお考えくだされればと思います。(40代・韓国人)

結婚移住女性の中には、来日前に教師や看護師など専門的な職業についていた女性や、会社員や公務員として活躍していた女性たちがいる。こうした女性たちを地域の人的リソースとして、「国際交流」や「国際理解教育」の中で活躍してもらう取り組みは、日本人の母親と外国人の母親との対話を促進するきっかけにもなるだろう。また、子どもの先生は、次項で見るように結婚移住女性にとって、重要な相談相手と認識されている。つまり、小中学校の教師は、子どもたちの国際理解教育にとどまらず、地域の国際化にとっても非常に大きな役割を果たす可能性を持っている。

　結婚移住女性たちは、困った時に、どのような人たちに相談しているのか。図3-17は、女性たちが困った時の主な相談相手として回答したものである。この設問は、「あなたは、日常生活のことで困った時には誰に相談しますか」と、現時点の相談先を聞いた。この回答から、適応過程に応じて女性たちの社会的ネットワークの経時的変化を推察することができる。滞在期間5年未満の第3期の女性たちは、日本人家族と母国の家族や同国人に支援を求める割合が高い。それが第2期になると、近隣の人々、職場の同僚、子どもの先生、日本人の友人知人というように支援を求める先が多様化し、女性たちの社会的ネットワークの拡大をうかがわせる。その結果、相対的に同国人に支援を求める割合が減少していく。「日本のことは日本人に聞く方が良い」からだ。滞在期間が10年を超える第1期の女性たちの回答を見ると、母国の家族や同国人への支援を求める割合が第3期の半分以下に減少し、その分、再び、日本の家族の割合が増えている。滞在10年以上になると、女性たちが家族の中に確固とした場所を確保するようになり、夫と共に家族の発達課題に主体的に関わるようになるためではないかと推察される。

　第1期の女性たちは、夫の両親の定年や加齢に伴う介護の問題など、家族関係の大きな変動期を迎えている。子どもは小学校高学年になり、また、早い時期に来日した女性の子どもたちは高校受験や大学受験を迎えている。このような家族の発達課題に伴って、結婚移住女性たちの立場が変わっていく様子については、第4章で聞き取り調査の結果とあわせて、再度詳しく考察したい。

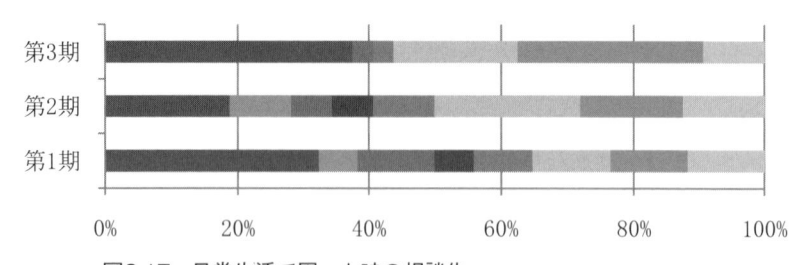

■家族 ■近所 ■職場 ■子供の先生 ■他日本人 ■本国家族 ■同国人 ■その他

図3-17. 日常生活で困った時の相談先
出典:「トヨタ・プロジェクト・サーベイ」より作成。

3-3. 就労状況と動機

「現在、収入のある仕事をしていますか」の設問に対して、32名が就労していると回答した。第3期の結婚移住女性14名のうち6名は未就労である。その理由は、「育児のため」(3名)、「家事が忙しいため」(2名)、「母国の資格が日本で認められないため」(2名)、「日本語能力が足りないため」(2名)、「その他」(1名)である。この時点で未就労であった6名は、全員が将来は仕事をしたいと答えている。

図3-18は女性たちが就労している理由について、まとめたものである。3グループとも「家計のため」と「子どもの教育費」が就労動機の大きな割合を占めている。子どもの教育費がまだ本格的にかからない来日5年未満の第3期の女性たちが「子どもの教育費」を就労理由の一番にしていることをどのように解釈したらよいのだろうか。第3期の女性たちが来日したのは2002年以降であり、経済不況による将来不安が反映している可能性があるのではないか。「老後保障」についても第3期の女性の割合がもっとも高い。第1期の女性は、「家計のため」がもっとも高い。これは前項で指摘したように女性たちの家族内役割が大きくなっているためであろう。同時に、第3期の女性たちの回答ではゼロであった「自分自身のため」に収入を使う余裕が見られることも、適応過程の視点からは興味深い結果である。

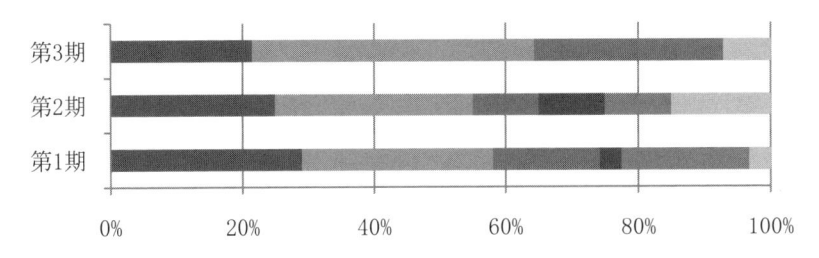

■家計補助 ■教育費 ■老後保障 ■母国送金 ■自分のため ■社会参加

図3-18. 就労の理由
出典：「トヨタ・プロジェクト・サーベイ」より作成。
「家計補助＝家計のため」
「教育費＝子どもの教育費のため」
「老後保障＝老後保障のため」
「母国送金＝母国の家族への仕送りのため」
「自分のため＝自分自身のため」
「社会参加＝社会とのつながりを持つため」

4. 日本人市民と結婚移住女性との意識ギャップ

　本節では、「日本人調査」と「外国人調査」の結果から、日本人と結婚移住女性の意識ギャップを中心に考察する。なお、短期滞在者である留学生データについては、定住を前提とする結婚移住女性との間にどのような違いが見られるかを比較するための参照データとして用いる。

4-1. 外国籍住民数の今後の予想

　「外国籍住民が今後も増加すると思うか」との質問に対して、日本人の82％、結婚移住女性の84％、留学生の75％が「今後も増える」と回答した。そして、外国人が増えることに対して、結婚移住女性の47％、留学生の69％、日本人の45％が「よいことだ」と評価した。しかしその理由については、明確な違いが見られた。結婚移住女性が1番にあげたのは「国際結婚」、そして2番目が「人口減少」である。一方、日本人は増加要因として「国際結婚」と「外国人労働者」の2項目をほぼ同率であげた。留学生は、「留学生」と「外国との交流機会の拡大」を主な理由にあげた（図3-19）。
　結婚移住女性は、外国人登録者数の印象について、回答した40名のうち31名が

「思ったより多い」と回答した。結婚移住女性の場合には、留学生や他の外国人との接触機会が相対的に少ないために、「国際結婚」と答えた割合が高いのではないかと推察される。また、結婚移住女性が、「人口減少」を外国籍住民の増加理由にあげた割合が高かったのは、女性たちが周辺集落に相対的に多く居住しているためと考えられる。

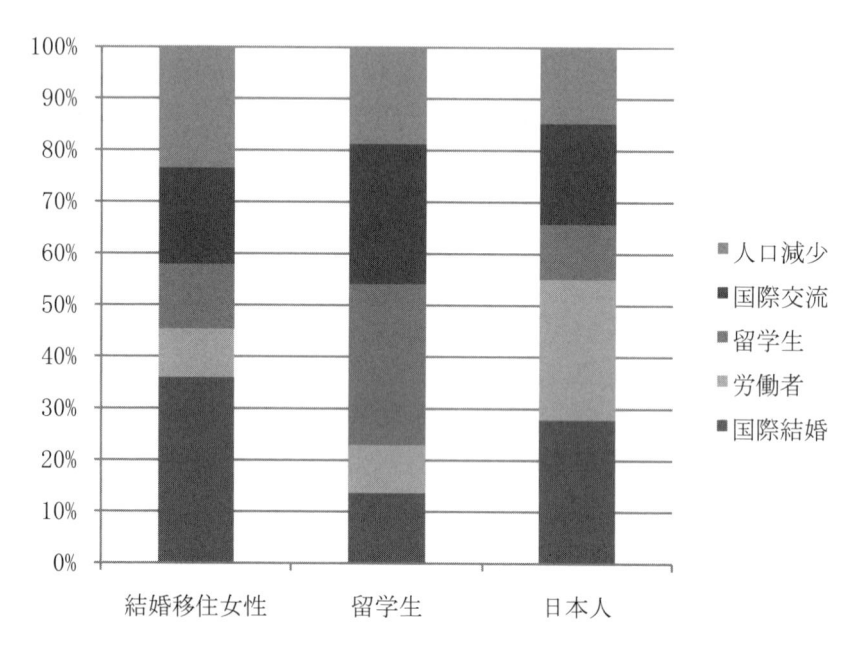

図3-19. 外国籍住民が増加する要因
出典：「トヨタ・プロジェクト・サーベイ」より作成。
「国際結婚＝これからもっと国際結婚が増えるから」
「労働者＝これからもっと工場や会社で働く外国籍住民が増えるから」
「留学生＝これからもっと留学生が増えるから」
「国際交流＝これからもっと外国との交流が増えるから」
「人口減少＝これからは日本の人口が減るので外国人労働者が必要になるから」

4-2. 多文化共生の地域づくりに必要な行政施策

図3-20は、「この地域に外国人とともによりよく暮らせる社会を作っていくために、行政はどのような取り組みをする必要があると思いますか」（日本人向け）、「南魚沼市を国籍にかかわりなく誰もがともに暮らしやすいまちにするために、行政は

どのような取り組みをする必要があると思いますか」(外国人向け)との設問に対して、3つまで回答してもらった結果である。

　3グループの間で、行政に期待する施策の優先度に違いが見られた。結婚移住女性と留学生との回答の違いで顕著であったのは、「差別偏見への対策」、「外国語対応」、「災害時の外国語情報提供」、「就職支援、労働条件の改善・充実」、「子どもの学校教育の充実」である。中でも、「差別偏見への対策」について、結婚移住女性からの要望は、留学生の2倍以上である点が注目される。「24時間たった1人の外国人として日本人家族と暮らす」結婚移住女性と、国際交流イベント等では、「ゲスト」として招かれ、大学内の学生寮に暮らし、留学生が8割という環境下で、英語を共通言語として教育を受けている留学生との違いであろう。その留学生が結婚移住女性をはるかに上回る割合で「外国語対応」を求めている。留学生は学内では英語環境で暮らすことができるが、一歩学外に出ればそこは「日本語社会」である。だから外国語対応をもっと充実してほしいという要望をしているわけだが、そこには日本人の夫たちが「自己責任」の呪縛のもとで見せた、妻の日本語支援を求めることへの躊躇のようなものはない。留学生政策のもとで日本社会の側に求められて来日した留学生と、社会問題とカテゴリー化される「ムラの国際結婚」者との鮮やかなコントラストが浮かび上がる結果になった。

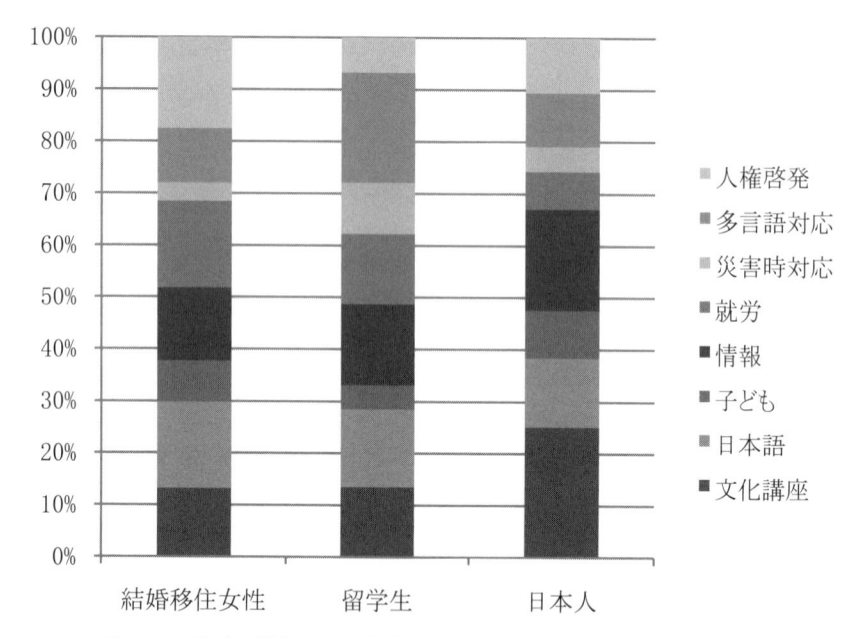

図3-20. 行政に期待する多文化共生のための施策
出典:「トヨタ・プロジェクト・サーベイ」より作成。
「人権啓発=外国籍住民への差別や偏見をなくすための日本人を対象としたセミナーの開催」
「多言語対応=行政機関や医療機関における外国語での対応の充実、看板や表示の多言語化」
「災害時対応=災害時における外国語による情報提供」
「就労=外国籍住民の就職支援・労働条件の充実、改善」
「情報=外国籍住民への法律・地域のルールなどの情報提供」
「子ども=外国籍住民の子どもの学校教育の充実」
「日本語=外国籍住民のための日本語教育の充実」
「文化講座=外国籍住民が日本の文化や生活習慣を学べる講座の開催」

　結婚移住女性と日本人との要望に大きな違いが見られたのは、外国籍住民への差別や偏見をなくすための日本人を対象とした「人権啓発」と、外国籍住民を対象とした「日本文化講座」の2つの項目である。選択肢の表現は若干異なる。外国人向けでは、「あなたは、ふだんの生活の中で、外国籍の住民に対する日本人の偏見や差別を感じたことがありますか」とし、日本人向けでは、「あなたの身のまわりには、外国人に対する差別や偏見があると感じますか」と表現した。つまり、日本人には、

回答者自身の差別や偏見の度合いではなく、回答者のまわりにいる人たちの中に、外国人に対する差別や偏見があるかを聞いたものである。

　顕著な違いが見られたもう一方の「日本文化講座」については、結婚移住女性よりも、日本人が外国人への「日本文化講座」の必要性に高い優先順位を与えているという結果が得られた。この結果だけでは、日本の文化や生活習慣に戸惑う外国人にそれらを学ぶ機会が必要だと考えているのか、日本式のやり方への適応を迫る同化的思考によるものであるのかは判断できない。いずれにせよ、日本人が多文化共生のための施策として重きを置いているのは、自分自身が変わるよりも、外国人側が日本の文化や生活習慣を学ぶことが重要だと考えていることを示しているといえるだろう。

4-3. 外国人に対する偏見差別意識

　本節では、日本人市民と結婚移住女性の間でもっとも大きな認識ギャップが見られた「偏見差別」について考察する。まず、最初に、佐藤（2005）の差別論を要約して準拠枠とし、その上で、具体的な認識ギャップを提示し、最後に実践的に南魚沼市でこのギャップを解消するための可能性について検討したい。

4-3-1. 佐藤裕（2005）の「差別論」

　「偏見」と「差別」の定義については、議論が分かれている。佐藤は、「差別」とは告発の言葉だという。不当に排除され、抑圧され、機会を奪われた人たちは、不当な「現実」を「差別」として告発し、その不当性の根拠を「権利」あるいは「人権」におく。差別がある特定の個人的理由による権利侵害である場合は通常差別とは呼ばないが、ある属性を持っていることが権利侵害の理由になっている場合には、社会的問題となる（同上：11-12）。また、差別問題は一般に、差別される側と差別する側で認識に大きなズレがある。差別される側が差別であると感じている行為や状況を、差別する側では気づかなかったり、指摘されても理解できなかったり、あるいは差別とは認識していないこともしばしば起こる。それは、「差別される側の状況についての認識不足や誤解」とされる（同上：14）。しかし、もし、差別が単なる誤解にすぎないのであれば、その誤解を解けば差別は容易に修正されるはずである。しかし、この認識のズレは容易に解消されない。「それは、差別する側と差別され

る側で認識にズレがある場合、差別される側の認識が優先される」(同上:15)ためである。そして、差別する側には、差別していないことの立証は一般的に困難であるため、「自分の行為が相手から一方的に意味づけされるという感覚」(同上:15)を持ちやすく、「不安や反発が、開き直りや感情的な言動、また差別問題にかかわりたくないという気持ち」(同上:15)を生み出す。これが差別問題の解決を困難にしている理由である。

　佐藤は、主要な関心を「差別がなぜ起きるか」ではなく、「どうすればなくなるか」に置く。差別は排除行為である。誰かを排除するためには、第三者を巻き込むこと。つまり、第三者を共に差別する共犯者へと「同化」するプロセスを必要とする。ここから、差別を「無効化」するには、「共犯者が同化を拒否する」、あるいは差別者からの「同化メッセージを読み取り」、多少漠然とした感覚であっても「同化される必要はない」といった程度の認識をどのようにしたら作り出せるかが差別解消のための戦略になる(同上:176)。佐藤は、「言語」に着目すべきだという。「言語」の問題とは、「ある社会的カテゴリーを指し示す言葉が、否定的な性質や他者性の『記号』として共有されている状態、あるいはその言語を含む慣用句が排除の効果を持つことが了解されている状態」(同上:144-145)のことをいう。

　佐藤の議論を結婚移住女性に引き付けて考えるならば、次のようになる。「農村花嫁」や「アジア人花嫁」の言葉に込められた負の意味づけを、結婚移住女性の多様な実態を明らかにすることによって、こうした用語に対する共通了解を崩すことができれば偏見や差別を無効化することができる。結婚移住女性への偏見や差別は、あからさまに行なわれるというより、「形になりにくい人々の偏見やぎこちない対応」(宿谷1988)として現れることが一般的である。それは、彼女たちがよく知った「○○家の嫁」だからである。これが都市の匿名性の中に紛れてしまう都市部の外国籍住民と、農村の結婚移住女性との違いでもある。農村に暮らす結婚移住女性の多くは、日本語でのコミュニケーション能力がきわめて低い状態で来日するが、一般的に農村にはアクセス可能なエスニック・コミュニティが存在しない。同国人の結婚移住女性がたとえ身近にいたとしても、彼女らも適応過程にあるため、適応資源を提供できることは稀である。また、農村には外国人支援に加わる市民や市民組織も都市に比べると限定的である。こうした状況下で日本人家族との生活を開始する結婚移住女性は、「差別」を告発する手段や回路を獲得するまでに相当の時間を要

4-3-2. 結婚移住女性と日本人との外国人に対する偏見差別の認知の相違

　結婚移住女性と留学生、日本人との間でもっとも顕著な認識の違いが見られたのが、外国人への偏見差別についてである。日本人が周囲の日本人に外国人への偏見差別があると答えた割合は2248名中805名(35.8%)、留学生で日本人の外国人への偏見差別があると回答したのは71名中17名(23.9%)であるのに対して、結婚移住女性は44名中34名(77.3%)が偏見差別を感じると答えた(図3-21)。図3-22は、日本人の偏見差別の感じ方が年代別にどのような違いがあるかをまとめたものである。若い世代ほど、「大いに感じる」と「少し感じる」と答えた割合が高い。若い世代の方が、周囲にいる日本人の外国人への偏見や差別を敏感に感じ取っていることを示している。

　では、その原因は何だと考えているのだろうか。図3-23は、「外国人に対する差別や偏見がある」と答えた人に対してその原因をたずねたものである。3グループ間で同程度の割合であった「人種民族の違い」と「島国としての日本の歴史や背景」は除いて集計した。結婚移住女性と日本人の間で大きな違いが見られたのは、「外国人犯罪の増加」と「外国人労働者の就業状況」であり、日本人は、周囲の日本人の外国人への偏見差別を生み出している一番の理由として「外国人犯罪の増加」をあげた。これは、たとえば、魚沼地域をマーケットにしている仲介業者が、2006年2月に滋賀県長浜市で起きた中国人妻による園児刺殺事件以降、中国人女性が敬遠されるようになったといっていることとも符合する。全体から見れば特異な事件であるにもかかわらず、「農村花嫁」や「アジア人花嫁」の事件として報道されることによって、一般市民の結婚移住女性への偏見が増幅される。そこで「差別の無効化」のためには、マスコミ報道などによる「農村花嫁」や「アジア人花嫁」などの用語を用いた「負の価値づけ」や認知的連鎖を断ち切っていくことが戦略となる。具体的には、日本人市民と結婚移住女性との接触機会の意識的な創出によって、「農村花嫁」や「アジア人花嫁」などの社会的カテゴリー化が生み出したステレオタイプなイメージを個別具体的な関係性を通じて相対化できる機会を多様に用意すること。また、結婚移住女性自身が偏見や差別に対して告発や対抗、あるいは反論できるようなエンパワーメントのための社会的支援と、日本人市民への啓発活動も必要とな

る。この点については、韓国における移民政策の転換と、その前段にあった人権救済機関の設立に向けた市民の取り組みから学ぶことが多い。[3]

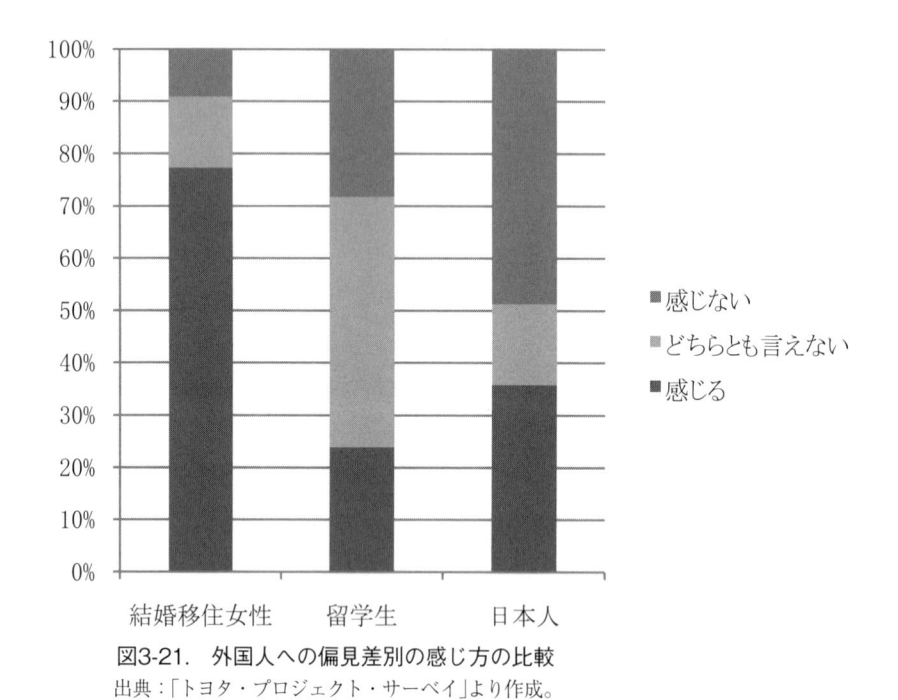

図3-21. 外国人への偏見差別の感じ方の比較
出典:「トヨタ・プロジェクト・サーベイ」より作成。

---

3 韓国では2001年に国家人権委員会が設置された。当初の政府案は、法務部(日本でいえば法務省)の下に設置するとされていたが、市民の粘り強い闘いを通じて独立機関に修正された。イ(2007)は、国家による人権侵害の歴史を踏まえ、人権委員会が国家に管理される形で設置されれば、「委員会がアリバイ工作のための機関に成りさがってしまう」との危機感があったと述べている(同上:61)。2000年代半ば以降の韓国における結婚移住者の社会統合プログラムのめまぐるしい展開も、国家人権委員会による調査研究や提言によるところが大きい。宣(2009)は、韓国の移民政策の転換について、1つには2006年に開催された第1回外国人政策会議で外国人と国民との相互理解と共生が「国益」に叶うとの政策判断がなされたこと、もう1つは2期10年にわたるリベラル政権と、民主化運動で鍛えられた市民セクターによる移民政策に関する積極的な問題提起と行動に負うところが大きかったと述べている。

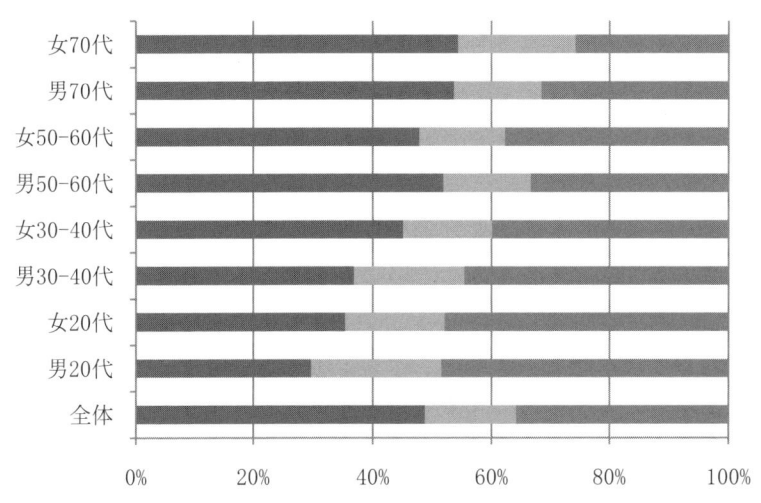

第3章　結婚移住女性の適応と受容における諸問題──市民アンケート調査とその結果分析──　157

図3-22　日本人の外国人への偏見差別についての感じ方（年代別・性別）
出典：「トヨタ・プロジェクト・サーベイ」より作成。

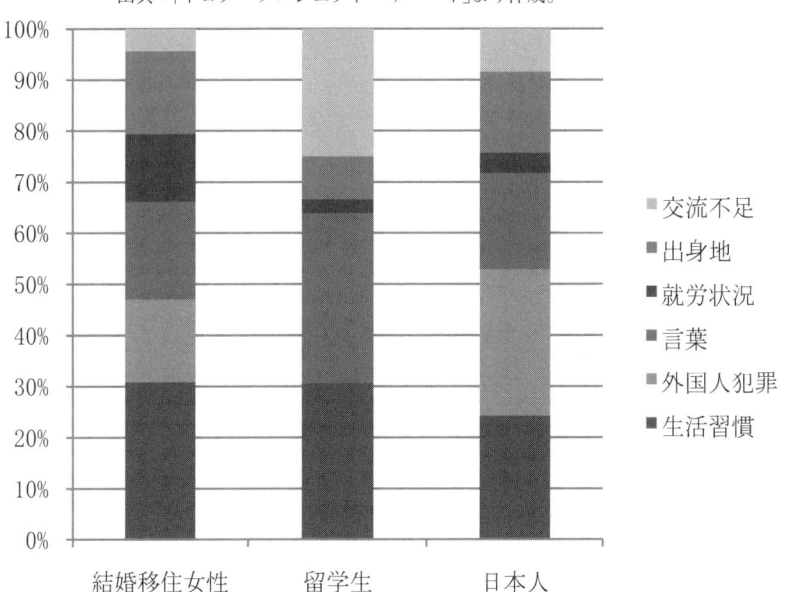

図3-23.　外国人への偏見差別が生じる原因
出典：「トヨタ・プロジェクト・サーベイ」より作成。

「交流不足＝日本人が外国籍住民との接点をもたないこと」
「出身地＝外国籍住民の出身国や地域のイメージ（政治・経済状態・反日運動・武力紛争など）」
「就労状況＝外国人労働者の日本での就労状況」
「言葉＝日本人と外国籍住民のあいだのコミュニケーション不足」
「外国人犯罪＝最近の外国籍住民の犯罪などの増加」
「生活習慣＝生活習慣や文化の違い」

5. まとめ

　本章では、南魚沼市で実施したアンケート調査をもとに、結婚移住女性の社会的状況の把握、国際結婚に対する地域住民と結婚移住女性との意識の違い、外国人への偏見差別の実情、さらに自治体の多文化共生の地域づくりに対する期待度などを中心的に考察してきた。検討した結婚移住女性のサンプルは45と少ないが、南魚沼市に暮らす結婚移住女性の25％にあたるので、ある程度の代表性を持つといってよいだろう。また、結婚移住女性を来日時期により3つのグループに分けて考察し、女性たちの適応過程による意識の変化や課題、社会的ネットワークの把握に努めた。また、日本人の意識については、男女別・世代別に分析することによって、いくつかの興味深い事実を見出すことができた。ここでは、本研究のテーマを探究する上で重要と思われる4点をあげておきたい。

　第1に、日本人も結婚移住女性も、今後、ますます地域社会に外国籍住民が増加すると予測している。国際結婚はその主要な要因として認識されている。特に30代～40代の女性は、国際化や国際結婚を肯定的に受け止め、外国人との付き合いにも積極的であることがわかった。他方、国際化や国際結婚については、姑世代にあたる60代～70代の女性がきわめて消極的な志向を持ち、60代前後を境に世代的断層と呼べるような認識ギャップがあることが見出された。

　第2に、南魚沼市は外国人との接触機会がかなり多い地域であるが、接触している外国人も国際交流イベントで交流対象となる外国人もほとんどが留学生であるために、生活者として暮らす結婚移住女性や外国人研修・技能実習生の存在への気づきを構造的に遅らせることになった。国際交流と外国人支援や地域の多文化共生の取り組みとは質的に異なるものであることを認識した上で支援施策を構想する必要がある。

第3に、国際化の進展に伴う懸念として、各世代とも一番に指摘したのが社会問題の増加であった。「外国人の増加＝外国人犯罪の増加」と捉える傾向がある。また、外国人に対する偏見差別についての感じ方は、結婚移住女性と日本人との間に大きなギャップがあった。外国人への偏見差別の主要な原因についても、前者は文化や生活習慣の違いをあげているのに対して、後者は外国人犯罪をもっとも大きな要因としている。

　第4に、「農村花嫁」や「アジアからの花嫁」に対するステレオタイプ化は、国際結婚当事者を社会的に疎外させる効果を持ち、それが事例地における結婚移住女性の定住支援を遅らせた要因の1つであったと考えられる。

　課題は、「ムラの国際結婚」に対する「負の意味づけ」や認知的連鎖を断ち切っていくことである。その際に必要になるのは、「ムラの国際結婚」という現象が当事者の単純な属性によるものではなく、「原子化・個別化」された人々がライフコースの中で遭遇する「複合的な不利」が重なった結果の1つだという視点を導入することである。次章では、これらの知見について、聞き取り調査をもとにさらに詳しく検討する。

第4章
結婚移住女性の適応過程のダイナミクス
──国際結婚当事者の面接調査とその結果分析──

1. はじめに

　第3章のまとめで、「農村花嫁」に対するステレオタイプ化が、国際結婚当事者を社会的に疎外する効果を持つことについて指摘した。実際に、筆者は、当事者との面接調査の中で当事者の疎外感を感じることがたびたびあった。具体的に2点あげておきたい。

　1つは、筆者の聞き取り調査に好意的かつ協力的に応じた当事者のほとんどが、「こんな話で役に立てば嬉しい」といったことである。初回面接時の被調査者の婚姻期間は、2年から20年と大きな幅があったが、異口同音に、第三者から結婚のいきさつや動機、家族形成過程について話を聞きたいといわれたのは初めての経験だと語った。筆者が、プライベートな内容に立ち入りすぎはしないだろうかと躊躇していると、被調査者から質問を先取りして提示される場面もあった。そこには、周囲からの「形になりにくい偏見やぎこちない対応」を感じながら、それを感じない振りをして生きてきた当事者、とりわけ、日本人の夫たちが第三者と話すことによって、自分の結婚や人生を確認する場を求めていたかのようであった。

　もう1つは、南魚沼市の隣町の日本語教室でのことである。その教室は2003年に開設され、NPO法人が運営していた。開設して1年ほどたった頃、筆者は、主催者側から妻たちを送ってくる夫たちの話を聞いてほしいと頼まれた。毎回、妻を送ってくるのだから、夫たちは互いに顔見知りである。しかし、言葉を交わしている様子がなかった。このとき、1人のボランティア女性が提案したテーマが、「国際結婚をして、幸せになろうてぇ」（国際結婚をして幸せになろう）だった。これには、国際結婚をしたことに対する肯定的な自己評価ができずにいる夫たちへの励ましの意味がこめられていた。黙り込む夫たちに、共通する話題として、全国の国際結婚の動向と配偶者ビザの更新手続きの概略について説明した。すると、それまで下を向いていた男性の1人が顔をあげて質問してくれた。妻のビザの更新が迫っていた

のだ。それに対して、最近手続きをしたという別の男性が自分の経験を話しはじめた。緊張していた夫たちの表情は、言葉を交わすうちに次第に和やかなものに変わった。周囲からの「形になりにくい人々の偏見やぎこちない対応」や国際結婚者へのステレオタイプ化された眼差しが夫たちの間に見えない壁を作っていたのである。

　本章では、国際結婚当事者がどのような関心を持ち、どのような生き方を模索しているのかを、聞き取り調査を通じて迫る。はじめに、13人の結婚移住女性のプロフィールと結婚の経緯を中心に示し、次に業者仲介の国際結婚の実情について紹介する。最後に4領域（「家族」「近隣」「友人」「職場」）から結婚移住女性の適応過程を考察する。なお、南魚沼市の国際結婚事情等に詳しい関係者や支援者などからの聞き取り調査で得られた情報も適宜織り込んでいく。

2. 結婚移住女性およびその家族への聞き取り調査

2-1. 調査の目的

　「農村の国際結婚」は80年代後半に始まるが、結婚移住女性や彼女たちを迎え入れた地域の人々の意識調査は山形県を事例にしたものがいくつかあるだけである（松本・秋武1994；1995、中沢1996、仲野1998など）。また、調査の時期は、結婚移住女性の定住から5〜6年目の段階（第2ラウンド）までのものである。結婚移住女性の適応過程は、日本語の習得や日本文化や習慣の理解が進み、また子どもの成長に伴う社会的ネットワークの拡大などによって、ダイナミックに変化していると考えられるが、そうした経時的視点を織り込んだ調査は行なわれていない。

　そこで、本調査では定住の第2ラウンドおよび第3ラウンドに入っている結婚移住女性の聞き取りを中心にしつつ、また、可能な限り女性たちの日本人配偶者や家族からの聞き取りも織り込んで、より立体的かつ重層的な結婚移住女性の適応過程の把握を試みた。

2-2. 調査対象者および調査方法

　2006年から2009年にかけて、国際結婚14家族20名（表4-1）の聞き取りを断続的に行なった。筆者は、2006年7月に開設された南魚沼市の日本語教室[1]の準備に間

1　正式名称は「家族で参加できる日本語交流教室」であるが、本稿では「日本語教室」と簡略化して表記する。

接的に関わる機会を得た。そこで日本語教室や料理教室などでの参与観察を通じて、30名ほどの結婚移住女性たちと知り合うことができた。被調査者はその中から、結婚経路の多様性や来日時期などを考慮して協力を依頼した。聞き取りは半構造化方式で行ない、結婚の経緯、定住過程における日本語習得や家族との関係、子育て、就業、友人関係、母国の家族関係などについて自由に話してもらった。アンケート調査(第3章)集計が終わった2007年以降は、集計結果の感想も質問項目に加えた。

　調査対象者は3つに分類できる。(1)「外国人調査」の調査票に記載した筆者の連絡先を見て結婚移住女性が直接コンタクトしてきたもの(Ko-2)、(2)日本語教室および「夢っくす」を通じて知り合いになり調査協力を行なったもの(Ko-1・Ko-3・Sri-1・Ph-2(夫)・Ph-3・Ch-1・Ch-1(夫)・Ch-2・Ch-2(夫)・Ch-3・Ch-3(夫)・Ch-4・Ch-4(夫)・Th-1・Th-1(夫))、(3)知人からの紹介等(Ph-1・Ph-1(姑)・Th-2・Br-1)である。聞き取りの場所は、自宅、飲食店、勤務先等。聞き取りは基本的に日本語で行ない、Ph-1とCh-2は一部英語で補った。

　調査の限界は、聞き取り調査に協力を得られる人たちからの聞き取りに限定されていることである。また、被調査者の数は14家族20名と多くはない。質問がプライベートな内容に関わるため、被調査者とのラポート関係を形成する必要があり、複数回の面談を行なったためである。面談回数は、3回：4人、2回：5人、1回：4人である。被調査者の中には、離婚・再婚経験者(Ph-1、Ch-3、Ch-4)、離婚と子どもの親権を巡る訴訟など厳しい経験を経ている者(Ph-2(夫))、また、子どもに恵まれなかったカップル(Ch-1とTh-2)なども含まれている。件数は少ないが、これまでの先行研究では十分に取り上げられなかった当事者の声をある程度は捉えることができたと考える。

表4-1. 面接調査対象者の属性

No.	表記	結婚年 結婚のきっかけ	妻から見た 結婚時の家族構成	初回聞き取り時家族構成 聞き取り時期
1	Ko-1	1987年 業者仲介	夫・妻・姑	夫・妻・子(19歳:別居):2007年
2	Ko-2	1987年 業者仲介	夫・妻・舅・姑	夫・妻・子(15歳・19歳:別居)・舅・姑:2007年
3	Ko-3	1996年 知人紹介	夫・妻・舅・姑	夫・妻・子(9歳):2007年
4	Sr-1	1997年 業者仲介	夫・妻・舅・姑	夫・妻・子(9歳・7歳4ヶ月)・舅・姑:2007年
5	Ph-1	2004年再婚 偶然の出会い	夫・妻・舅・姑・義姉	夫・妻・子(2歳)・姑・義姉・義姉の子(13歳):2007年
6	Ph-1(姑)			
7	Ph-2(夫)	2001年結婚 偶然の出会い	夫・妻 2003年離婚	夫・子(6歳):2007年2月
8	Ph-3	1999年(32歳) 偶然の出会い	夫・妻	夫・妻・子(3歳)・連れ子(16歳・14歳):2006年
9	Ch-1	1997年 姪の紹介	夫・妻・舅・姑	夫・妻、舅:2007年
10	Ch-1(夫)			
11	Ch-2	2001年 業者仲介	夫・妻・舅・姑	夫・妻・子(4歳)・舅・姑:2007年
12	Ch-2(夫)			
13	Ch-3	2003年再婚 業者仲介	夫・妻・前妻の子2人	夫・妻・前妻の子2人:2003年
14	Ch-3(夫)			

15	Ch-4	2005年再婚 知人紹介	夫・妻	夫・妻・子(1歳)・連れ子(9歳)：2006年
16	Ch-4 (夫)			
17	Th-1	1991年再婚 偶然の出会い	夫・妻	夫・妻・子(12歳・9歳)・姑：2008年
18	Th-1 (夫)			
19	Th-2	1996年 偶然の出会い	夫・妻・舅・姑	夫・妻・姑・舅の弟：2008年
20	Br-1	1981年 偶然の出会い	夫・妻・舅・姑	夫・妻(子2人は独立)：2007年

注　Ko：韓国、Sr：スリランカ、Ph：フィリピン、Ch：中国、Th：タイ、Br：ブルネイ。

表4-2. 調査協力者リスト

協力者表記	聞き取り日	初回聞き取り時の職業等備考
板本洋子氏	2007年8月22日	日本青年館結婚相談所所長
A氏	2007年6月6日 2007年7月11日 2008年8月6日	南魚沼市役所市民課職員
B氏	2008年5月27日 2008年8月6日 2009年4月18日	南魚沼市社会教育課職員
C氏	2008年8月4日	南魚沼市社会教育課職員
D氏	2008年8月4日	南魚沼市社会福祉協議会職員
E氏	2008年8月5日	南魚沼市農林課職員
F氏	2006年6月4日	結婚移住女性の日本語支援者
G氏	2007年11月12日	90年代初頭に南魚沼市で結婚仲介業を計画した自営業者
H氏	2006年6月29日 2007年11月12日	80年代後半から90年代前半の塩沢町の国際結婚事業に詳しい団体役員
I氏	2007年7月12日	魚沼地域をマーケットにしている結婚仲介業者
J氏	2007年7月12日 2007年11月14日	結婚移住女性の支援者
K氏	2007年2月17日	結婚移住女性および連れ子の日本語支援者
L氏	2007年11月12日	法廷通訳者

注：聞き取りは、筆者が協力者の事務室等を訪問して1回1時間半から2時間程度行なった。

3. 調査対象者のプロフィール

　本節では調査対象者からの聞き取りをもとに、それぞれの出会いと家族の状況について、結婚移住女性に焦点を置きながらまとめる。なお、記述内容は個人が特定されないよう一部改稿を行なっているが、それでもある面ではプライバシーに踏み込んだ内容になっているかもしれない。筆者のインタビューの趣旨説明に対して、「こんな話で役立ちますか？」といってインタビューに応じてくれた当事者との間には、ステレオタイプ化された「ムラの国際結婚」の実情を明らかにすることが、国際結婚家族の持つ可能性を広げるために必要だという共通した思いがあったと感じている。そこを頼りに筆者なりに当事者の言葉を記述していきたい。なお、第5節以降の記述との重複を避けるため、あえて1人1人の記述内容に関してフォーマットの統一は行なわない。

◇Ko-1：来日1987年、来日時40歳、韓国

　Ko-1は5人きょうだいの三女。結婚前は、両親と同居し出版社で働いていた。1987年、誰にも相談せずに見合いをして、結婚も1人で決めた。夫との10歳の年齢差には躊躇があったが、最後は仲介者の説得に応じた形で承諾した。Ko-1が結婚しようと思った動機は、弟（長男）が結婚して両親と同居することになったからである。

　Ko-1は来日後の第一印象を、「田舎暮らしで農業、年寄りもいる最悪のケースに目の前が真っ暗になった」と語る。期待されているのは79歳の病弱な姑の介護だとわかった。しかし韓国社会における「離婚した女性」の著しく低い立場を考えると離婚して韓国に帰る選択肢はなかった。「ここでは日本語ができなければ生きていけない」と、テレビと夫や姑との会話を通じて日本語を独習した。1年目に長女を授かり、4年目に姑を看取った。

　Ko-1は、仕事に就いて経済的に自立したいと思っていたが、育児と姑の介護、夫の入院などが続き、就労の機会を逸した。時折おそわれるやり場のない気持ちは、端切れを使った小物作りなどで紛らわした。来日20年目に還暦を迎えたKo-1は、近所にある介護老人施設を訪ねて入所者を前に「アリラン」を歌い、自分で作

った小物をプレゼントした。「何か区切りをつけたかったんでしょうねぇ」と、この
ときの思いを振り返る。国立大学に進学した娘は、韓国語を専攻している。

◇Ko-2：来日1987年、来日時26歳、韓国
　Ko-2は4人きょうだいの長女。そのため大学進学を断念した。貿易会社に勤めながら海外留学を目指したがチャンスに恵まれず、結婚直前に採用試験を受けた日本のアパレル企業は、最終面接で日本語ができないために不採用になった。親日家の父親から聞いた「日本人は礼儀正しい人たちだ」という話と学校での反日教育のギャップから、いつか日本へ行き自分で確かめてみなければという思いも抱いていた。興味本位で参加した見合いのあと、結婚を迷う彼女の背を押したのは、こうしたさまざまな事情だった。
　来日後、仲介業者を通じて大学に進学することもできると聞いていた結婚条件が、夫に全く伝わっていなかったことを知り、韓国へ帰ることを考えたこともある。その迷いを振り切らせたのは、長女の妊娠だった。結婚の翌月から、姑に生活費を渡した後の給料袋をそっくりKo-2に渡してくれた夫への「情のようなもの」も芽生えていた。PTAも授業参観も1人でこなし、その傍ら、食品の試食販売や化粧品の訪問販売など、いくつもの仕事を経験した。「経済的に困っているわけではないけれど、夫のお金で遊んでいると思われたくなかった」。長女は有名私立大学に進学し、4つ下の長男は中学校の生徒会役員に選ばれた。姑は孫たちが優秀なのは、Ko-2が暇さえあれば本や雑誌を読み、日本語の勉強をする姿を見て育ったからだと思っている。非常勤講師として高校で韓国語を教え始めて3年になる。「日本人が韓国語を勉強したがるなんて20年前には想像できなかった。これからの人生が楽しみ」と語る。

◇Ko-3：来日1989年、結婚1996年、結婚時31歳、韓国
　Ko-3は5人きょうだいの3番目。韓国の大学センター試験では第1志望の建築学部に入ることができず、第2希望の造景を学んだ。造景士は韓国では国家資格であるが、勉強したい内容ではなかった。卒業時に新聞社に就職する選択肢もあったが、大学に通いながら独学した写真の勉強をするため、1989年に来日した。日本語は大学時代から勉強していた。

来日後、1年半東京の日本語学校に通い、大学に進学したが中退して働いた。31歳になり、帰国を考え始めたときに、友人の母親（韓国人）から夫との見合いを勧められた。韓国では目上の人のいうことに従うという規範が強いので見合いを断ることは難しかった。友人の母親は、Ko-3の夫と自分の娘との結婚も考えたが、夫が国立大学の修士課程を修了しているため、大卒でないと釣り合わないだろうとKo-3を紹介したのだという。

Ko-3は見合いの席上で、夫の教養を試すために、「天皇に名字がないのはなぜか、日本に旧暦がないのはなぜか」と質問した。これは何度か日本人に試してみた質問だった。この質問に、初めて納得のいく説明をしてくれたのが夫だった。半年ほどの交際を経て結婚したが、義父母との同居生活はうまくいかず、Ko-3夫妻は、同じ町内のアパートで別居することになった。小さなまちのことなので別居にまつわる周囲の目が煩わしく、4歳の娘をつれて語学留学した経歴を持つ。

◇Sr-1：来日1997年、来日時20歳、スリランカ

Sr-1は7人きょうだいの末っ子。父が9歳のときに亡くなったので、子ども心に母親の苦労を感じながら育った。高校1年で退学し、助産婦の勉強をしたこともある。母親の友人の紹介で見合いをしたのは、デパートに勤めていたときだった。夫とは20歳ほど年齢差があったが、簡単な英語が通じ、観光案内などをしているうちに「仲良くなった」。

しかし、来日後は姑にどのように接したらいいのか悩み、帰国しようと思ったこともある。このとき、夫に「親を取るのか嫁を取るのか」と迫り、2人に別居を勧めたのは仲介業者だった。長女が生まれたあと、舅姑の懇請を受けて再び同居した。

Sr-1は子どもの保育所の保護者会で知り合った日本人の母親から漢字を教えてもらい、またその女性の紹介で小学校のPTA主催のエスニック料理教室の講師を引き受けたこともある。2004年にはスパイス・ショップを開店し、翌年には「無理だ」という夫を説得して、カレーショップを開店した。日本語の会話には不自由しないが、読み書きは難しい。もっと日本語の勉強をしなければと思っているが、日本語教室と営業時間が重なり、教室には出席できない。

◇Ph-1：来日2000年、来日時21歳、2005年再婚、フィリピン

　Ph-1は5人きょうだいの長女。Ph-1は高校卒業後、3年ほどマニラにある日本人が経営する電子部品の会社に勤務していた。漠然とした日本への憧れと、日本人男性と結婚したいという思いがあり、その頃から日本のガイドブックなどを読んでいた。日本については、周囲に日本で働いていた人が何人もいたし、何度も来日経験のある妹の話などから、経済的に発展しているすごい国だというイメージを持っていた。

　最初の夫は知人から紹介された。日本語は、来日前に前夫が送ってくれた日本語のテキストで勉強し、ひらがなとカタカナは読むことも書くこともできる。前夫との間には5歳になる子どもをもうけたが離婚。子どもの親権を要求したものの、経済力等から裁判で争っても難しいと判断し、月1回の面会権だけ認めてもらった。「毎回、子どもと別れるときは辛い」。その後再婚し、夫の母親と姉と同居している。夫との間には2歳の長男がいる。「フィリピンでは、結婚しても、お嫁に行っても、長女は家族を助けなければならない。みんなにお姉ちゃん、お姉ちゃんと頼りにされる。日本では両親と子どもが家族だから、それが日本の人には理解できないみたい」という。母親に送金するため、2つのアルバイトを掛け持ちしている。

◇Ph-2（夫）：40代、フィリピン女性と2000年に結婚、2004年離婚

　Ph-2（夫）は、南魚沼市の飲食店で働いていた妻と出会い結婚した。結婚後は、妻とフィリピンに転居したが、親族関係のつきあいが難しく、3ヵ月ほどで帰国することになった。その後、2人の娘をもうけたがうまくいかず離婚することになり、娘2人の親権を求めて裁判を起こした。しかし、妻は次女の養育が「定住者」への在留資格の変更に必要であるため譲らず、裁判では妻側の主張が認められた。

　離婚後、しばらくして元妻から長女との面会権を求める裁判が起こされ、落ち着かない日々が続いた。3歳で母親と別れた長女にとって、母親は「知らない他所の女の人」でしかなく、何回かの接見観察でも長女が怖がる様子を見せたため、元妻の要求は却下された。

　Ph-2（夫）は、離婚してしまったが、元妻を確かに愛していたという。子育てをするようになってから、風邪も引かない。実家の母親に娘の保育所の送迎や食事の世話をしてもらってきたが、娘が小学校に入ったら、食事も自分で作ると決めている。

「でも苦じゃないんです。楽しんでいます。娘が明るくて助かります」という。気がかりなことは、母親の元にいる次女のことである。将来は次女を引き取ることも視野に入れ、そのときに妹とコミュニケーションできるようにと、長女には保育所のときから英語の勉強をさせている。

◇Ph-3：40代、1997年結婚、フィリピン

　Ph-3は7人きょうだいの長女。長女として家族のために働いてきた。何度目かの来日で南魚沼市に滞在していたときに、アルバイト先で夫と知り合い結婚した。2003年に長女を出産し、翌年、フィリピンの実母に預けていた娘2人（14歳と16歳）を呼び寄せた。ホテル勤務のため帰宅が遅くなるときは、夫が夕食の準備をしてくれる。娘たちを呼び寄せたのは、彼女らのそれぞれの父親を探すためでもあったが、娘たちは「今のお父さんがいればいい」という。Ph-3が仕事と子育てを両立できるのは、隣居の夫の両親の手助けがあるからである。フィリピンにいる異父きょうだいたちから、「お姉ちゃんは日本人になった」といわれると心が痛む。でも今の家族との生活を守ることを最優先に考えたい。

　最近の気がかりは、1歳のときに1度フィリピンに行ったきりの娘が、「フィリピンはバナナしかないから行かない」というようになったことだ。娘は、来年（2010年）小学生になる。Ph-3は日本語での会話はほとんど支障がないが、読み書きができない。祖父母に字を教えてもらっている娘は、1人で絵本を読むようになり、わからないときに質問されるが答えられない。

　フィリピンから連れてきた上の娘は、年齢超過で中学に編入できなかった。そのときに、市や県の教育委員会と交渉してくれたのが同じ集落に住んでいた「夢っくす」会員のJさんだった。制度上、上の娘の編入ができないとわかると、Jさんは他の「夢っくす」会員にも声をかけて、娘たちの高校受験のための学習支援を引き受けてくれた。そうした経緯があったので、南魚沼市の日本語教室の開設時には、フィリピン妻への声かけを引き受けた。

◇Ch-1：来日1997年、来日時42歳、中国

　Ch-1は6人きょうだい。Ch-1と夫を結びつけたのは、Ch-1の夫が暮らす集落の近くに結婚移住していたCh-1の姪である。中国で結婚の許可を得るのに2ヵ月ほ

どかかり、日本でのビザの取得に3ヵ月かかった。結婚したときに、既にCh-1は42歳で夫も50歳をすぎていたためか、子どもに恵まれなかった。日本で不妊治療を受けたがうまくいかず、Ch-1が中国の方が不妊治療は進んでいると言い張るので、中国でも治療を受けた。しかし、望んだ結果は得られなかった。夫は中国での治療の効果については疑問を感じていたが、一緒に手を尽くしたという経験を大事にしようと思った。

　結婚後に姑が亡くなり、舅は数年前から老人介護施設に入っている。夫は5年ほど前に体調を壊して勤めていた会社を2年間休職したのちに退職した。今は無理ができないのでスーパーのパートをしている。2006年にCh-1の父親が危篤との連絡を受けて見舞ったときには、アメリカ人と結婚してニューヨークに住んでいるCh-1の姉夫妻とも会うことができた。Ch-1と結婚するまで、ほぼ魚沼を生活世界として生きてきた夫には、中国、そしてアメリカにも家族のつながりが広がったことに戸惑いがあるが、「良かった」という。心配だった老後の経済問題も、妻に中国の年金受給資格があることがわかり、手続きを済ませた。「家も田んぼもあるので、2人の年金を合わせれば何とかやっていける」。

◇Ch-2：来日2001年、来日時34歳、中国

　Ch-2は一人っ子である。母親は1995年に亡くなり、父親も2006年に亡くなったので、「中国には気にかける人はいなくなった」。国営企業に比べて給料が高い外資系企業で働いていたCh-2は、親戚から羨ましがられた。しかし職場環境は、政府の留学生呼び戻し政策の影響などで年々厳しくなり、キャリアと結婚の間で揺れた。「家族をつくりたい」という思いが募ったが、中国でも男性は年下の女性との結婚を望むため、Ch-2が望むような相手と結婚できる可能性は低い。そこでCh-2は業者に日本人との結婚仲介を依頼した。

　Ch-2夫妻は「家族をつくりたい」という思いで一致した。新婚生活は別居で始まり、単身赴任の夫と同居できたのは来日3ヵ月後のことである。その間、Ch-2は舅姑の元にいた。夫にとっては「たった3ヵ月のこと」だったが、言葉もわからず一番不安な時期に1人にされたと、「喧嘩する度にそのときのことを持ち出される」と夫は苦笑する。長女の誕生を機に舅姑と同居した。その年、隣町に日本語教室が開設され、また「夢っくす」も活動を始めていたので、Ch-2は舅の運転する車で日本

語教室に通い、「夢っくす」のイベントなどにも参加し、交友関係を少しずつ広げてきた。同じ集落にいる日本語ボランティアの女性には、個人的に相談にのってもらうこともある。残業の多い夫に代わり、子どもの予防接種や通院、煩雑な届出の書類作成などは舅に手伝ってもらった。舅は「自分の父親以上に頼れる存在」だという。

◇Ch-3：来日2003年、再婚、来日時43歳、中国

　業者仲介で2003年9月に結婚した。Ch-3も夫も共に再婚である。夫の前妻は、長女が高校生、長男が中学生のときに亡くなった。会社員として働く傍ら、近隣の農家の田植えや稲刈りの作業委託も受ける兼業農家である。跡取りの長男もいる。だが、ふと、自分の老後を考えたときに無性にさびしくなった。

　子どもから再婚について了解をもらって結婚相談所に登録し、日本人女性と数回見合いをしたが、まとまらなかった。結婚相談所で国際結婚のことを知り、仲介を頼んだ。Ch-3夫妻は結婚するときに、当時、中学生だったCh-3の息子が、高校を終えたら呼び寄せることや、夫にも同年代の長男がいるので、できるだけ早く独立させることなどを具体的に確認し合った。

　Ch-3夫妻の家の近くには本家があり、本家の祖母が頻繁に訪れる。跡取り娘が子どもを残して亡くなったのだから、残された子どもたちを気にかけるのは本家の役目だと考えている。Ch-3宅を訪問した「夢っくす」会員に、「余計な知恵を付けないでくれ」という場面もあった。しかし、Ch-3が日本人家族の前で小さくなっているだけかというと、そうでもない。日本語の勉強を始めて早々に、Ch-3は、玄関の郵便受けに書いてある家族リストの自分の名前の位置が前妻の子どもの後にあることに気づき、Jさんに、「日本では、どこの家でも妻の名前はここに書くのか」と確認した上で、夫に書き換えさせている。

◇Ch-4：来日2005年、再婚、来日時33歳、中国

　Ch-4は6人きょうだいの長女。縫製工場などで働いていた。1度目の結婚はうまくいかず、息子（1998年生まれ）を引き取って離婚した。夫との再婚を勧めてくれたのは、夫の集落に嫁いでいた同郷の知人である。

　来日した翌年、実家に残してきた前夫との子（来日時8歳）を呼び寄せた。その年、次男が生まれた。長男が編入した小学校では他に日本語指導の必要な子どもがい

なかったのが幸いし、先生方が特別に指導してくれたおかげで、日本語の会話は1年もしないうちに不自由がなくなった。作文などはまだ難しいようだが、スポーツが得意でクラスでも人気者だ。長男が母親の通訳をすることもある。長男は、「最近、母ちゃんの中国語がわからないときがある。オレの頭の中は日本語の方がいっぱいになってきたみたいだ」という。

Ch-4は弟の結婚式に出席するため、2007年に2ヵ月ほど、下の子を連れて里帰りした。中国の家族が元気そうな様子を見て安心してくれたのが嬉しかった。このとき、中国の野菜の種を持ち帰った。家の敷地内にある畑で自家用野菜を栽培し、米も作っている。「お父さんはタバコ吸ってサボってばかり」と農作業はCh-4が主導している。2008年に自動車の運転免許をとり、母国での就労経験を生かして起業した。魚沼には、同郷の結婚移住女性が6人いて、気のあう女性たちとは付き合いがある。

◇Th-1：1991年再婚、結婚時31歳、タイ

タイ東北部出身。9人きょうだいの末っ子。研修生として群馬県で働いていたときに夫と出会った。夫はスーパーでよく見かけるようになったTh-1を、最初は日本人だと思った。「でも日に焼けて真っ黒で、頭にタオルを巻いていたのでちょっと違うのかなぁ」と初対面の印象を語ってくれた。Th-1の友人たちと一緒に休日に出かけるなどの交際を経て、1991年に結婚し、長女が小学校に上がる年に帰郷した。

転居した最初の冬は来る日も来る日も降る雪に驚いた。日本語での会話は不自由しないが、読み書きはできない。子どもたちの学校からの連絡文書や提出書類などは夫が対応してくれる。長女が小学校2年生のときに、兄の仕事を手伝うために子どもを連れて2年間タイに戻っていたことがある。このとき、長女はタイの小学校に通ったので、今でもタイ語が話せる。帰国してしばらくは、学校の勉強についていくのが大変そうだったが、長女は「またタイに行きたい」という。Th-1は家庭でタイ料理をよく作る。姑の分は辛さを控える。最近は、ココナツミルクを入れたグリーンカレーを姑も一緒に食べる。

Th-1は、2007年9月に地元では大手のきのこ工場に転職した。理由は給料が良かったからだ。シフト制の勤務のため、Th-1の帰宅が遅くなる日は姑が食事の支度をしてくれる。きのこ工場には、日本人従業員の他にフィリピン人や中国人も働

いている。仕事はきのこを袋詰めする作業だ。1時間に日本人は300袋くらいしか詰められないが、フィリピン人は指先が器用で速い人は1000袋、Th-1は500袋くらいで「私はまあまあ」だという。作業報告を日本語で書けるようになると、違う作業に配置される可能性もある。

◇Th-2：来日1996年、来日時34歳、タイ

　タイ東北部出身。3人きょうだいの真ん中。バンコクで働いているときに、友人と観光に来た夫と出会った。その後、夫から週に2～3回国際電話がかかってくるようになった。言葉は少なかったし、話せる内容も「元気？」とか、「今日は何してた？」という簡単なものだったが「気持ちは通じた」。電話での交際中に夫が2度ほどバンコクを訪れ結婚した。2人の間に子どもはいない。家族は、83歳の姑と聴覚障害のある舅の弟との4人暮らしである。夫は、車の部品を作る会社に勤めていたが、2007年12月末で定年退職した。「夫は平らに行こうとする人で、言葉が少ない。姑もあまり話さないから、日本語がうまくならない」のが悩みだ。5年ほど前に魚沼での生活を続けるかどうかを悩んだ時期があり、よくタイに帰ったという。「離婚するかなぁ、頑張るかなぁ、せっかく来たんだから…」と迷っているうちに10年たってしまった。Th-1とは、たまたまビザの更新に行った新潟入管で出会った。それ以来、家族ぐるみの付き合いをしている。

　2人にとって老後の生活設計が課題である。Th-2は、来日後、スキー場のホテルや飲食店で働いてきた。温泉療養施設での経験を生かして独立を考えるようになったとき、その計画の相談にのってくれたのは、Th-2の客として通ってくれた隣町に住む70代の女性である。Th-2は、40キロほど離れたN市にある専門学校で起業に必要な資格を取得したが、その専門学校の情報は、同じ市内に住む中国人女性から教えてもらった。入学を決める前に、漢字の読み書きができなくても修了が可能かどうかを相談に行き、また授業料80万円を分割で支払う交渉もした。授業料は夫が払ってくれた。

　2008年に念願の起業を果たしたが、店の改装費は、Th-1の夫が内装や電気関係の工事を引き受けてくれたので予定より安く済んだ。固定客も付き始めた。でも将来はタイへ帰るという。「私には子どもがいない。誰も私の老後を見てくれない。1人では生きられない」からだ。

◇Br-1：来日1981年、来日時19歳、ブルネイ

　Br-1の両親は、1937年の盧溝橋事件の後、厳しくなった日本軍の弾圧を逃れるため、中国からブルネイに密航する船上で出会った。Br-1は、父親から日本人がいかに残虐かを聞かされて育った。ある日、炎天下で訪問先を探していた外国人を見かねて車に乗せてやった。それがブルネイに出張中だった夫との出会いだった。日本人だという夫に、これが父親から聞いていた「恐ろしい日本人」なのかと、拍子抜けしたのと同時にそのイメージ・ギャップに興味がわいた。Br-1は小学校5年までしか学校教育は受けていないが、マレー語、英語、広東語、北京語などいくつもの言語ができ、当時はデパートに勤務していた。父親の猛反対を押し切って1981年に来日した。結婚するときに初めて自分が無国籍であることを知った。在留資格は「ブルネイ出身者」として取得した。

　夫の両親との同居生活を初めて間もなく、夫が県外に単身赴任することになった。1年目に長男が2年目には長女が生まれた。集落で初めての外国人だったBr-1は、道を歩いていると後ろから空き缶を投げられ、庭先に干したシーツには泥を投げられ、家にこもりがちになった。姑から生まれたばかりの長男を「私が育てる」と宣言されたときには、その言葉に従った。自分の日本語では子どもの日本語に支障が出るかもしれないと思ったからだ。ブルネイの文化や言葉は、しっかりと日本人の基礎を作ってやった上で、本人が勉強するかどうかを決めればいいと思った。

　ほとんど家に閉じこもって暮らしていたBr-1が「腹をくくって」外に出るようになるのは、「このままでは自分も子どももだめになる」と感じたからだった。子どもが保育園に入った頃から、子どもの友だちの母親たちを自宅に招き、得意なケーキ作りから友人の輪を広げていった。でも、受け入れられたという感じはしなかった。友人たちの「あれ、それ、あのさ」で通じる会話には入ることができなかった。子どもたちが小学校に入った頃から、自分の国籍をはっきりさせなければならないと思いはじめて、日本国籍を取得した。

　長男は、大学時代に専攻とは別に日本語教育の勉強をしていた。大手旅行会社での勤務を経て、ベトナムで日本語教師として働いている。Br-1は長男がアジアに興味を持つようになったのは、子どもなりに母親が外国人であることを意識していたせいかもしれないという。長女は声楽家として活躍している。

ここで紹介したのはわずか14ケースだが、当然のことながらそれぞれの個別性が際立っている。疑問は、それにもかかわらず初期に形成された「農村花嫁」や「ムラの国際結婚」にまつわるステレオタイプなイメージが現在も有効性を保ち続けていることである。情報過多で多様な現実世界を生きるために、われわれは、認知的負担を軽減し、できるだけ多くの情報処理を行なう必要からステレオタイプ化を行なう。ステレオタイプ化は人間の環境適応手段だが、それがある集団やそのメンバーに対して否定的にのみ評価する心的準備状態を偏見という（土屋2000：75）。ステレオタイプ化がわれわれの認知システムとして避けられないまでも、偏見に至ることを防ぐ方法はあるのではないか。第3章では、佐藤裕の「差別論」から負の意味づけを持った用語の共通了解を崩す戦略について紹介した。この戦略をさらに踏み込んでいうと、偏見を構成する、認知的要素（特定集団に対する認知）、感情的要素（その集団に対する嫌悪や敵意）、行動適応要素（その集団に対する拒否や攻撃）の3要素を、ステレオタイプに当てはまらない多様な存在を可視化させ、「顔の見える関係」を作り出すことによって、できるだけ無化することである。

　そのためには、まず、多様な結婚移住女性たちの存在を知ること、そして基本的な子どもへの思いやより良く生きたいと願う点では同じ思いを共有していることを知ることが役立つ。結婚移住女性たちの適応過程の第1段階は、アドラーの異文化モデル（表4-5）に示されているような「異文化との接触」による、興奮や刺激、幸福感などを感じる余裕ははほとんどなく、期待と現実のギャップに呆然として、いきなり第2段階の「自己崩壊」から始まったといってよい。インタビューに協力してくれた女性たちは、この第1・第2段階の危機を何らかの方法で乗り越えたことになる。次節では、「ムラの国際結婚」で問題視されている業者仲介の実情について取り上げ、その後、女性たちの適応過程をより詳しく見ていきたい。

4. 業者仲介による国際結婚の実情

　業者仲介による結婚者は、Ko-1、Ko-2、Sr-1、Ch-3、Ch-4の5名である。Ko-1とKo-2は、当時働いていた会社の近くに結婚相談所があり、日本人との見合いの情報を得て参加した。Sr-1は母親の知人の勧誘、Ch-2とCh-3のケースは女性側からも日本人男性との結婚仲介を依頼していたものである。

4-1. 5組の事例

　Ko-1は両親と同居し会社員として働いていた。両親もKo-1との同居を望んでいたし、経済的に自立できる状況にあり、「婚期は逸したが何となくこのままでいいかなぁ」と思っていた。Ko-1の気持ちが大きく揺れたのは、末子の長男が結婚することになり、結婚後は両親と同居することになったときである。Ko-1は、自分で見合いに応募し、自分で結婚を決めた。見合いの席上で初めて会った夫の印象は、真面目そうで好感が持てたが、10歳の年齢差が気になり迷った。「間に入った人からだめだったら帰ってくればいいからと急かされて承諾した」。

　Ko-2が見合いに応じたのは興味本位と体調を崩して会社を退社し自宅に引きこもっていた友人のためだった。「いい人だったら友人に結婚を勧めようと思った」。ところが友人からは「いい人ならあんたが結婚すればいいじゃない」といわれ、仲介者からは「相手があなたのことを気に入ったと急かされ、どんどん話が進んでしまった。今思えばおかしいって思わなければならないのに…。日本へ行ったら彼女にふさわしい人を見つけて、近くで住めばいいとか、今思うとおとぎ話みたいなこと考えていました。親は大きなことばかりいう私にてこずっていたので、一度、思い通りにさせてやるか、みたいな感じになった」。

　Sr-1は、母親の知人から何度も見合いに誘われて、断りきれずに「会って、話だけ聞いてみよう」ということになった。1週間ほどして仲介業者から「相手が気に入って結婚したいといってる。キャンセルはできない」といわれたときには、「すごく驚いたけど、優しそうだったし、通訳を介して話し合ったときの話し方も良かったし、本気だという感じがしたので大丈夫かなぁと思った」。1週間後には結婚式を挙げて、夫と一緒に来日した。結婚は母親が承諾した形になったので、母親はSr-1が日本へ行った後、きょうだいたちから責められたという。

　Ch-3夫妻は共に再婚である。Ch-3の夫は、当初、国際結婚に対する偏見があったが、希望する条件を明確にして、その条件に合う女性であればいいと考えるようになった。Ch-3は、将来的な不安から日本人との結婚仲介をする業者に自分で登録した。日本人との結婚の方が、中国での再婚よりも生活条件が良くなると考えたからだ。Ch-3夫妻は、子どもは作らないこと、Ch-3の息子が高校を終えたら日本に呼び寄せることなどについて、合意した上で結婚した。

　外資系企業に勤めていたCh-4は、30歳までは、結婚について焦る気持ちはなか

ったが、急速な経済発展に伴って厳しくなる競争関係や人間関係のストレスなどから逃れたくなり、友人を介して日本人との結婚仲介を頼んだ。Ch-4の夫は結婚紹介所に登録をしていたが、結婚相手は日本人しか考えていなかった。両親も、「外国人と結婚なんてとんでもないと、天地がひっくり返るほど驚いた」という。Ch-4の夫は、「見合いツアーの間に決めなければならない。旅行期間は1週間で、見合いして、食事して、観光して、実際に付き合う期間は2〜3日。本当のところはわかりようがない。でもお互いに感じが良かった」と語る。

　Ch-4の夫が語ったように、短期間の見合いでは「本当のところはわかりようがない」のが実情であろう。しかし、それぞれの語りの中から伝わってくるのは、主体的に結婚を選択したという覚悟である。その覚悟が言葉や習慣や規範などの困難を克服するエネルギーを生み出したのではないかと推察される。業者仲介という仕組みそのものは、結婚相手を見つけるための1つの手段として有効な手段である。そこに人権に関わる問題が生じているならば、その問題の発生原因を明らかにし、その仕組みが健全に機能するような対策を考えるべきだろう。

4-2. 調査地における業者仲介

　80年代後半に行政主導の国際結婚や民間業者による国際結婚で来日する女性たちが増えると、南魚沼市では、他所からの仲介業者も営業活動を始めた。G氏は、2年ほどの準備期間を経て、1990年に結婚仲介事業を始めるため勤務先を退職した。「周囲に未婚者がたくさんいて、その人たちに出会いのきっかけ作りをしてやれないかと考えた。ボランティアではかえって胡散臭いので仕事としてやろうとした。ところがそのころ、出会い系サイトの問題が出てきて、友人が被害にあい、その相手が別の友人の高校生の娘だったという笑うに笑えない事件が起きた。また、多額の仲介料を払って韓国人女性と結婚した友人が結婚詐欺にあい、その仲介者が暴力団と関係があることなどがわかり、結婚仲介業への周囲の批判が高まったので、まずいかなぁと計画を断念した」という。[2]

　G氏の話は、80年代後半に、南魚沼市の国際結婚の実態を調査しようとしたものの行政等の協力が得られず調査を断念したという板本洋子氏の話と符合する。「塩沢は仲介業者に問題があったのではないか。非常に強引な形の売買婚が行なわれ

2　2007年11月12日の聞き取り。

ていたのではないかと思う。そのことがいささかでも表に出ると役場が脅迫されるような状況があったのではないか。新潟県の農業会議からもアプローチしたが『がさがさ動くな』といわれた。新潟県は山形県と違って、取り巻きが閉塞的な状況を作っていた。新潟県には外国人の嫁さんたちが入っていることが手に取るようにわかっているのに調査できなかった。塩沢は農業委員会が窓口だった。塩沢の事例は業者がどういうものかを浮かび上がらせてくれた。それが塩沢の印象だ」と語る[3]。

　行政主導による国際結婚事業が始まり、社会的注目を集めたが、間もなく高まった受け入れる側の論理だけを優先した「国際結婚」への社会的批判の前に、行政が後景に退き、そこに残されたニーズをビジネスチャンスと捉えた民間業者が参入してくる中でさまざまな問題が生じた（武田2009c）。そこに、90年代に入るとポケベルなどを利用した出会い系ビジネスなどの問題が加わり、業者仲介による国際結婚への批判が高まった。こうした中で国際結婚当事者は口をつぐみ、その存在は社会的に不可視化されていくことになった。

4-3. 仲介業者W社の事例

　魚沼地域をマーケットに結婚仲介事業を展開するW社について、社長I氏からの聞き取りに基づき、国際結婚仲介の一端を紹介する[4]。I氏は2001年から2005年まで、南魚沼市に隣接する中魚沼地域をマーケットに国際結婚事業を展開していたR社に勤務し、国際結婚事業のノウハウを学んだ。R社時代にI氏は45組の国際結婚をまとめている。2006年に南魚沼市で会社を設立した。従業員はI氏と妻の2名である。業務内容は、日本人同士の結婚仲介、外国人研修生の募集と受け入れ、国際結婚の仲介が主のものである。最初は、日本人同士の結婚を前提に話を進めるが、相手の反応を見て可能性がありそうな場合は、国際結婚を勧める。国際結婚には偏見があるのが普通で、本人が国際結婚に納得しても、両親の了解が得られないケースもある。「花嫁」は、中国黒龍江省ハルビン近郊の農村で募集する。R社時代に培ったネットワークを使い、現地での女性の募集や見合いのアレンジメントを担当するブローカーが中国側にいる。

　結婚までの流れは次のように進める。

---

[3] 2007年8月22日の聞き取り。
[4] 2007年11月12日の聞き取り。

(1) 独身男性をリストアップし、営業をかける。
(2) 希望者に5人の候補者を選んでもらう。
(3) 見合い訪中(2泊3日)。ホテルで候補者5人と見合いをさせるが100%決まる。
(4) 1ヵ月後に挙式のために再度訪中(3泊4日)
(5) 挙式後にビザ申請。発給を受けるのに約2～3ヵ月かかる。
(6) ビザ申請中に「花嫁」には日本語研修を受けてもらう。
(7) 来日

仲介費用は280万円。内訳は、見合いツアー(35万円)、結婚式ツアー(245万円)である。この他に結婚指輪や来日までの女性の生活費や女性の来日費用等が別途必要となる。

W社では、応募者最低2名で、2ヵ月に1回見合いツアーを実施している。来日後には、同じ時期に結婚したカップルを招いてウェルカムパーティーを開き、トラブルがあれば相談に応じている。女性には、1年間は働かないこと、家族とのコミュニケーションをとるように努力することを誓約させている。I氏は、行政にもっと積極的に関与してほしいと要望している。旧六日町では断られたが、旧塩沢町では合併前の民生委員の会議で結婚仲介事業について説明をさせてもらった。「この仕事に批判があることも知っています。1回限りの仲介であれば、いい加減なことができますが、ここで営業を長く続けるにはいい加減なことはできません」と、結婚後のケアも行なっていることを強調した。

W社の入会案内

入会のご案内

プロのコンサルタントが「出会い」から「ご成婚」までを完全にサポートいたします。
待っていてもなかなか見つからない「出会い」
勇気を出して、まだ見ぬ「出会い」を見つけませんか？
皆様の期待にお答えします

＊入会資格＊

男性：独身で結婚を真剣にお考えの上で、確かなご職業にお付の方
女性：独身で結婚を真剣にお考えの方

＊費用＊

入会金	男性	70,000円
	女性	10,000円
登録料		30,000円
成婚料		300,000円

W社の国際結婚に関するパンフレット

ご挨拶

　世間では国際結婚に対する偏見や差別がまま見られます。しかし自分たちが幸せならば他人は関係ないんではないでしょうか。結婚は人生最大の吉事ですし、「外国人」との結婚はかなり抵抗があるのも理解できます。でもあなたは一生独身で幸せですか？たとえ言葉、文化が違ってもくさい言い方をすれば「愛は国境を越える」のです。

　当社がご紹介させていただく中国ハルピンの女性は日本人女性に比べてとても純粋な女性が多くて、感覚的には日本の3〜40年前の女性を想像していただければよいと思います。中国は現在、目覚しい発展を遂げておりますが、都市部と農村部の格差は広がるばかりです。特に農村部の女性は日本人との結婚を強く希望する女性が多いのです。結婚を諦めているならそれは大きな間違いです。

　お客様が決意したときには是非、当社にサポートさせてください。

　中国女性との結婚はこんな方にお勧めいたします
＊中高年の方
＊農業を後継される方
＊日本で理想の相手が見つからなかった方
＊身長・体重・頭髪・年齢等のコンプレックスで結婚に自信のない方
＊両親との同居等の問題のある方

当社が最後まで責任を持って純粋な中国女性をご紹介することをお約束します。

　　　株式会社○○○

国際結婚費用のご案内

総額　280万円

見合いツアー　35万円

（内訳）
1. 航空チケット往復
2. 訪問中の旅行障害保険
3. 中国国内の交通費
4. 宿泊費
5. 食事代
6. お見合いに必要な費用
7. 婚約パーティー費用
8. 通信費
9. 通訳費
10. 中国国内諸費用

結婚式ツアー　245万円

1. 航空チケット往復
2. 訪問中の旅行傷害保険
3. 中国国内の交通費
4. 宿泊費
5. 食事代
6. 結婚式・結婚披露宴
7. 中国側書類作成費用
8. 通信費
9. 通訳費
10. 中国国内諸費用
11. 成婚料
12. 結納金
13. その他・雑費

料金に含まれないもの

1. パスポート費用
2. 女性へのプレゼント
3. 花嫁家族へのお土産
4. 結婚指輪
5. 花嫁来日までの生活費
6. 花嫁来日航空券費用

株式会社○○○

4-4. 法廷通訳者が語る業者仲介結婚

　新潟地裁の法廷通訳者L氏は、「中国では20歳から25歳くらいで結婚する。業者が介在する結婚で来日する中国人女性に30代後半が多いのは、離婚した女性が第二の人生をスタートさせるために、日本人との結婚を望むケースが多いためだ。中には離婚せずに日本人と結婚している重婚者もいる。再婚の場合は、1人で来日した後で、子どもを呼び寄せられる環境かどうかを見きわめて、子どもの教育や将来を考えて呼び寄せる。働いて家族に送金するために結婚する女性も中にはいる。また、中国人妻がエージェントになって結婚を斡旋するケースもある。（業者仲介で結婚した女性たちは）お金で来ているのは事実。だから、結婚後に夫婦としての関係を育むことができなければ、金儲けのために日本人も同国人も利用するという考えに歯止めがかからなくなる。受け皿が弱い中で国際結婚を進めてきたことのひずみが現れているのではないか」と語る。[5]

　L氏が紹介した事例の背景について、補足しておく必要があるだろう。中国の改革開放政策で中国の輸出加工区に進出したグローバル企業を支えているのは、農村出身の若年女性労働者である。そうした女性たちの多くは、都市での生活が長くなることによって、農村の生活に戻ることが難しくなる。かといって農村戸籍である女性たちは都市の一員になることもできない。さらに農村地域では「適齢期」が重視されるため、女性たちには農村男性からも結婚相手としては敬遠されてしまう。「結婚しないと何の保証もない」のである。賽漢卓娜（2007）は、中国社会で「周辺化」された女性たちが、日本人との結婚を選択し、さらに日本社会で「周辺化」されている実態を明らかにした。L氏が指摘した「カネ目当ての結婚をしている」という中国人女性は、賽漢卓娜のいう「周辺化」問題に加えて、中国側の国際結婚仲介制度にも起因していると考えられる。石田（2007）によれば、「中国人が現地で開設している日本人向け結婚相談所が徴収する料金は、おおむね150万円前後である」（同上：60）。借金を背負って結婚移住してくる女性たちは、その借金を返済するために働かざるを得ない。L氏が法廷通訳をすることになる女性たちの背後には、単に女性たちの個人的問題として割り切ることのできない、中国における都市と農村の格差の問題、彼女たちを雇用調整弁として使い捨てるグローバル企業の問題、改

---

[5] 2007年11月12日の聞き取り。

革開放政策を推進する政府の開発政策の問題、中国農村の家父長制の問題、そして日本の農村の問題などが幾層にも重なっているのである。同時に、結婚動機がどうあろうと、結婚後に信頼とお互いを尊重し合いいたわり合う夫婦関係を築くこともできるということ、そうした国際結婚カップルが多くいる事実も見落としてはならない。

4-5. 結婚仲介の市場化から見た「ムラの国際結婚」

　「婚活」とは、就職活動のアナロジーとして作られた言葉で、結婚活動を略したものである。この用語を作りだした山田・白川(2008)によれば、初出は、2007年11月5日号の雑誌『AERA』である。山田は、人並みのことをしていれば、大多数の人が自然と就職できて結婚できたのは一定の「枠」、すなわち規制があったからで、それらが「規制緩和」されたために、就職するには就職活動が必要になり、結婚も意識的な努力をしなければできなくなったと述べている。未婚化は1975年頃から顕著な上昇傾向が見られる。未婚化は、正確にいえば、結婚年齢がばらついている中での「晩婚化」と、結婚したくてもできない「非婚化」に分けられる。男性生涯未婚率は2.1%(1975年)から15.4%(2005年)に上昇した。2005年の30歳代前半の男性未婚率は47.1%であるが、そのうちの半数は生涯結婚しないと予測されている。他方、第13回(2005年)出生動向基本調査(国立社会保障・人口問題研究所)によれば、男性の87%、女性の90%は、結婚の意思がある。つまり、現在の未婚化の相当数は、結婚したくてもできない「非婚者」であると推察される。このギャップによって生み出されたのが「婚活ブーム」であり、ここにビジネスチャンスを見出したのが結婚ビジネスである。現在、ネットによる結婚情報サービスを含めて、結婚紹介業といわれる業者の数は約6000、市場規模は約600億円といわれている。しかしながら、その7割は個人業者で監督官庁の経済産業省でもほとんど実態を把握できていない。2007年になってようやく、実態把握と消費者のための規制に乗り出したところである(同上：114)。

　このように見れば、「ムラの国際結婚」は、現在の「婚活」を20年先取りした現象だったということになる。一方に社会的経済的要因によって日本国内で配偶者にめぐり会う機会が得られない日本人男性がいて、他方に社会的経済的要因から国際結婚に活路を見出そうとするアジアの女性たちが存在し、商業的斡旋によって結

婚市場が成立している。双方にニーズがあることを考えれば、これから先も業者仲介の国際結婚という形態は存続すると考えられる。とするならば、結婚市場の透明性と健全性をいかに創出するかが課題となる。これについては、南魚沼市で結婚仲介業を営むI氏の「継続的な営業活動を行なうためにはいい加減なことはできない」という言葉が1つの手がかりを与えてくれる。つまり、業者仲介の国際結婚に対する不要な偏見を取り除くことによって、問題が生じたときに当事者が声を上げることができる環境を整え、短期的な収益のみを目的とした無責任な業者の営業活動を許さないコミュニティづくりを通じて、不良な業者を排除できる仕組みを作ることができるかもしれない。

5. 結婚移住女性の適応過程

　本稿で取り上げる結婚移住女性たちは、国境を越えて異なる文化社会環境の中で日本人配偶者と共に家族形成に取り組んでいる。その居住地は農村である。このため、既存の移民研究や家族研究から導かれた理論ではうまく適合しない面がある。たとえば、移民研究では、親族ネットワークは移民の定住過程における最大の資源提供先とされるが、農村で、日本人家族に包摂される形で生活を開始する結婚移住女性の周辺には、通常、アクセス可能な親族ネットワークやエスニック・コミュニティは存在しない。目黒（2007）は、結婚とは夫と妻となる2人がそれぞれの過去に展開してきた社会関係を1つの家族ネットワークへと再編するものだという。しかし、農村で暮らす国際結婚者の場合、女性たちの再編のされ方はきわめて特殊になる。女性たちは、基本的に夫のネットワークに組み込まれ、母国で形成した社会資源は制度的地理的制約のためほとんど利用できない状況で生活を始める。さらに、一般的に適応第1ステージの女性たちは言語上の制約から必要な情報へのアクセスも困難である場合が多い。コミュニケーション手段の制約は、女性たちだけでなく、女性たちを迎え入れた家族にとっても「家族危機」ともいうべき状況を生む。

　こうした結婚初期の困難な状況があるにもかかわらず、結婚移住女性が定住している事実をどう見たらよいのか。この点について第5章では、平野（2001）の文化接触モデルを使ってホスト社会側の新しい文化の受容の必要性から議論するが、こ

こではより具体的な女性たちの体験に焦点を当てる。婚姻を継続している国際結婚夫婦は、何らかの方法でさまざまな危機に対処し、家族内の安定と均衡状態を作り出すことに成功している。家族が危機を脱して均衡状態に達する過程で、どのように家族間で緊張関係を処理するためのバーゲニング（取引・交渉）が展開されているのだろうか。

　結論を先取りするならば、本研究で取り上げた定住した女性たちは[6]、自文化を保持し続けることによって、母国で内面化した価値観やアイデンティティを拠り所にして、家族との葛藤の場面を、あるときには正面からぶつかり合い、場合によってはかわすことによって切り抜けている。この点は、鈴木（2006）が90年代のアメリカの実証研究の成果として、コリア系やキューバ系移民が自己の民族文化や価値観を選択的に維持することによって、かえって比較的短期間に、アメリカ中流階級への経済的統合を遂げていると指摘したことと一致する。

　表4-5は異文化適応の考察に用いられることの多いアドラーの異文化適応モデルに結婚移住女性の適応過程を位置づけたものである。異文化環境に身を置いたときに、時間的経過に沿って認知面、感情面、行動面にどのような変化が生じるかを予め知っておくことは役立つが、アドラーのモデルは、帰属社会への帰還が前提である。定住を前提とし、日本人家族の中でただ1人の外国人として暮らす結婚移住女性の場合には、同化圧力の中でどのように折り合いをつけていくかが課題であり、第1段階の文化的差異に興味を覚え楽しむ時期は非常に短く、第2段階と第3段階にあたる価値観の相違による混乱や孤独感、無力感、アイデンティティの揺らぎ、不安やフラストレーションを短い間に体験し、それらが交互に不規則におとずれる葛藤の中にいる期間が長い。異文化適応過程の諸現象を理解した上で、実践的にはどのように日本人家族やホスト社会の住民との社会関係を形成するかが問われる。

　そこで、本節では結婚移住女性の聞き取りから得られた内容を、「近隣＝地域社会」「家族」「友人」「就労」の4領域に整理して適応過程を考察する。

---

[6] ここでの定住は、日本社会への編入から20年ほど経過し、子どもが成人したという意味で用いる。ただし後段で述べるように、定住したかに見える結婚移住者でも将来構想については未定とする者も多い。

表4-3. アドラーによる異文化適応モデルと結婚移住女性の適応過程

	アドラーによる異文化適応モデル			結婚移住女性の適応過程
	認知面	感情面	行動面	
第1段階 異文化との接触	文化的差異に興味をそそられる。新しい文化を自文化の観点から見る。文化の深さ違いは認識されない。共通点が目につく。	興奮、刺激、幸福感、陽気、発見	今までの行動パターンを維持する。それによって自信をもって行動できる。好奇心や興味を持つ。印象に基づき行動する。	
第2段階 自己崩壊	人の行動、考え方や価値観のちがいが衝撃的に大きく目につく。それが頭から離れない。	混乱や孤独感、無力感を感じ、自信をなくす。アイデンティティに疑問を感じる。	どのように行動してよいかわからなくなり、抑うつ的になったり、引きこもりがちになる。	第1ラウンド 結婚5年目頃まで
第3段階 自己再統合	自分と滞在国との文化の差を拒絶する。	怒り、激怒、いらいらする、不安、フラストレーション	滞在国の文化のすべてを拒絶する。独断的になり、滞在国の悪口をいったり、その文化の人々をステレオタイプ化する。自文化出身の人のみと接する。自分の直感に基づいて行動する。	第2ラウンド 結婚5年目以降、または長子の就学の頃まで

第4段階 自律	文化の共通点と相違点をありのまま受け入れることができる。	リラックスし、「自立性を獲得した！」という満足感を持てる。滞在国の人に温かく接したり共感を示せる。	滞在国の文化の言語や非言語コミュニケーションも無難にこなす。新しい状況や考え方に対して柔軟に対応でき、応用力もついてくる。自信をもって行動できる。	
第5段階 独立	文化の共通点と相違点をマイナスではなくプラスにとらえられるようになる。	自分の気持ちに忠実に行動することができ、生き生きしてくる。ユーモアを含めて全ての感情がバランスよく表出される。	状況に応じてどちらの文化にそった行動をとるかを選択したり、または、まったく新たな行動をとることもできるようになる。しっかりした相互の信頼関係を築くことが可能になってくる。	第3ラウンド 自律のめどとなる 結婚10年目以降

出典：八代京子他（1998：254-255）の表7－1「異文化への移行体験の諸相」をもとに作成。なお、同表は八代らがAdler, P. S., *The Transitional Experience: An Alternative View of Culture Shock*. 1975, pp. 13-23 の本文と表をもとに作成したもの。

5-1. 結婚移住女性と地域社会

　町村（1993）は、地域社会における日本人と外国人との出会いから共生秩序の形成に向けた段階仮説の第1段階に「無視」を置く。外国人居住者の絶対数が少なければ、地域住民と外国籍住民が出会う機会も少ないからである。ところが、日本人家族に包摂される形で結婚生活を開始する農村の結婚移住女性たちは、「無視」されようがなく、むしろ過干渉の方が問題になることが多い。また、女性たちは、否応なく地域社会に組み込まれる。たとえば、Ko-2の集落では決まった日に住民税や区費などを集落センターに持ち寄ることになっているが、それは女性たちの役目である。Ko-2の姑は早々にその役目をKo-2に引き継いだ。また、Ko-3の集落では結婚した女性たちは自動的に「若妻会」に加入させられる。家族が緩衝材になるため結婚移住女性たちが地域ルールに関する情報不足のためにトラブルに直面することは都市部に比べて少ないが、家族に依存する状態が長引くことは女性たちの自立を遅らせることにもなる。

渡辺(2002)は、集住地にエスニック・ビジネスを集積させ、日本人と接触せずに日々の生活を送ることができるシステムを作り上げてきた日系ブラジル人と、日本人社会と否応なく関係を結ばざるを得ない結婚移住女性とを比較し、後者の地域社会を変容させる主体的行為者としての可能性を示唆した。とはいえ、農村に暮らす結婚移住女性が地域社会の変容に影響力をどこまで発揮できているかは、現状では、まだ「可能性」の段階にとどまっているというべきだろう。

5-1-1. 来日時期とライフイベント

表4-4は来日時期による結婚移住女性たちのライフイベントの相違を調べたものだが、第1期に来日した女性たちの適応第1ラウンドは、ほぼ出産と子育てに限られている。それに比べて、第2期・第3期に来日した女性たちの第1ラウンドは、明らかにライフイベントが多様化している。出産前の就労、別居・再同居、第2ラウンドでの出産があり、最後のCh-4は第1ラウンドに、出産、連れ子の呼び寄せ、日本語教室への参加と起業をほぼ同時並行で経験している。ここには受け入れ社会の異文化受容力ともいうべきものが、女性たちの適応過程に影響を与えていることが示唆されている。

第1期(1987年〜1996年)は、突然の国際結婚現象に戸惑い、社会的批判の前に行政が手を引き、結婚移住女性の存在が不可視化されてしまった時期である。地方紙「新潟日報」が1987年6月から11月まで家庭欄で「ムラの国際結婚」を連載し、翌1988年2月には新潟県議会定例会で農村の嫁不足について一般質問が行なわれるなど、「ムラの国際結婚」に社会的関心が集まった。しかし、それが支援施策に連動したわけではない。むしろ相次ぐ取材攻勢からトラブルが起き、まもなく行政も当事者も口をつぐみ、さらに結婚は「個人の問題」であり「プライバシー」であるとする言説のもとに、結婚移住女性の存在そのものが不可視化されてしまった時期でもある。

第2期(1997年〜2001年)は、小中学校で留学生を招いた国際理解教育が活発に取り組まれるようになり、市民の国際理解への関心が高まった。しかし、国際理解や留学生への関心と身近に暮らす結婚移住女性の存在とは結びついていない。第2期に来日したSr-1は、来日1週間後に夫の勤務する会社でアルバイトを始め、そこで出会った女性従業員たちがSr-1の初期適応を支えた。その女性たちとは今も交

友関係が続いている。Sr-1 の語りからはその他にも子どもの友人の母親たち、市の起業支援事業で関わった人々など、多様な接触相手が登場し、また彼女のエスニシティが社会的ネットワークの形成にプラスに作用したことがわかる。これは、Sr-1 の個人的資質だけでなく、結婚移住女性を地域リソースとして積極的に受け止めるような変化が、1990年代後半の地域社会に生じたからだと考えられる。

第3期(2002年～2007年)は、次章で取り上げる市民組織「夢っくす」が活動を開始し、そこに結婚移住女性がつながっていった時期である。第3期に入ると、結婚移住女性の一部がエスニック・ビジネスを始めたり、Ko-1 や Ko-2、Ko-3、Ch-2 が母語を生かした仕事につき始めた。Ko-2 は高校で韓国語を教えているが、彼女に仕事を紹介したのは年に数回 PTA で顔を合わせる中国人の結婚移住女性で、その女性も同じ高校で中国語を教えている。Ko-3 は語学留学から帰国した直後に入会した「夢っくす」の知人を通じて語学力を生かせる仕事のチャンスを摑んだ。これらは求職活動における「弱い紐帯の強さ」(グラノヴェッター 1973=2006)を示すと共に、結婚移住女性の社会的存在感が高まりつつあることの証左といえるだろう。また、第3期は、2002年に新潟県が日韓共催で開催されたサッカー・ワールドカップの試合会場となり、それに続く韓国ドラマの影響などもあって、一般市民の韓国への関心が高まった時期でもある。高校で韓国語の授業が開講されるようになったことも、こうした変化の影響だが、結果として韓国人女性の社会参加を後押しすることになった。[7]

Ko-1 と Ko-2 は、来日10年目にあたる1997年頃、市民講座で来日経験について講演した。Ko-1 と Ko-2 が講演という形で地域デビューするのに10年かかったのに比べ、Sr-1 は来日早々に PTA 主催の料理教室でエスニック料理の講師を引き受けている。こうした適応過程の圧縮は、当事者の資質だけでは説明できない。90年代後半以降、女性たちのエスニシティを積極的に評価する変化が地域社会に生じ、それが結婚移住女性の社会参加までの時間を圧縮したのである。さらに2000年以降になると、市民組織の活動が始まり、結婚移住女性たちの社会的ネットワークが多層化する条件が広がった。

---

7 筆者が外国人支援組織の調査を別に行なっている相模原市で韓国人児童生徒の日本語支援を行なっている韓国人の結婚移住女性は、「私たちは何も変わっていないのに、韓国ドラマのブームが起きたら、急に友だちになりたいという人が増えてきた。ムードというかイメージの影響が大きい」と語っている(2008年10月8日の聞き取り)。

表4-4 結婚移住女性の来日時期とライフイベント

	表記	第1ラウンド (1～5年目)	第2ラウンド (6～10年目)	第3ラウンド (10年目以降)
第1期 1987 ～ 1996年	Br-1 Ko-1* Ko-2* Th-1 Ko-3* Th-2	結婚,出産,出産 結婚,出産,姑看取り 結婚,出産,出産 就労,結婚,出産 就労,結婚 結婚,就労	市民組織参加,国籍取得 夫入院,婦人会加入 就労,単独海外旅行 出産,就労,2年間帰国 出産,別居,語学留学 就労	子どもの独立 講演,語学講師,夫定年 講演,改築,語学講師 就労,正社員 起業,市民組織参加 資格取得,夫定年,起業
第2期 1997 ～ 2001年	Sr-1* Ch-1* Ph-3 Ph-1* Ch-2* Ph-2	結婚,就労,別居,出産, 再同居,出産, 料理講習会 結婚,就労 就労,結婚 結婚,出産,就労,離婚 結婚,出産,同居, 日本語教室 就労,結婚,出産,出産	就労,出産,起業 母国での不妊治療, 姑看取り 正社員,出産,連子呼寄せ 再婚,出産,就労 就労,市民組織参加, 語学講師 離婚	日本語教室 就労,舅施設入所 日本語教室
第3期 2002年 ～	Ch-3* Ch-4*	再婚,日本語教室,就労,連子呼寄せ 再婚,出産,連子呼寄せ,日本語教室,起業		

注1：*は業者/知人仲介を示す。
注2：Br：ブルネイ、Ko：韓国、Th：タイ、Sr：スリランカ、Ph：フィリピン、Ch：中国。
注3：Br-1の来日は1981年であるため、適応ステージのみ他の女性たちと合わせた。

5-1-2. 地域社会への参入障壁──差別・偏見

　Ko-1は村祭りではカラオケ大会にも参加し、コミュニティに入る努力をした。だ

が、スムーズに受け入れられたわけではない。Ko-1の存在は集落の人たちに認識されていたはずだが、Ko-1が婦人会という組織があることに気づくのは結婚7年目のことである。「誰も誘ってくれないので、自分から会長さんに入れてほしいと頼みに行った」という。婦人会はどこも組織を維持するために新規会員をいかに確保するかが課題になっている。にもかかわらず、Ko-1には誰も声をかけなかったということである。

 Ch-2も子どもがいじめられないようにと、意識して集落の運動会や忘年会などに参加してきた。しかし、最近は必要最小限の付き合いに切り替えている。理由は、「飲み会に行っても、毎回、同じ話をしていて面白くない」からだ。Ch-2は日本語でのコミュニケーションに困ることはないが、同世代の女性たちの会話に入れず疎外感を感じてしまう。Ch-3の夫は結婚当初、集落の区長に頼みに行き、集落センターで妻が餃子作りを紹介する機会を作ってもらうなど集落に溶け込めるように心がけた。しかし、夫によれば「いろいろやってみたけど、うまくいかなくて…。公民館の掃除とかには行くけど、それだけですねぇ」と、集落内での社会関係づくりがうまくいっていないことを吐露した。

 Ch-2やCh-3が集落内で社会関係をうまく作り出せない要因はどこにあるのだろうか。農村コミュニティの持つ閉鎖性から説明できるかもしれない。だが、それは一面的で、外国人と接した経験がない場合、どのように接して良いかわからず、「面倒なことに関わらない」でおこうとしているのが実情に近いのではないだろうか。2006年11月に実施した「多文化共生の地域づくりに関する南魚沼市民アンケート」の自由記述欄には次のような記述があった。

「私の家の上3軒隣に中国から来た親子(母40歳・子ども高校1年)がいます。また、下5軒隣にはフィリピンから嫁いできた方がいます(昨年11月出産)。この人たちと接するには、チャンスがないと接しられない。各部落にそのために誰かがリーダーシップを取り機会を作ってほしい。お互いに話せばわかることがいっぱいある。期待します。」(女性・70代)

「外国より嫁いでいる人が近所に2名います。本人が地域になじもうとしない場合はしょうがないが、各団体の代表はさそってあげる声掛けが必要のように思う。」(女性・50

代)

「外国人のお母さんが何人か学校にいらっしゃいますが、やはり、個人個人の性格などにより言葉を交わす人もあれば、そうでない人もいます。私自身偏見はありませんが、お互いに交流する姿勢が引き気味なので、なかなか交流が進まないのだと思います。」（女性・30代）

「実家の近くに外国人のお嫁さんがいます。近所には挨拶はおろか接点が全くなく、子ども（小さい）はどうなっているのか。たまにお嫁さんの親や弟が外国から来ますが近所には挨拶はまったくなく、自分たちだけで生活して帰っていきます。外国人は個人主義？　向こうから寄ってこないと日本人は冷たいのでは？」（女性・50代）

これらの記述からは、集落内に暮らす結婚移住女性の存在が十分認識されていることがわかる。共通しているのは、結婚移住女性の存在を認識し、話してみたい気持ちもあるが、交流の「場」を誰かが設定してくれなければ接することができないと考えていることである。市民の側は、結婚移住女性が「向こうから近寄ってくる」ことを期待している。だがおそらく、結婚移住女性の側は、日本語での会話に自信がなく、「声をかけてもらうこと」を期待しているのではないか。このように双方が相手からの声掛けを待っているために「引き気味」状況が生まれる。よく知った集落の「○○さんちのお嫁さん」に対して、直接的な差別や偏見に基づく言動をとることはしない。結婚移住女性たちが直面するのは、「形になりにくい人々の眼差しやぎこちない対応」であり、また、「面倒なことになりそうなことに関わりたくない」、と遠巻きに様子をうかがい、積極的には仲間に加えようとはしない状況である。

こうした「ぎこちない対応」を生む要因は何だろうか。1つには、「農村花嫁」という言葉の持つネガティブなイメージの影響がある。自由記述には、女性たちを気づかうコメントとともに、「金目当ての結婚」といった国際結婚に対する否定的なコメントも多く見られた。結婚移住女性のステレオタイプ化された「農村花嫁」のイメージを修正するには、女性たちとホスト社会の住民とが多様な場面で接触する機会を増やすことが必要である。また、異なる文化背景を持った人々の対話や交流には、橋渡し役を担うコーディネーター機能を持った人や組織も不可欠である。市

民組織はその役割の一端を担いうる。しかし、市民組織もオールマイティではない。この調査では、市民組織と既存組織とのつながりが弱いこともわかってきた。市民組織か既存組織かではなく、必要なことは双方がさらに重層的に重なり合い補完し合って、結婚移住女性やその配偶者が問題を抱えたときに、どこかにつながる状況を作り出すことである。

5-2. 家族関係の変化

　聞き取りをした結婚移住女性のうち、Ko-1、Ko-2、Sr-1、Ch-1、Ch-2、Ch-3、Ch-4、Th-2、Br-1の9名は日本語でのコミュニケーションがほとんどできない状態で来日した。全員、夫の両親との同居で結婚生活を始めている。第1ラウンドでは、言葉によるコミュニケーションの制約がストレスのかなりの部分を占める。Sr-1は、「まだ日本語がよくわからないときに、日本語がどれくらいできるか確かめずに、日本語で一方的に話されるのが辛かった。何をいわれているかわからないのに、ハイ、とか返事をしてしまう。ほんとに怖かった」と語る。こうした来日初期の危機を切り抜ける上で鍵となったのが、彼女たちが結婚来日を自ら選択したという自覚、すなわち「新しい環境への精神的な準備の度合い」(Kim, 2001：71-94)であった。Ko-1は、「親の反対を押し切ってきたので泣き言はいえないし、ここに来た責任は自分にある。来た翌日は6時に起きて朝ごはんを作った」と、来日前に夫が結婚を望んだ背景には79歳の姑の介護への期待があったことを自覚していた。Ko-1は夫との年齢差10歳に躊躇し、また、まったく夫の状況を知らなかったわけではない。当時の韓国社会で未婚女性が生きる上での生きにくさと、夫との結婚により遭遇するかもしれない困難さを考えた上で、自分で結婚を選択した。その自覚がKo-1の「嫁として来たから、嫁の仕事はする」という言葉に込められている。

　言葉の習得がいかに困難であるかについて、聞き取りをした中では最も問題が少ないと思われたKo-3の事例を示しておきたい。Ko-3は10年ほど前、調理師免許を取得するときに精神科を受診した。調理師免許の取得には精神疾患がないことを証明しなければならないからである。対応した医師は、Ko-3が結婚移住者であることに気づくと、フィリピン人の結婚移住女性のケースを紹介しながら、異文化の中で暮らす上で必要なストレス・コントロールについて話してくれた。そのときは、「他の人たちも大変なんだなぁと思った」が、5年ほど前に、Ko-3自身がスト

レスから過呼吸を起こして病院に担ぎ込まれた。引き金になったのは夫との口論だった。Ko-3は日常会話には全く支障はない。それでも、考えていることや感じていることと、実際に日本語で表現できることとの間にはギャップがある。その苛立ちをうまく表現できないストレスが引き起こしたパニックだった。

5-2-1. 夫との関係

　国際結婚の漸増という現象は、「イエ」規範の揺らぎや個人主義的志向の強まり、その一方で残る家系を維持することへの執着や、自分の家族を作りたいという思いが交錯する中で生じている。表3-7で示したようにアンケートに回答した結婚移住女性45名のうち20名は三世代同居である。これに夫の親との同居（子どもがいないか、既に成人して別居）の6名を加えると58％になる。国際結婚を選択した夫の動機は、「イエ」の存続や老親介護だとされ、農村の国際結婚は、経済格差を利用した受け入れ側の論理が優先された結婚だと批判されてきたが、実際はどうなのだろうか。

　Th-2とCh-1には、子どもがいない。国際結婚をする日本人男性の結婚動機には、跡継ぎを得ることへの期待が含まれている。しかし、だからといって、国際結婚＝再生産労働（子産み）とする議論は飛躍のしすぎだろう。3夫婦とも、「2人で何とか仲良くやっていきたい」と語る。山田(2009)は、結婚には「①家族自体を求める欲求」と「②家族に求める欲求」があるという。たとえば、②に含まれる家事はある程度市場で調達できるので、その意味では代替が可能である。しかし、①は個別的存在としての自分を確認したいというアイデンティティ欲求とつながるものであるため代替は不可能である。業者仲介の結婚は「手段的結婚」という意味で、②＞①と表すことができる。家族形成を通じて①＞②の関係に比重を変えることができるかどうかが、婚姻関係を継続するカギになる。法廷通訳として中国人結婚移住者との関わりが深いL氏は、「（業者仲介で結婚した女性たちは）お金で来ているのは事実。だから結婚後に夫婦としての関係を育むことができなければ金儲けのために日本人も同国人も利用するという考えに歯止めがかからなくなる」という。[8]

　筆者が聞き取りをした国際結婚を選択した夫たちは、結婚の動機や現在の心境を次のように語っている。Ch-1の夫は「妻は結婚したときに40歳をすぎていたので、言葉を覚えることも日本の習慣に合わせるのも難しいようだ」と、日常生活の

---

[8] 2007年11月12日の聞き取り。

コミュニケーションの苦労を隠さない。その一方で、妻のおかげで中国に3度も行き、義父の見舞いに行ったときにはアメリカ人と結婚している妻の姉夫婦にも会うことができたと、問題よりも結婚によって得ることのできたプラスの経験を評価する。Ch-2の夫は、日本人女性との仲介を前提に業者に登録していたため、中国人女性を紹介されたときには、「とんでもない」といったんは断った。その後、「無性に1人ではさびしいと感じることがあったので」と見合いに応じたときの気持ちを語った。婿養子で妻に先立たれたCh-3の夫は、「子どもはいずれ独立して1人になる。老後は旅行でもしながらのんびりと暮らしたいが、そのときにそばにいる人がほしかった」という。Ch-4の病気の夫は両親を看取り、やっと自分の結婚を考えられるようになったときには50歳をすぎていた。業者仲介の見合いもしてみたが、営業姿勢に胡散臭さを感じて断り、その後、同じ集落にいた結婚移住女性から同郷のCh-4を紹介してもらった。「父親は多くを語らなかったが戦争で満州に行った。そこの女性と結婚することになったのも何かの縁だと思っている」と語る。

　それぞれ日本人女性との結婚の見通しが立たない中で、次善の策として国際結婚を選択しているのは事実であるが、イエの継承よりもむしろ前面に出ているのは、家族を持ちたいという人間的な思いである。長男として、幼少期から言いきかされてきた「イエをつぐ」という長男規範を内面化させている点では「イエ」規範に従っているといえる。だが、結婚は自分の意思で決めている。Ch-2は両親の反対を押し切り、Ch-4は反対するきょうだいたちに最後は「相談」ではなく「結婚宣言」をすることで結婚の意思を貫いた。夫たちは、共通して、結婚前は親世代のような「亭主関白」像を描いていたため、女性たちの男女平等志向に戸惑ったと語る。Ch-2の夫は「こっちは一日中仕事をしてきたのに、夕食を作ったのは自分だから片づけはあなたの仕事だ」といわれることに困惑し、Ch-4の夫は、妻が自動車学校に通っている間は、昼休みに家に戻り、子どもの世話から食事の準備までこなした。夫たちは内面化させてきた性別役割規範を驚くほど柔軟に変化させている。それは、自分が選んだ結婚だという自覚と「妻と一緒にやっていきたい」という思いからである。

　国際離婚当事者の聞き取り調査を行なっている松尾 (2005) は、国際離婚の理由は、日本人どうしの婚姻と同様にさまざまであるが、基本的に「結婚生活が深まるにつれて顕著になる夫婦間の溝、愛情の消失、価値観のズレ、夫からの暴力、経

第4章　結婚移住女性の適応過程のダイナミクス——国際結婚当事者の面接調査とその結果分析——　199

済的破綻、浮気など、どこでも『ありがち』な理由」(同上：23)が大半を占めているという。松尾の被調査者は、自由恋愛による国際結婚者であるが、共通言語を持たずにお互いを知り合う十分な時間もなく結婚する農村の国際結婚者の場合には、「結婚生活が深まるにつれて顕著になる夫婦間の溝」ではなく、共通言語の不在を主因とする関係性構築の不全が破綻を招くことが多いと考えられる。これまでに破綻した国際結婚カップルの中には、結婚移住女性に対する日本語習得など定住のための社会的支援が得られれば、破綻を回避できたケースも相当数あったのではないだろうか。

　妻の日本語習得という切実な「必要の充足」に迫られた夫たちは、その「必要の充足」をどのように求めたのだろうか。2006年まで日本語教室が開設されなかったことは、当事者たちからの「必要の充足」を求める動きが弱かったからだろうか。筆者には、夫たちの「必要の充足」を求める動きと、「必要の充足」の切実さとは必ずしも比例していたわけではないと思われる。聞き取りをした夫たちのほとんどは、相談先がなかったと語り、妻への日本語支援を求めることが正当な権利だと主張することにためらいを見せた。日本語のできない女性と結婚したのは、自らの選択だったからである。

　「必要の充足」を満たす上で、夫の持つ社会的ネットワークの有効性を示す事例がCh-3夫妻である。Ch-3夫妻から筆者が日本語教室の相談を受けたのは、Ch-3が来日して1ヵ月後のことである。このとき、Ch-3は挨拶程度の日本語しかできず、Ch-3自身、「もう40歳をすぎたから、新しい言葉は覚えられない」と弱音を吐いた。ところが、翌年の春には日本語での基本的な会話には支障がないまでに上達していた。Ch-3の夫は、妻を「夢っくす」の日本語教室に参加させるだけでなく、車で30分ほどの隣接する自治体の日本語教室にも自ら送迎して通わせた。込み入った話で通訳が必要なときは、40キロほど離れた自治体で提供している外国人相談を利用したこともある。夫はこうした日本語教室や外国人相談の情報を同じ集落に住む市の職員などから入手した。里帰りの機会を利用して中国にある日本語学校で勉強したいという妻の要望も聞き入れた。わずか3ヵ月であったが、日本で暮らし、日本語の必要性を実感した後だっただけに、中国での日本語学習は非常に効果的だったという。ここには日本語を系統的に集中的に学ぶ機会があれば、年齢にかかわらず日本語習得はある程度までは可能であることが示唆されている。

Ko-1の姑は結婚4年目に亡くなった。「母親の言いなりだった夫は、私との間に入って苦労したから、母親が亡くなったときは、肩の荷が下りたようだった」という。2人の女きょうだいが嫁いだ後は、母親との2人暮らしで、酒も飲まず交友関係も広くない夫は職場と家を往復し、コメ作りをしてきた。40歳まで親元で暮らしていたにせよ、会社勤めをして経済的に自立して自由な暮らしをしていたKo-1は夫とは、「住んでいた世界が違う」と表現した。「真面目だけが取柄の人。でも魚沼から一度も出たことのない人だから、性格はぜんぜん合わない。私が外出するのも嫌がり、何でもダメっていう人だった」というのだ。だからといって、Ko-1はその状況に甘んじていたわけではない。Ko-1は、出かけるときには食事の支度から掃除や洗濯まで全部終わらせた上で、娘の教育を口実に新潟市水族館や上野動物園へと行動範囲を広げた。何度か「夫とは性格が合わない」という言葉が出てきたが、現在はどうかと尋ねると、「むこうは70でしょ。2人で冗談も言い合うし、今は大体私の好きなようにできる」という。東京の大学に進学する娘のアパート探しのために上京したKo-1が帰宅した夜、夫は味噌汁を作って待っていた。Ko-1が家のあちこちに辞書を置いて日本語を勉強していたことを知っている夫は、尊敬の念を込めてKo-1を「うちの学者さん」と呼ぶ。

　ここで取り上げた日本人の夫たちは、たまたま、「妻の文化に無関心な暴力夫」として描かれることの多い「日本人の夫像」の対極にある稀なケースにすぎないのだろうか。そうではない。ここで取り上げた夫たちのように、「言葉の壁」を乗り越えて家族になろうと努力している夫たちの方が多数であるはずだ。暴力が生じる背景には構造上の問題が隠れていることが多い。国際結婚した夫たちの多くは、そこに至るまでの間に「複合的な不利」をいくつも経験している。そのため構造的に孤立しがちになることにも目を向けるべきである。夫たちが問題を抱えたときに適切な相談先があれば、これまで破綻したカップルのうち相当数は別の選択をすることができたのではないか。家族の問題は社会の問題である。当事者はもっと社会に助けを求めていいし、社会は自己責任を名目に問題を抱えている当事者の声なき声に無関心であってはならない。

5-2-2. 家庭内地位の変化

　第1ラウンドの危機を乗り切る上で、大きな役割を果たしたのが子どもの誕生で

ある。Ko-1とKo-2、そしてCh-2、Sr-1も、ともに1年目に第1子が誕生した。子どもの誕生によって、家族関係は大きく変わる。夫の単身赴任中に第1子を出産したBr-1は、19歳と若く日本語も十分にできないこともあり、姑から「この子は私が日本人として育てる」といわれた。それだけ聞くと「子産みの機械」のように女性たちを扱っている、という批判が妥当するようであるが、必ずしもそうとはいえない。義母が年齢的にも体力的に子育てに介入できる状況になかったKo-1を除くと、Ko-2もCh-2も義父母の子育てへの介入には抵抗がなかったようだ。むしろ、Ko-2は、「子育てを手伝ってもらって、その間に私は日本語の勉強をした」といい、Br-1は「子どもはちゃんとした日本人として育てたかったので、それでもいいと思った」という。子どもに父母それぞれの文化と言語を継承させることは理想だが、それ以前に彼女たちが懸念していることは、母親が外国人であるために子どもがいじめられないようにすることである。そのためには「ちゃんとした日本人」に育てることが優先される。日々成長する子どもが物事への関心を高め、何についても質問する「なぜなぜ期」に入ると、彼女たちは自分では対応しきれないことを自覚する。したがって、自分で子どもを独占するよりもできるだけ多くの「日本人」＝夫や舅・姑に子育てに関わってもらうことが彼女たちの合理的選択となる。また、そこには子育てを過度に母親に期待する日本社会とは異なる結婚移住女性たちの子育て規範もうかがわれる。具体的な事例を見てみよう。

　たとえば、Br-1の両親は中国人である。中国社会の子育て規範の影響を受けていると考えれば、Br-1の反応は自然なものである。中国では、「3歳までは母の手で」という「3歳児神話」はなく、母親が子どもを長期間実家に預けて面倒を見てもらうケースも珍しくない。筆者が知る範囲でも、乳児を実家に預けて日本に留学してきた中国人女性が何人もいる。落合ら（2007）は、中国では「（家事や育児は）手の空いている者がする」というように、「夫婦、祖父母（同居、近居双方）の間で、性別にかかわらず、そのときにそのことができる状況にある人がするという状況対応的分担」がなされているという調査結果を報告している（同上：第4章）。日本では、「3歳児神話」が広く受け入れられているが、学歴が社会的成功の鍵を握る中国や韓国では、幼児期の人格的情緒的発達よりも、「小学生神話」といわれるような学業へのより強い関心が見られる。

　韓国は「キロギ・アッパ」という新語が作られるほど教育熱が高いことで知られ

る。韓国語で「キロギ」は雁、「アッパ」は父親を意味する。「キロギ・アッパ」とは、母親が子どもの留学先に同行し、父親は韓国に残って働き、渡り鳥のように家族との間を行ったり来たりすることをいう。Ko-3の子連れ留学や娘の韓国留学などの発想は、母国での子育てや教育観をそのまま実践しているように見える。Ko-1とKo-2も、子どもの授業参観をはじめPTA活動など教育に関することは彼女らが主導権を握ってきた。子どもが成人したKo-1とKo-2の子育ての語りからは、子育てを通じて日本社会を学んできたことがわかる。2人とも小学1年生の教科書から子どもと一緒に勉強し、子どもの教科書を通じて日本的価値観を学んだ。また、子どもたちは小学生の間は母親の里帰りに同行している。そこで母親が2つの言葉を操ることに気づく。さらに学年が進むに従い、異文化の中で生きることの意味や外国語を習得することの大変さを自分自身のこととして理解できるようになる。それらが、母親への尊敬の念を育んだ。Ko-1とKo-2の娘たちは思春期に母親の外国人性に反発し、また、両親の結婚について疑問をぶつけたこともあるが、そうした時期を乗り切る上で、子ども心に抱いた母親への尊敬の念が役立っている。

5-2-3. 規範の葛藤・交渉

Ko-2は来日10年目のころ、結婚前の夢だったヨーロッパ旅行に単身で参加したが、その旅行をめぐって夫と口論した苦い思い出がある。夫はKo-2が念願の旅行に行くことは快く賛成したが、同居する両親には「里帰り」と伝えた。Ko-2には、なぜウソをつかなければならないのかが理解できなかった。「今になると、あれは夫が私を守るためについたウソだったとわかる」。この頃、Ko-2の家では、下水道工事にあわせて家を新築するか改築するかの議論が始まっていた。義父母は新築を主張したが、Ko-2は子どもの教育費などを考えて「家にそんなに大きなお金を投資する必要はない」と改築を主張し、自分の意見を通した。改築プランから業者との交渉までしきり、それをきっかけに姑から「財布」も引き継いだ。長女の高校進学問題でも「女の子だからA高でいい」という義父母に対して、担任から県内でも有数の進学校であるB高をねらえる成績だといわれたKo-2は、迷うことなくB高受験を押し通す。Ko-2はこうした場面で、いつも態度をはっきりさせない夫に不満だった。「でもこの頃、夫は賢い人なのかもしれない」と見方が変わった。夫は、家族が分裂しないように、いつも調整役に回っているのだと思うようになった。

Ph-1は前夫との間に子どもを残して再婚した。現在の夫との間の息子と姑、夫の姉との同居である。Ph-1と姑の双方から、別々に相手に対する苦情を聞いた。Ph-1は自分が世話すべき対象は息子だけでいいと考えている。その感覚が姑には理解できず、「嫁」役割を果たしていないと不満をもらす。一方、Ph-1の考え方はこうだ。自分と結婚する前から夫の世話は実母がしていたし、今は姉までいるのだから自分が洗濯や食事の世話をする必要ないというのだ。2009年夏、Ph-1が友人と海水浴に出かけたときに、子どもを連れていかなかったことをめぐって夫と口論になった。そのとき、Ph-1が言い放った「子どもを連れていったら私が遊べないでしょ」という言葉に、姑と義姉はショックを受ける。Ph-1の母親としての責任のなさを非難してはみたものの、振り返れば「母親」という言葉に縛られ、多くを諦めてきたこれまでの自分の生き方が根底から揺さぶられたからだった。

　Ph-1がスーパーと軽電機の会社でアルバイトをしているのは母親への送金のためである。Ph-1の姑は、その事情を承知した上で、「日本も昔は娘を売った時代がある。フィリピンはその頃の日本に似てる。昔の日本みたい。あたしだって、結婚する前は働いたお金はみんな親に出した」とPh-1の境遇に自分の人生を重ね合わせる。

　Sr-1は、「親やきょうだいに愛された子は、他の人を愛することができる。家族が基本。家族がばらばらになると社会もばらばらになる」という。また、Ko-2は、「郷に入れば郷に従う。矛盾といえば矛盾。でも自分であることと、従うこととは両立できる。従うことができるのは自分を持っているからだ」といい、仏壇の掃除も神棚の掃除も欠かさず、子どもたちにも「神様はこの家の魂」と教えた。姑は、「若いのにたいしたもんだ」といい、「ありがたい」と周囲に漏らすようになった。Ph-1やSr-1、Ko-2の家族観や家族への対応が姑との緊張感を和らげる作用をもたらしている。

　結婚移住女性たちの率直な言動はときに農村の持つ結束型の安定した社会関係を揺さぶる。保育所や小学校は、結婚移住女性がコミュニティ・デビューをする重要な場になっている。日本人の保護者は、できるだけ役員を押し付けられないようにと考える。また、請われても何度か辞退をした上で、「それでは」と引き受ける「儀式」のような手順がある。ところがそうした阿吽の呼吸は結婚移住女性には理解できない。5歳児クラスは全員で8人という小さな保育所の役員選出を巡って興味深

い出来事があった。その保育所では、5歳児の保護者から副会長を出し、翌年はその人が会長になるという慣習が続いてきた。実働は母親だが、役員名簿には父親の名前が綴られる。2010年3月、結婚移住女性が初めて副会長に就任した。彼女が立候補したときに、他の保護者たちは予想外の展開に戸惑ってしまった。しかし、誰もその女性が就任できないことを合理的に説明することができない。日本人同士であれば暗黙の了解ですんでいたことが通らない。この一見、画期的な決着を見た背景には、現在の5歳児が小学3年になったときに、小学校を合併させる計画が持ち上がっていたことも影響している。この女性もこれから始まる小学校の存続、あるいはより良い条件での合併に向けて協力し合う数少ない保護者の1人となる。小学校の存廃という、コミュニティの存亡に関わる危機感の共有が、従来の閉鎖的な社会慣行を変革する駆動力を生み出すことになった。

5-3. 友人関係

　結婚移住女性たちが友人関係を作るきっかけは、居住集落や就労先などのほか、一番多いのは、子どもを通じたつながりである。保育所の送迎を通じて顔見知りになり、さらに保育所行事などを通じて親しくなることが多い。特に周辺集落に行くほど子どもの数が少ないため、「顔の見える関係」を作りやすく、さらに保育士にとっても1人1人の保護者に目を配りやすいという規模の小ささがプラス効果を生む。小学校の保護者会で知り合った女性から日本語を教えてもらう関係に発展した女性(Sr-1)や、子どもの担任が母国の文化紹介の機会を作ってくれたという女性(Ko-1)もいる。第5章で詳述する市民組織「夢っくす」で出会った会員から個人的な支援を受けている女性(Ch-1、Ch-2、Ko-3、Sr-1)もいる。

　しかし、こうした関係は往々にして「困っているから助けてあげる」というパターナリズムに陥ってしまう。パターナリズムに基づく支援は、弱者と強者の関係の中で成立するものであるため、「強い結婚移住女性」の「強さ」は排除の理由づけになることもある。たとえば、英語と日本語と韓国語のトライリンガルで、語学力を生かして活躍するKo-3は、「あの人はきつい」ということになってしまう。Ko-3は「南魚沼市に来て14年たつけど、ここには1人の友人もいない」と語る。

　都市部および外国人集住地域に暮らす外国人労働者と農村部で暮らす結婚移住女性との大きな違いは、適応過程における相互扶助機能を持つエスニック・コミ

ュニティの有無である。後者の場合、エスニック・コミュニティからの資源調達は、ほとんど期待できない。結婚移住女性の結婚後の生活水準は、一義的には結婚した夫の持つ社会関係や、家族資本の多寡によって規定される。このため、同国人であることが、逆に反目を生み出す場合がある。たとえば、結婚移住女性たちは次のように語っている。

　Ko-2：来たばかりの頃は、他の韓国人と付き合いがあった。でも、それぞれ家庭の事情が違うし、女同士の嫉妬や妬みもある。国を出てきたのは、多かれ少なかれいろいろなものを切り捨ててきているし、「クセが強い」者同士だからうまくいかない。今は付き合う必要性がない。

　Sr-1：私より1年くらい後にスリランカの女性が嫁いできたから、最初はいろいろ教えてあげたり、行き来していたけど、今は付き合っていない。私がレストランを開いたことも良く思われていない。嫉妬みたい。彼女のところには姑がいないから気楽だと思う。

　Ph-1：魚沼にはフィリピンの人の集まりがない。N市にはフィリピンの人が多いし、教会があるからそこへ行けばフィリピンの人に会える。でも遠いし、今は働いているから行けない。同じ集落にフィリピンのお嫁さんが何人かいる。みんな飲み屋さんで働いていたことがあるから知ってる。うちはうまくいってると思われているから、いろいろ悪口をいわれたりする。

　中には、Th-1とTh-2のように在留期間の更新時に入管で偶然知り合って、家族ぐるみの付き合いをしている者もいる。筆者がTh-1の聞き取りのためTh-1宅を訪れると、Th-1が「友だちも一緒にいいですか？」とTh-2を紹介してくれた。2人の居住集落は車でも40分〜50分離れている。Th-1の休日は不規則だが、日程を調整しあって、タイ料理の食材の買い出しに一緒に出かけたり、農作業やタイ料理の得意なTh-1がTh-2に野菜の作り方や料理の作り方を教えたりもする。

　都市部で一定程度の同国人の人口規模がある場合と異なり、農村部や外国人の分散する地方では、エスニック・コミュニティを形成することは難しい。現状は、気のあった者同士の助け合いのレベルにとどまっている。また、コミュニティは自然にできるわけではなく、誰かが声をかけるなど必要な資源を提供しなければなら

ない。ところが、結婚移住女性のほとんどは、それぞれが日本語を覚え、日本の生活に適応するだけで精一杯であり、そうした資源提供の余裕はないように見受けられる。したがって、日本人とのネットワークをどれだけ広げられるかが適応過程の鍵を握ることになる。

5-4. 就労関係

聞き取りをした全員が何らかの金銭報酬を伴う就労をしていたが、全体的に見ると、結婚移住女性たちの経済的自律性は、結婚移動に伴って低下している（表4-7）。その主な理由は、母国で取得した資格が認められないこと、日本語の制約、南魚沼の労働市場そのものの制約があるためである。このため雇用形態を見ると、正規雇用されているのは、Ph-3とTh-1、Br-1の3名のみである。Ko-1、Ko-2、Ko-3、Sr-1、Ch-2、Ch-4、Th-2、は、短期のアルバイト的就労を経て、語学を生かす仕事についたり、起業に成功した。女性たちが働く理由に挙げているのは、直接的には「家計のため」と「子どもの教育費」であるが、就労は彼女たちのアイデンティティの再構築と深く関わっている。

表4-5. 結婚移住女性の来日前職業と現在の仕事

	表記	学歴	来日前の職歴	来日後の職歴	初回面接時の仕事
1	Ko-1	高校卒	会社勤務	短期の旅館の手伝いなど	
2	Ko-2	高校卒	会社勤務	食品販売、化粧品販売など	語学講師
3	Ko-3	大学卒	学生	学生、飲食店等のバイト	語学講師
4	Sr-1	高校中退	デパート勤務	工場や飲食店でのバイトなど	自営業
5	Ph-1	高校卒	会社勤務	飲食店勤務など	工場等でのパート
6	Ph-2	高校卒		飲食店勤務など	
	Ph-3	高校卒		飲食店勤務など	社員食堂（常勤）
9	Ch-1	高校卒	会社勤務		工場勤務

7	Ch-2	大学卒	外資系企業勤務		ファミリーレストランパート
10	Ch-3	中学卒	国営企業勤務	農業の手伝い	縫製工場等でのパート
8	Ch-4	小学卒	縫製工場などに勤務		自営業
11	Th-1	中学卒	農業や工場勤務など	工場勤務	きのこ工場(常勤)
12	Th-2	大学中退	会社勤務	温泉施設での勤務等	自営業
13	Br-1	小学5年	デパート勤務		会社勤務(常勤)

5-4-1. 専業主婦願望

　Ch-2は、結婚を承諾する際、夫に結婚条件として「結婚して主婦になりたい。だから、私に外で働く、稼ぐという要求、希望はしないで」と主婦願望を伝えた。Ch-2の主婦願望には2つの意味がある。1つは、中国では外資系企業の通訳や経理の仕事をしていたが、日本ではそうしたキャリアを生かした仕事につくことはできないだろうという、ある程度の日本の雇用状況に関する情報を得ていたこと。また、単に給与を得るためだけの単純就労の仕事にはつきたくないという思いもあった。もう1つは、中国人女性にとって「専業主婦」がある種のステイタス・シンボルの役割を果たしているためである。「昔の教育、制度とかシステムとかは、男の人が外で働く。でも今は共働きしないと生活できない」と経済的必要からの共働きであること、そして「経済の発展で今、お金持ちの人は愛人がいる。女の人は愛人になっていい生活が手に入る。ほんとは女の人は働きたくない」と、中国人女性の労働観の多様な一面に言及した。

　落合ら(2007)は、2004年に北京の大学院生に対して行なったインタビュー調査結果から、自発的専業主婦層が、都市部の富裕層で広がりつつあることを指摘している。Ch-2の発言を含めて、中国では経済発展と市場経済化への移行に伴う価値観の多様化が進み、ジェンダー観や家族規範に揺らぎが生じていることは確かなようである。専業主婦を結婚条件にしたCh-2であったが、長女が保育所に入ると近所のファミリーレストランの厨房でアルバイトを始めた。「大きなお金は稼げなくても、自分のお金があった方がいい」と、Ch-2の主婦願望は来日後に変化したよう

である。

5-4-2. 就労とアイデンティティの再構築

　Ko-1は、姑の介護と子育て、夫の入退院などが続き、本格的に求職活動を始めたときには40代後半になっていたため、旅館の手伝いなど短期の一時的な仕事にしか就くことができなかった。これは経済的に自立した生活をしていたKo-1には辛いことであった。Ko-3は、仕事であればなんでもいいというわけではないことを強調した。韓国で大学を卒業し、日本では就学生を経て中退はしたものの大学に進学した経歴を持つ。しかし、魚沼では自分のキャリアを生かした仕事につくことはできない。Ko-3は夫の協力も得て語学を活かす道を切り開いた。

　筆者に対して「身ひとつ、1円の円も持たずに来たことの意味がわかりますか？」と語気を強めたKo-2は、「私のところは集落では田んぼもたくさんあったし、舅も夫も給与所得があったので、経済的に困ってはいなかった。主婦は立派な仕事だけど、一日中家にいると夫のお金で遊んでいると思われる。だから、いろんな仕事をした」と語った。これらの言葉は、「自分の財布」を持つことが、女性たちが自立感を得るためにいかに重要であるかを示している。

　鶴（2007）は、農村の女性が家庭菜園で採れた野菜を無人市で販売することを通じて「自分の財布」を持つようになり、それを通じて「自己イメージの肯定的修正」を図っていく過程を分析している。それは、「①労働における主体性（テマから自分が船頭への変化）、②「自分」という存在の発見と思考の広がり（自分の欲求、考え、生き方を問う、他者との関係や社会との関係を見つめる）、③お金の自由⇒行動の自由⇒世界の広がり」、である（同上：36）。この自己イメージの肯定的修正過程は、結婚移住女性と就労との関わりの中にも見出すことができる。国境を越える移動により、母国で形成していた社会関係のほとんどを失う結婚移住女性にとって、家庭内に留め置かれることは、かつての「財布」を持たなかった農家の女性以上に、存在が無力化される。彼女たちが移動によって失った社会関係を日本社会で新たに構築するには、「嫁」や「妻」や「母」という家庭内の地位的役割にとどまらず、社会の中で自分の存在を確かめられる場が必要なのである。仕事につくことは、収入を得るだけでなく、社会と自分の関係を実感するために、そして越境に伴って揺らいだアイデンティティを再構築するためにも必要なのである。

5-4-3. 里帰りの意味

　南魚沼市では、結婚移住女性の就労形態は、短期の臨時的な仕事が多い。それは、女性たちの日本語能力の問題と魚沼の労働市場そのものが小さいこと、それに加えて彼女たちが里帰りのために、毎年、あるいは2〜3年に1度、短くて2〜3週間、長い場合は1ヵ月以上にわたり里帰りするためでもある。里帰りのたびにほとんどの女性たちはいったん勤務先を退職している。彼女たちが里帰りを優先するのは、仕事自体が短期的な臨時就労であるため、その仕事に執着する気持ちが薄いことと併せて、彼女たちが気持ちのバランスをとる上で里帰りは何ものにも代えがたい意味を持っているためである。長女であるPh-1とPh-3は同じように、フィリピンに里帰りするには親族へのお土産などで30万円は必要で、そのために働いているといい、Th-1も働く動機づけは里帰りだと話していた。Th-1は1年ほど前に軽作業の仕事からキノコ工場に転職した。新たな仕事は低温の作業場でのキノコの袋詰めである。作業が単調な上に、出来高制が導入されているので労働条件は厳しくなった。転職の理由は、前の職場よりも給料が良かったからだ。3人とも高齢の実母が母国にいる。毎年は難しくても、2〜3年に1度は里帰りして、元気な様子を見せて母を安心させたい。その目標が、彼女たちの生活の支えにもなっている。

　桑山(2005)は、結婚移住者たちが一定の期間をおくと桁違いのホームシックに襲われることを指摘している。「祖国と日本の違いを心の深いところで比べ、日本のどの部分を受け入れ、どの部分を拒否しようかと悩む」(同上：23)。それは、異文化の中で異なるものを受け入れる絶え間ない作業の中で蓄積させた疲労から生じたアイデンティティ（自我同一性）の揺らぎから来る「人間存在の根本に根差すものだ」(同上：23)という。その回復には、アイデンティティを根底から支えている「民族性」や「文化背景」、「思考パターン」の再確認が必要になる。したがって、そういう場合はできるだけ長く里帰りさせたほうがよいという。

5-4-4. 起業

　「ムラの国際結婚」の場合、一般的に夫と妻との年齢差が大きい。たいていは10歳前後、中には20歳以上の年齢差のあるカップルもいる。既にKo-1とTh-2の夫は勤務先を定年退職している。また、Ko-3、Sr-1、Ch-4、Ch-1、Th-1の夫たちも

50代後半である。Sr-1、Ch-4、Th-2の3人は、母国の家族資源の調達や、就労経験を手がかりに、飲食店や整体業を立ち上げた。

　結婚移住女性によるエスニシティを使った起業の動きは、2つの要因によって促されている。1つは、「日本語の壁」であり、もう1つは、夫との年齢差が大きい彼女たちが将来的に主な働き手となることが期待されているからである。労働市場の制約がニッチな分野での起業を促進するという構図は、在日の人々がパチンコ産業や焼き肉店に商機を見出していったことと共通性がある。彼女たちの起業は、家族共同体の一員として夫たちが全面的にバックアップし、また、母国のきょうだいたちの支援も取り付ける中で実現している。いずれも起業が2000年代以降であるのは、地域社会にこうしたエスニック・ビジネスを成立させる顧客層が現れているからでもある。

6. 将来構想と母国との関係

　近年、移民研究で注目されている概念に、トランスナショナル・パラダイムがある。グローバル化の進展によって、人の国際移動が拡大する中で、伝統的移民のように移動先社会への定住を第一義的に考えるのではなく、出身国との関係を維持しつつ、出身国と移動先国の双方に拠点を置く移民の出現である。このため、トランス・マイグラントは、双方の社会変容に影響を及ぼす可能性を持つ（カールズ&ミラー 1993=1996：16-17）。トランスナショナル・パラダイムの議論の前提になっているのは、都市部あるいは外国人集住地域でトランスナショナルなネットワークを活用しうる社会資源を有する移民層である。日本人との家族形成を前提とする結婚移住女性の場合に、このトランスナショナル・パラダイムはどの程度、適合性があるのだろうか。

　先行研究では、孤立無援の中で一方的に日本社会への同化を迫られる「農村花嫁」像が描かれてきた。調査を開始する以前の筆者の関心は、結婚移住女性たちの嫁ぎ先家族や地域社会への適応状況や適応条件にあり、女性たちと母国との関係に関する視点は弱いものであった。ところが、聞き取り調査から浮かび上がってきたのは、来日後も母国との社会的ネットワークを維持し、意識的にそれらを起業や子どもの教育に活用し、さらに子育てが終わった後の帰国も視野に入れている結

婚移住女性たちの存在だった。トランスナショナルなネットワークを維持し、活用できる条件が広がったのは、移動コストや通信コストがこの20年間に大きく低減したためであるが、ここにはどのような可能性が開かれているのだろうか。

冠婚葬祭のための往来は頻繁に行なわれている。2期目以降になると、出産時に母国の母親やきょうだいが出産介助に来日するケースも見られるようになった。Sr-1の実母は3人の孫が生まれるたびに出産介助に来日した。長女のときは半年間、次女と三女のときは3ヵ月ずつ滞在した。このためSr-1の母親と娘たちは月に1度の電話連絡では片言の日本語で会話ができるようになった。

また、距離的に近い韓国人3人の往来は頻繁である。中でもKo-3は、娘を韓国に高校留学させ、大学は帰国子女枠で日本の大学に入れたいと考えている。このため、夏休みには娘を同じ年頃のいとこがいる姉の家に滞在させている。Ko-1の娘は大学で韓国語を専攻しているが、中学に入るまではほぼ毎年、母親の里帰りに同行していた。

病気療養で双方の医療機関を利用するケースも見られる。子どもができなかったCh-1は日本での不妊治療の結果に満足できず、夫を伴って中国でも治療を受けた。その手配は実姉が手伝ってくれた。また、Ko-3は、骨折した実母を温泉療養させるため、3ヵ月ほど呼び寄せていたことがある。

子どものいないTh-2は、働けなくなったら夫を連れてタイに帰りたいという。他にも、子育て後に母国へ帰ることを考えている女性がいる。Sr-1は、里帰りしたときに、姪や甥から「おれたちが面倒を見てやるから帰ってくればいい」といわれて、心が動いている。Ko-3は、娘の高校留学にあわせて実兄と母国で起業する計画を温めている。それがうまくいかなかった場合には、旅行通訳ができるように日本語能力検定試験やTOEICの試験も受け、ソウルと南魚沼市を往来する将来構想を語る。Ch-2は一人っ子で、両親は既に亡くなった。実家の居住権を残しておくために日本国籍は取らず、子どもが成人した後、どこで暮らすかはまだ白紙だという。選択肢を広くしておくため、中国の年金の掛け金を今も払い続けている。

一方で、トランスナショナルなネットワークを維持したり、越境することは容易であっても、生活拠点そのものを移動することはそれほど簡単ではない。Th-2と同じように、女性たちは「帰りたい」という気持ちと「ここでもう少し頑張ろう」という気持ちの揺れを多かれ少なかれ感じながら暮らしている。しかし、実際に帰れるか

といえば、親の加齢や死去、きょうだいの状況などにより「どうなるかまだわからない」というのが実情で、女性たちもそのように理解している。女性たちの語りからは、適応の拠り所になっているのがそれぞれのナショナルアイデンティティであることがうかがわれた。永住外国人への参政権の議論の中で「選挙権が欲しければ帰化しろ」という主張があるが、国籍はアイデンティティと深く関係している。20年30年と日本人家族として暮らしている結婚移住女性たちが、家族の中でも国籍で「外国人」と線引きされ続けることは、「日本人」として育つ第二世代の自己肯定観との関係も踏まえて再考すべきである。国籍による二分法ではなく居住実態に応じた市民権のあり様や重国籍についてを検討すべきではないだろうか。韓国では2010年に国籍法が改正され、結婚移住女性は原国籍を放棄をせずに韓国籍を取得できるようになった(藤原2010)。

7. まとめ

　本章では、結婚移住女性とその配偶者や日本人家族からの聞き取りに基づいて、業者仲介による国際結婚の実情と結婚移住女性の適応過程、そして女性たちを迎え入れた日本人家族や地域社会がどのように女性たちを受容してきたのかを考察してきた。限られた事例ではあるが、これまでの先行研究やジャーナリズムが描いてきた、夫や夫の家族が結婚移住女性に伝統的な日本の嫁役割を強制し、抑圧しているという構図とは異なり、日常生活を通じて育まれる相互変容と、家族関係の深まりを見出すことができた。確かに、事例の中にも、結婚当初や自立に至る前の一時点を取れば、夫から妻への協力義務違反や人権に抵触するような問題状況があったことを否定できない。先行研究が指摘するように、農村の長男と母親との強い相互依存関係もうかがわれる。しかし、本調査で見出されたのは、夫たちが、妻と母親との板ばさみに苦しみながら、ときには別居という緊急避難行動をとったり、沈黙によって緊張関係をやり過ごしたりしながら、与えられた条件の中で主体的に家族を守ろうとする営みであった。女性たちの適応過程は、日本社会への一方的な同化的適応ではなく、アイデンティティを保持しつつ受容可能な形で折り合いをつけるものであった。当初は結婚移住女性の主要なストレス因となっていた姑との関係も、舅・姑の加齢によって家庭内の力関係が変わり、その中で結婚移住女性

たちの家族観や生きる姿勢に日本人家族が共振していく。アジア女性に日本的嫁役割を押し付けているというよりも、近代化と経済至上主義的思考の中で失った家族規範を結婚移住女性の中に見出し、それが嫁姑関係の緊張関係を変化させている面がある。こうした家族の相互関係の中で起きている変化のダイナミズムは、90年代半ばまでの結婚移住女性研究では捉えることができなかった知見である。

女性たちの家族とのダイナミックな人間関係の再編に影響を与えていたのは、第1に夫との関係形成である。日本的な性別役割規範に基づく妻役割を期待していた夫が、それに固執することなく柔軟に期待値を変更していたのは、「日本人でない」妻に日本人的な役割期待をすることの限界があるためであるが、周囲もまた、その状況を消極的にではあるが受け入れている。Ph-1が友人と海に出かけた際に、息子を連れていかなかったことを夫からとがめられた際に、「連れていったら私が遊べないじゃない」と答えたことに、姑や同居する義姉は唖然としつつも、それ以上の批判をせずに折り合いをつけているのは、母親規範のために「自分の楽しみ」の多くを抑制してきた自らの生き方への揺らぎを感じたためでもある。

第2に、「嫁」と「妻」に加えて「母親」としての家族内役割の取得である。子どもの誕生によって、女性たちの社会関係は飛躍的に拡大する。子どもの保育所や小学校での保護者や担任教師との関係から、母国の文化や料理を紹介する機会を得たことが女性たちの社会参加の機会を広げ、個人的に日本語を教わったり、相談できる関係を築いている。また、Ko-2は保護者会での出会いから韓国語講師の仕事を得た。

第3に、結婚移住女性の「新しい環境への精神的な準備の度合い」の高さが指摘できる。結婚のいきさつはそれぞれに異なるが、共通しているのは、女性たちには自ら望んで生き直す機会として結婚を位置づけているということである。婚姻継続の危機的場面では、離婚して子どもを連れて帰国して単親で子育てができるかどうかという現実的な判断も、女性たちの重要な適応の動機づけになっていた。

また、調査を通じて、結婚移住女性たちが日本人と結婚したからといって、必ずしも「定住」から「日本国籍の取得」へと単線的なライフコースを描いているわけではないことがわかった。「子育て」のための環境として、婚姻関係の維持を主体的に選択していることは、「家族戦略」と言い換えることもできるが、その場合の「家族」の軸足を母国の家族においていることは、Ko-3ほど明確に言明していないもの

の、Ko-1、Ko-2、Sr-1、Ph-1の言葉からも感じ取ることができる。同時に、彼女たちは母親としての責任を、子どもが独り立ち(大学卒業までといったニュアンスで語っていたのはKo-1、Ko-2、Ko-3、Ch-2)するまでと捉えている。子どもへの老後の依存は考えていないというより、依存したくないという言い方をしている。子どもが独立した後の人生については、ある意味で白紙状態であったり、母国に帰るという選択肢がかなりの具体性を持って意識されている。そのため、母国のきょうだいや親族との関係も意識的に維持されている。結婚移住女性とその子どもたち、さらに彼女たちが持つトランスナショナルなネットワークは、グローバル化時代の農村社会の展望を描くときに、次章で考察する「越境プレイヤー」との関連で捉えることによって新たな可能性が開けてくるのではないだろうか。

　夫たちの多くは、結婚して、子どもを育て、生まれ育った家で静かな老後を過ごすという日本人としてはごく普通のライフコースを描いている。そのため子育てが終わったら妻が母国へ帰ることを考えていることや、自分に同行してほしいと考えていることなどに困惑を隠せない。計画が具体化しているKo-3の夫は妻の提案に沈黙を通している。2人の子どもが独立したBr-1は、日本国籍を取得していることもあり、日本で生涯を終えることを前提にしている。Ko-1とKo-2は、共に長女が成人したところだ。日本国籍を取得することは考えていないが、帰国することも考えていない。

　ここであげた事例からは、少なくとも、結婚移住女性についても、定住か帰国かという二項対立でなくトランスナショナリズムの視点を取り入れた考察が求められていることがわかる。グローバル化が国際的な人の移動を拡大していくことを前提とするならば、国際結婚は今後も漸増するだろう。それは、日本と母親または父親の母国、そして第3国に暮らす子どもといったトランスナショナルなネットワークの中で生きる家族が漸増することを意味する。そうした中で、たとえ永住権や日本国籍を取得しても、日本社会での定住を唯一の選択肢とせずに多様な老後のあり方を考えている結婚移住女性たちの存在は、社会保障制度や地方参政権など、「新しい市民権」のあり方を議論することが必要な段階に至っていることを示唆している。

第5章
農村社会における異文化受容力の形成
―― 南魚沼地域の現状と展望 ――

1. はじめに

　戦後の高度経済成長を経て、日本の農村社会は兼業化が進み、各世帯の跡取りのみならず、場合によっては世帯主も安定的農外就労者になった。また、兼業化の深化は、集落内で家と家との関係を規定してきた家格(家の古さ、田畑の所有面積、経営規模やその内容)の意味を低下させ、異質性の高い個人の出現を促すことになった。しかしながら、ほとんど変化していない部分もある。集落の構成単位は、依然として「個人」ではなく「家」であり、集落の運営は、各家々が所定の権利と義務を正しく行使し、遂行することで成り立ち、そして「家」の代表は、跡取りである男性(婿養子も含む)とみなされている。このように、現在の農村社会は、変化したものと変化しにくいもの、古いものと新しいものとが混在した状況にある(堤2009)。その中で農村社会を再編成していく主体として、注目されているのが農外就労や集落外での活動領域を広げている異質性の高い個人の存在である(鷹2007、松岡2007、荒樋2001)。この文脈で使われる異質性の高い個人とは、定年退職後の帰農者や、集落外からの新規就農者、世帯主の安定的農外就労に伴って農業経営の主体を担うようになった女性などである。しかしながら、異質性という点でいえば、さらに大きな異質性を持った存在が漸増している。結婚移住女性である。異なる文化の受容はどういった状況下で進み、それは農村社会の将来に向けてどのような可能性を内在させているのか。

　本章で考察するのは次の3点である。第1に、結婚移住女性が受け入れられているという事実をどう見るか。これについては、平野(2001)の文化触変モデルを応用して考察する。平野の文化触変モデルは、外来文化と接触した社会や集団の文化がどのように変化していくかをモデル化したもので、ミクロな個人や家族レベルでの変化を扱ったものではないが、外来文化を受容する側の選択意思や必要性という視点、そして、外来文化要素と在来文化要素から新しい文化要素を作り出す創

造の過程だとする視点は、結婚移住女性の適応と受容を考察する上で示唆的である。第2に、結婚移住女性の存在は農村社会の将来に向けてどのような可能性を開こうとしているのか。これについては、社会関係資本(social capital)[1]の変化を手掛かりに考察する。社会関係資本の概念は、1916年にHanifanが善意や仲間意識、社会的交流等を社会的資本と捉え、地域や学校におけるコミュニティの関与の重要性を指摘したことに始まる。社会関係資本の定義は論者によって異なるが、本稿ではPutnam(2000)の「人々の社会的な絆とそれを支える助け合いと信頼の精神」を用いる。また、パットナムは、社会関係資本を「結束型」と「橋渡型」に区別する(同上：22-23)。前者は集団構成員の間の互酬性を強化する傾向があるのに対し、後者は外部資源との連携や情報の交換を促進し、より広い範囲における人々の互酬性をもたらす。さらにパットナムは、社会関係資本がその効果を発揮する上で市民が自主的に参加する水平的なネットワークの重要性を強調している。第3に、市民組織の生成から農村社会における社会関係資本の変化を考察する。農村社会にある豊富な「結束型」社会関係資本は、農村社会における助け合いと信頼の基盤であるが、個人化と多様化が進んだ結果、従来の地縁・血縁に基づく集落組織では構成員のニーズに対応しきれなくなっている。この状況を改善する方途の1つが市民組織による結束型社会関係資本に橋渡型の開放的要素を加えていくことである。本章では、南魚沼市で活動する2つの市民組織を取り上げ、その現状と課題を考察する。

2. 文化触変モデル

　図5-1は、平野(2001)の文化触変モデルのフローチャートを参考にしながら、農村地域における結婚移住女性の受け入れに伴う家族と地域社会の変容の可能性を概念化したものである。部分的解体を開始した文化システム(コミュニティ)を安定化させる方法は2つある。1つは、内部で必要な要素を発明・発見すること、もう1つは、外来文化要素を取り入れて、機能不全となった部分を再構成することであ

---

[1] ソーシャル・キャピタルの訳語は、そのまま訳せば社会資本になるが、日本語で社会資本というと、一般的に道路や空港、港湾等の社会基盤を指すことになるので、「社会関係資本」の他にも「人間関係資本」や「市民社会資本」といった用例もある。本稿では「社会関係資本」を用いる。

る。文化触変モデルでは後者の場合を扱っている。旧平衡の安定が崩れて始まる部分解体を放置するならば、全面的解体(コミュニティの解体)に至ることもある。この解体を止めるため、「生きるための工夫」として、新たな文化要素の受容(結婚移住女性の受容)がなされる。異なる文化が出会う場面では、どのような形であれ双方に文化触変がおきるが、ここでは、新たな文化要素を受け入れる側(ホスト社会)に受容の必要性が認識されていることが重要である。新たな文化要素はフィルターによって、拒絶されることも黙殺されることもある。フィルターの役割を果たしているのが、受け手側の人々の選択意思である(同上：53-65)。

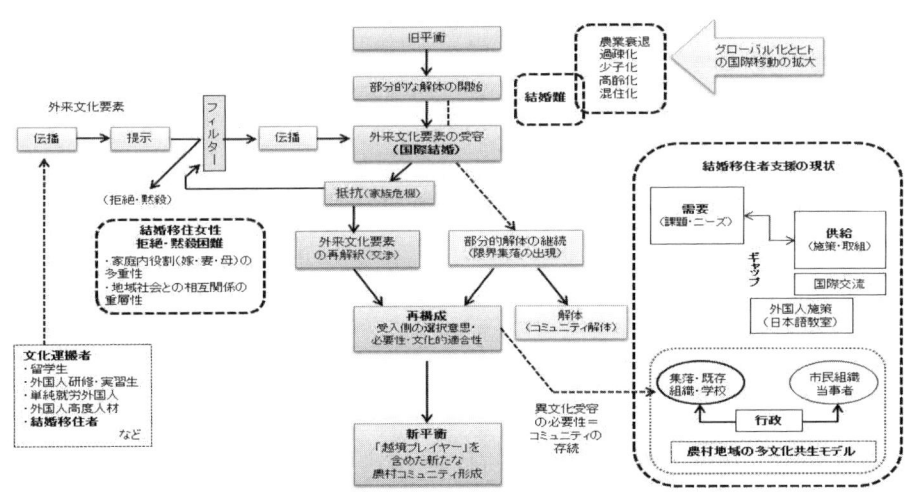

図5-1. 異文化受容力形成の視点から見た結婚移住女性の受け入れ概念図
出典：平野健一郎(2000：53)、「図3：文化触変の過程」をもとに加筆修正。

　筆者は農村に暮らす結婚移住女性には、都市とは異なる形で女性たちが主体的行為者となりうる可能性が開かれているのではないかと考えている。結婚移住女性は、異なる文化背景や異なる規範を持つがゆえに、日本人家族とも地域社会ともさまざまな葛藤を経験する。それは、結婚移住女性を受け入れる家族や地域社会も同様である。なぜなら、集落の構成単位である「〇〇家の嫁」であるために、女性たちを外部者として簡単に排除するわけにはいかないからである。ゆえに、双方が文化変容を遂げて、新平衡に達する可能性が開かれているのである。また、南魚沼市の「市民調査」では、回答者の8割が今後も外国人が増加するとの見通しを示

し、その主な理由として、「国際結婚の増加」(27.6%)、「外国人労働者の増加」(27.3%)、そして「外国との交流の拡大」(19.6%)をあげた。多くの市民が、国際化(外国籍住民の増加)は不可避的な流れだと受け止めているのである。こうした認識も双方の文化変容を促進する要因となる。

　日本社会における外国籍住民への支援は、80年代後半に急増したニューカマー外国人への対応として始まった。このため、「困っている、かわいそうな外国人を助ける」というパターナリズムが見られる。「助ける」「助けられる」という関係からは、対等な住民としての関係への移行は難しいが、双方の接触が頻繁で、その場面が多様である場合には、「助ける」側が「助けられる側」の多様な能力に気づく可能性が高まる。この点で相対的に小さく、結束型社会関係資本が豊富である農村コミュニティは、人と人との親密なつながりが生まれやすく、対等な関係を形成する上で都市コミュニティよりも条件的に恵まれている。また、結婚移住女性は基本的に日本人家族が主体的に受け入れた人たちだという点も重要である。このためコミュニティ構成員の間で「コミュニティ存続のため」という認識は、共有しやすく結婚移住女性を「住民」として受容しやすい。もちろん、これは相対的にそうした可能性があるということにすぎない。したがって、どのようにしたらその状況を作り出せるかが課題となる。

3. 日本社会の多文化化と農村社会の変化

　平野(1999)は、国際交流の展開を次のように整理している。第1期は、戦後初期の国際交流活動を国家間の友好関係を促進するものと位置づけて、国際姉妹都市提携を行なっていた時期である。この時期の国際交流は、一般市民の関心や意欲に裏づけられたものではなかった。第2期は、1970年代である。相互理解の推進をうたうものの、実際は、60年代の日本の経済成長とそれに続く海外経済進出をより円滑に行なうために、企業の進出先で日本文化への理解を得ようとする一方的なものであった。第3期は、外国人労働者、農村の「外国人花嫁」、帰国した中国残留日本人孤児、ブラジル移民三世の出稼ぎ労働者などが増加し、そうした人々との共存が現実的課題になった80年代後半以降である。

　また、自治体における国際化施策の本格的取り組みは、1989年に旧自治省(現総

務省）が都道府県に「地域国際交流推進大綱」の策定、ならびに地域レベルの国際化を推進する中核的民間交流組織の設立を要請したことに始まる。この通達後、全国で900〜1000の国際交流協会が自治体によって設置され、さらに90年以降は都市部や外国人集住地域を中心に外国人住民施策の体系化が進められた。[2] しかし、これらの動きと農村部における国際化の動きとの連動は弱いものであったといってよい。理由は、外国籍住民の絶対数が少ないために構造的に問題が顕在化しにくく、また国際交流が一般市民の関心を引き付けるまでには至っていなかったからである。

日本における外国籍住民は、毎年過去最高記録を更新し、2008年末には221万7426人、総人口の1.74％になった（リーマン・ショックの影響を受けた2009年には218万6121人と若干減少）。しかし、その18.1％にあたる40万2432人が登録しているのは、東京都であり、上位10都府県で全体の70.7％（156万6926人）を占める。さらに詳しく、たとえば、外国人集住都市会議会員26自治体を見ると、10％を超えているのは、群馬県大泉町(16.3％)と岐阜県美濃加茂市(10.8％)の2自治体で、多くは5％前後、もっとも低い富士市では2％である。「多文化共生」は、2006年に総務省が「地域における多文化共生の推進に向けて」を発表して以来、行政用語として定着した。しかしながら、多文化共生施策の状況は、外国人登録者の多寡やその構成の違いにより地域ごとに大きく異なっている。

南魚沼市では、確かに80年代後半以降、結婚移住女性が暮らすようになり、また、風俗産業で働くフィリピン女性、農業分野や食品加工など製造業で働く外国人研修・実習生の姿も見られるようになった。しかし、国際交流が一般市民の関心や意欲の裏づけを持って取り組まれるようになるのは、2000年代に入ってからである。2002年に、従来の個人グループとは異なる国際交流組織が発足し、2006年にようやく、日本語教室が開設されたところである。全体として見れば、南魚沼市に限らず農村地域の外国人施策は緒に就いた段階といえるだろう。

2　渡戸(2007)は自治体政策の展開を次のように3期に区分している。第1にニューカマー外国人急増期にあたる80年代末から90年代前半までを「応急対策期」、第2に外国人の定住化に伴い自治体が「外国人住民政策」の体系化と外国人住民の「参画」を図るようになった90年代後半を「支援・参画政策期」、第3に「多文化共生」の標語のもとに関係諸機関・諸組織が連携して外国人の地域「統合」政策の構築を始めた2000年以降を「統合政策期」とする。

4. 農村社会の変容と将来展望

　農村社会は、機械化一貫体制が確立する1970年前後を境に、家族員の他産業就労の一般化と生活様式の都市化、そして直系家族の形を残したままで家族の個人化が進んだ(蓮見1990)。これに並行して、70年代から始まっていた農村男性の結婚難は、80年代に入ると「ムラの存亡」という言葉が現実味を帯びるほどに深刻化し、「後継者不足、花嫁不足は海外からの花嫁を迎え入れて、問題解決を図る傾向を生むようにさえなった」(高橋ほか編1992：325)。南魚沼市で業者仲介による国際結婚が確認されるのは1987年のことである。

　南魚沼市の第1次産業就業者の比率は、1970年には48.9%であったが、1985年には17.3%に減少した。また、経営規模別に見た専業農家の成立限界線（専業農家として家計費をまかなうことのできる規模）は、5年ごとに50aずつ高まり、1985年ごろには2.5haに達していた(蓮見1990：148)。全国的にも南魚沼市でも2.5ha以上の農家は5%ほどである。このデータから、南魚沼市で国際結婚した男性のほとんどは、専業の農業従事者ではなかったという推察が成り立つ[3]。南魚沼市の農家戸数6019戸のうち販売農家(2732戸)で同居農業後継者がいる農家は1264戸、同居農業後継者がいない農家は1468戸である。同居農業後継者がいない農家のうち201戸には他出農業後継者がいるが、1267戸には他出農業後継者もいない(2005年農業センサス)。南魚沼市は、企業的農業経営を実践できる人材の育成や、組織化・法人化の促進、担い手への農地利用の集積や経営の多角化等を政策として掲げ、他産業並みの農業所得が確保できる経営を目標に掲げている。そうした政策の達成は、一層の兼業化と非農家との混住化を促進することになる。だが、兼業農家が完全な離農へと向かうとは限らない。

　表5-1は南魚沼市の農業経営規模別農家数である。0.3ha未満の農家数が959(1965年)から1296(2005年)へと増加している。総数が8389から6019へと28%減少する中で、0.3ha未満農家の占める割合は13.1%から21.5%へと比率を高めた。こ

---

[3] 筆者の南魚沼市の調査では、結婚移住女性を農業労働力として期待している事例は見られなかった。それは、南魚沼市が米作地帯で、機械化一貫生産体制が整っているためとも考えられる。畑作地帯には、多くの外国人研修生・技能実習生が受け入れられていることを考えると、畑作農家に嫁いだ結婚移住女性は主要な労働力となっている可能性が高い。この点については、今後、調査が必要である。

れは、農地の集約化は進んでいるものの、農民は完全な離農を選択していないことを示すものである。[4] 0.3ha未満の農家で作る米や野菜は販売目的ではなく、ほとんどが自家用であろう。野菜はスーパーで購入した方がはるかに安い場合が少なくない。また、野菜は旬の時期には食べきれないほどの収穫量になる。このような非経済的行為をどのように理解したらよいのだろうか。徳野(2007)は、人々が「自分で自分の食べ物を作らなくなった暮らし」に変わったのは、たかだか40年〜50年前のことだという。産業としての農業は一部の大規模農家が担うものになったが、農村で暮らす人々にとって農業は生活の一部に組み込まれた文化である。現在の40代〜50代は少年期や青年期に高度成長期を過ごしているが、農作業を手伝った記憶を持つ世代である。親世代が農業から引退した後を受け継ぐ可能性は高い。また、経済効率を追い求める生き方の限界が明らかになる中で、農業ブームといわれるような状況が起きていることを考えれば、その下の世代も完全に離農することは考え難い。とするならば、今後も農村では土地の所有と利用のあり方に規定されたムラ的社会関係が続くことになるだろう。しかし、それはかつて「小宇宙」と表現されたような封鎖された共同体ではなく、目指される社会は、農村社会の持つ信頼や相互扶助といった社会規範を活性化しつつ、異質性や複合性の積極的な面が活かされるような新たな社会編性原理に基づくものになるだろう。

---

4 南魚沼地区は、80年代初頭から始まった関越自動車道と上越新幹線工事によって農地の流動性が劇的に高まり、それに続いた総合保養地域整備法(リゾート法)による空前のリゾート・マンション・ブームによる土地バブルの洗礼を受けた。1988年に全国で売りに出されたリゾートマンション戸数1万1564戸のうち3912戸は湯沢町に立地していた(新潟日報社編1990:8)。同町に隣接する南魚沼市石打地区にもその余波が及んだが、同地区ではスキー観光産業と農業の複合経営を政策的に志向していたことから、買収に応じた人々の多くはその売却代金で他の地区の農地を購入し農業を継続している(同地区の農地の買い替えを推進したH氏からの聞き取り)。

表5-1. 南魚沼市の経営規模別農家数

	総数	0.3ha未満	0.3～0.5ha	0.5～1.0ha	1.0～1.5ha	1.5～2.0ha	2.0～3.0ha	3.0～5.0ha	5ha以上
1965年	8389	959	1180	3149	2205	671	211	14	―
1970年	8167	940	1222	2934	2128	668	248	26	1
1975年	7858	1032	1288	2670	1760	689	347	64	8
1980年	7634	1104	1157	2563	1628	686	381	98	17
1985年	7434	1172	1130	2504	1493	646	348	115	26
1990年	7145	1169	1065	2364	1416	619	352	130	30
1995年	6797	1086	1047	2230	1273	581	370	162	48
2000年	6308	1119	867	2000	1211	524	346	169	72
2005年	6019	1296	770	1800	1075	488	333	154	103

出典：農林業センサス。農家は、調査年2月1日現在の経営耕地面積10a以上の農業を営む世帯および、経営耕地面積がこれら未満でも調査期日前1年間の農産物販売金額15万円以上であった世帯。

　このような農村の将来展望の中で、結婚移住女性の存在をどのように捉えたらよいのか。将来展望との関係では、国際結婚者の子どもたちの存在がより重要である。筆者は母親の母語を学ぶ社会的条件が整わない現状では、ダブルの子どもたちが二言語話者かどうかはあまり重要なことではないと考えている。第4章で見たように当事者である結婚移住女性たちも第一に子どもたちが「日本人」として育つことを願っている。それを同化圧力と見ることもできるが、筆者は二言語話者かどうかよりも大事なことは、子どもたちがダブルの子であることに自己肯定観を持てるかどうかだと考えている。子どもの聞き取りは今後の課題だが、結婚移住女性の子どもについての語りからは、子どもが成長と共に母親の外国人性への認識を変化させていく様子が伝わる。幼少期の子どもたちにとって、母親の日本語の上手い下手は問題ではない。「大好きなお母さん」であることに変わりはないからである。ところがPh-3(フィリピン人)の娘は保育所に通うようになって「お母さんの国はバナナしかないから行かない」というようになった。Ko-2の娘は小学校3～4年生の頃になると授業参観に来た母親に対して「日本のお母さんはああいういい方はし

ない」と母親の言動を友人の母親と比較するようになった。Ko-1とKo-2の長女は共に成人しているが、同じように思春期に母親の外国人性に反発する難しい時期があったという。Ko-2の娘は大学に入学するため上京する直前に初めて、彼女に、なぜ父親は業者仲介のような形でしか結婚できなかったのかと問いただした。おそらくその質問は彼女が小学生の頃から心の中に抱え込んできたものだったのだろう。Ko-1の娘が大学で韓国語を専攻するといってKo-1を驚かせたように、ダブルの子どもたちは成長の過程で両親とも日本人である子どもであれば考える必要のない疑問と向き合い、異なる体験や葛藤を経ている。今回聞き取り調査をした国際結婚夫婦の子どもたちは、総じて葛藤を成長の糧にすることができているようであった。しかし、大人社会の途上国に対する眼差しや結婚移住者への見方が子どもたちの自己肯定観に大きく影響することもまた確かであり、2つの文化を内在させるダブルの子どもたちの可能性を閉じることも開くことも日本社会の異文化理解に大きく規定されるのである。

　ここでダブルの子どもの葛藤について具体的なケースを紹介しておきたい。2010年6月、本研究について関西地区の大学で開かれた研究会で報告したときのことである。質問に立った女子学生Eさんが突然泣き出すという場面に遭遇した。Eさんの母親は韓国人、父親は日本人である。「こんなはずじゃなかったんですけど…」と声を詰まらせながら、Eさんが感情をコントロールできなくなってしまった理由として語ったのは、次のようなことだった。Eさんは小学生になると自分の母親が友人の母親とは違うことを意識するようになった。そして、いつの間にか、勉強の良くできる子であり続けることと母親の存在とを対立するものとして捉えるようになったという。そのため時に母親を傷つける言動をとってきた。筆者の報告を聞いてそれが母親にとってどれほどつらいことであったかに思い至ったのだ。筆者は、Eさんがもの心ついてから大学院生になるまで母親が外国人であることに起因する葛藤を1人で抱え込んでこなければならなかったことの意味の重さを考えさせられた。「みんなと一緒」であることが求められる学校文化の中で、子どもたちは自己防衛的に大切な母親の存在を否定してしまうことがある。結婚移住女性の適応課題を明らかにすることや、地域社会の異文化受容力の形成を考察することは、地域社会を、そして日本社会を担うダブルの子どもたちの自己肯定観を育てられる社会環境を考えることでもある。

5. 南魚沼市における国際交流の現状

　南魚沼市の国際結婚事業への関与は、結婚移住女性の定住支援の先進地といわれる山形県最上地域の自治体と比べると明確ではなかった。20年を経て市民組織と行政、そして既存の地域組織とが結婚移住女性の定住支援策を模索しはじめた段階にある。これは、微弱な変化かもしれないが、地域社会変容の視点からは、非常に大きな意味を持つ。平野（1999）は、国際交流は、国家が外交政策として標榜したり、影響力や名声を高めるために行なう国家間の相互理解から、普通の人々が良い知恵を交換したり共に生きていくために、人々の相互理解のために行なうものに変わりつつあるという。それを担っているのは、地域の日本語教室や外国人支援を行なう組織基盤が脆弱な市民グループであるが、こうした、草の根レベルで国際的かつ自主的な活動が行なわれているようになったのは、「日本史上初めてのこと」（同上：288）だという。これは、南魚沼市にもよくあてはまる。南魚沼市の留学生交流を中心とする国際交流には、交流参加者の異文化理解を満たすことに活動の重点が置かれて、地域社会の一員として暮らす結婚移住女性など定住外国人の存在と地域社会との関係形成へと向かう動きは始まったばかりである。それでも多様な国籍の留学生との交流を通じて文化の差異に対する繊細な感受性を育て、人間同士として共感しあい、さまざまなレベルで国境を越えたネットワークを広げつつある市民層の広がりは、普遍的な人権や公平へとつらなる次の展開を支えることになるにちがいない。したがって、ここではどのような要素が加われば、国際交流が「内なる国際化」に向かうようになるのかが探求の視点となる。

5-1. 2つの国際化

　南魚沼市の国際化には2つの流れがある。1つは国際姉妹都市交流[5]であり、もう1つは国際大学の留学生との交流である。はじめにこの2つの流れを整理しておきたい。

　1983年に始まった塩沢中学校の生徒を姉妹都市に派遣する事業は、2003年まで

---

[5] 旧塩沢町では、1972年にリレハンメル市（ノルウェー）、1983年にセルデン町（オーストリア）、1987年にアシュバートン郡メスベン区（ニュージーランド）と姉妹都市提携を行なっている。いずれも同町のスキー場関係者が提携の橋渡しをし、実質的な交流の主体である。

に200名ほどの生徒をオーストリアと韓国へ派遣した[6]。この事業は生徒の家族や親族、友人たちへの間接的な影響を含めれば、地域社会の異文化への関心や受容度を高める一定の効果があったと考えられる。80年代に中学生だった世代は現在の子育て世代であり、後述する市民活動の中心を担っている。しかし先行した国際姉妹都市交流は、直接交流に関わった市民層が限定的であり、その人々にとっても一時的なイベントであったために、国際姉妹都市交流から派生した市民組織は確認できない。しかしながら、80年代前半に国際交流を地域の将来を担う青少年の育成と連動させる視点をもって取り組んできた、その先駆性に対する評価を損なうものではない。2007年5月には、南魚沼市とオーストリア・セルデン町との姉妹都市盟約25周年を祝うためセルデン町代表団9名が来訪し、それにあわせてウィンターリゾート活性化国際シンポジウムが開催された。そのタイトルは「世界＆日本のスキーリゾートの展望と豊かな雪国農村の再生！」というものであった。これは交流協定の締結主体である南魚沼市とは別に、実質的に交流活動を担っている石打区・石打丸山観光協会が交流のための基金を持ち、スキーを通じた次世代の育成という明確な理念を持っていたことによる[7]。

　留学生交流は1990年代までは小中学校での国際理解教育に招かれた留学生と児童生徒の交流や、一部の市民による個人的かつ単発的な交流が中心であった。一般市民が国際交流に参加できる機会が大きく広がるのは、2000年以降のことである。南魚沼市には8つの国際交流団体がある（表5-3）。その中の5団体は留学生交流が団体設立のきっかけ、あるいは活動の中心をなしている。これらの団体をまとめる連絡協議会などはない。行政側には、これらの団体を国際交流団体としてまとめたい意向があり、2006年度にそのための関係者会議を開催したが、結論は得られず、今のところ、年に1回、市広報で国際交流団体の紹介を掲載する段階に留まっている。

　この2つの国際化の流れのうち、結婚移住女性への定住支援活動＝内なる国際化へとつながっていったのが、留学生交流である。次に、内なる国際化を担っている市民層はどういった人々かを見ていく。

6　新潟県日墺協会資料「姉妹都市盟約25周年記念＆ウインタースポーツ観光活性化事業」（2007年4月）、ならびに塩沢町日韓友好協議会資料「日本・韓国友好交流概要」（2005年7月）による。
7　「新潟県日墺協会ニュースレター：塩沢町－セルデン町姉妹都市盟約20周年記念特集」（2002年10月31日号）による。

表5-2　南魚沼市にある国際交流団体

団体名/会員数	設立年	代表者	設立目的
新潟県日墺協会	1983年	南魚沼市長	本会は、日本国新潟県旧塩沢町とオーストリア共和国チロル州セルデン町との姉妹都市盟約を契機とし、両国国民相互の友好関係を密接にするための各種事業を計画し、その推進を図りもって両国間の理解と親善の寄与に努めることを目的とする。
南魚沼アジア交流会 (73人)	1990年	主婦 (70代)	アジアの国々との友好親善、相互理解、協力、世界平和を通じて国際性豊かな「ふるさとづくり」を目的とする。
南魚沼市日韓友好協議会(6団体)	1992年	団体役員 (60代)	1987年、塩沢町観光協会と韓国道岩面観光協会が、姉妹盟約を締結したことをきっかけに、同年塩沢中学校と道岩中学校が姉妹校提携した。中学生の交流派遣活動を通じた日韓両国間の理解と親善に寄与することを目的とする。
学び舎サポートの会 (70名)	1998年	主婦 (60代)	バングラデシュのベラボー村とランケリ村に学校を建設し、50名の里子を支援している。目に見える海外支援をモットーに、現地の状況を支援者が理解できるように、同行者を募り直接支援金を届けに毎年訪問している。
「夢っくす」 (うおぬま国際交流協会) (125人)	2002年	元団体職員 専業農家 (50代男性)	魚沼地区住民の国際化についての関心を高め、正しい理解を促し、多文化共生社会へ向けた魅力ある開かれた地域の創造を図ると共に、連帯と協調のもと地球社会の発展と平和の実現に寄与することを目的とする。
Snow Flakes Club (S.F.C.) (32人)	2002年	主婦 (70代)	主に国際大学留学生と、その家族の抱える言葉のハンディや生活文化の違いによる生活不安を緩和できる一助となる支援を行い、その異文化支援を通して、全住民が互いに尊重し合い、共生できる地域づくりを目指す、国際交流の推進。

コミュニティ・リーダーズ・ネットワーク(CLN)	2004年	自営業 (30代女性)	コミュニティ・リーダーズ・ネットワーク(CLN)は、国際語としての英語、その他のあらゆる言語の習得を支援している。地域のリーダーとなる人たちが、多文化を尊重し、環境や貧困などの世界的課題に配慮し、公正な社会に貢献することを目指している。
家族で学べる 日本語交流ひろば	2006年	団体職員 (50代男性) 前「夢っくす」会長	南魚沼市社会教育課を事務局とする実行委員会形式の日本語教室。受講者は結婚移住女性とその連れ子など。支援ボランティアは「夢っくす」会員を中心に、公募による市民で構成。火曜日に「昼教室」を大和公民館で、水曜日に「夜教室」を市民会館内で開講している。

出典：(財)新潟県国際交流協会資料ならびに関係者からの聞き取りにより筆者作成(2008年10月現在)。

5-2. 内なる国際化の担い手

　第3章の「市民調査」の分析から浮かび上がってきたのは、30代と40代の子育て世代が南魚沼地域の異文化受容力を形成する上で、大きな可能性を持っていることであった。特に、この世代の女性たちは、国際結婚や地域社会の国際化＝外国籍住民の増加に肯定的な意見を持ち、また、実際に外国人との付き合いも多いことがわかった。

　20代については、回答に揺れが見られる。国際結婚については、80％以上が肯定的な意見を示したが、地域の国際化＝外国籍住民の増加については、「良い」と答えた割合が30代に比べて10ポイントほど低く、また、外国人との交際については70％が「付き合いたい」と答えているが、実際に「付き合っている」割合は10％以下であった。これは、南魚沼市では外国籍住民との出会いや付き合うきっかけが保育所や学校での子どもを介した場面の割合が高いことを示唆している。20代の既婚回答者は26％だが、子どもがいたとしてもその多くは保育所入園前であろう。つまり、20代は外国人と付き合う意志があっても、その機会が限られていることがこの回答の揺れの要因だと考えられる。

　地域の国際化＝外国籍住民の増加に対する意見(図5-3)を見ると、30代男女と40代女性の肯定意見の割合が高い。60代女性は他の世代に比べて「良い」と答えた

8　http://www.niigata-ia.or.jp/japanese/4com-info/01gr-info/ISlist/index.htm、アクセス：2009年3月31日。

割合が目立って少ない。また40代男性も「良い」と答えた割合が少なく、「避けるべき」と答えた割合が多い。つまり40代男性は他の世代と比べたときに地域の国際化に否定的な意見を持っているようである。40代男性は外国人との「付き合いがない」と答えた割合が70％を超え(図5-5)、また、「付き合いたい」と答えた割合は50％を下回った(図5-4)。このデータからは、40代男性は外国人との付き合いにも消極的であるといえそうである。40代男性の外国人への否定的意識は、外国人との接触機会が少ないためにマスコミ報道などの影響を強く受けやすく、「外国人の増加＝犯罪の増加」という図式で捉える傾向が生まれているのではないだろうか。40代男性が国際化の進展に対して心配している理由の第1は「外国人が増えると社会問題が増える」(36％)であり、第2は「生活習慣や文化が違うこと」(27％)である。この順番は全体の回答でも同じで、前者は30％、後者は25％である。

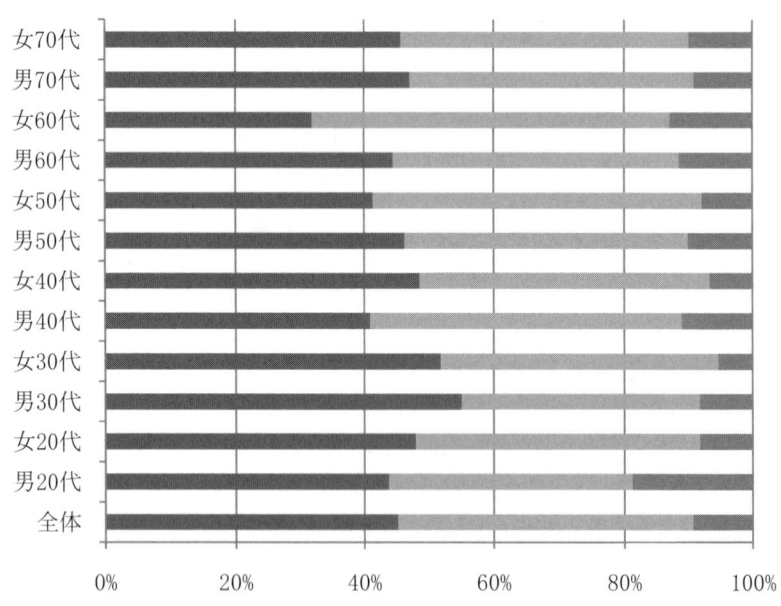

図5-2 地域に外国人が増えることについての世代別・性別意見
出典：トヨタ・プロジェクト・サーベイより作成。

外国人との交際の意思(図5-4)と、実際に付き合っているのかどうか(図5-5)を見ると、外国人との交際を希望すると答えた割合は20代女性が最も高く、次に30代男性、40代女性、30代女性、50代女性が続く。実際に「付き合いがある」と答えているのは、30代女性、40代女性、50代女性の順である。女性の積極性が顕著であるが、その理由はどこに求められるだろうか。30代～40代の女性は子育て世代である。PTAなどの学校行事には、母親の参加率が圧倒的に高い。女性たちは子どもを通じて学校での国際理解教育に直接的または間接的に関与し、また、保護者という共通した立場で結婚移住女性と接する機会がある。こうした経験の蓄積が、男性と比べて女性の方が国際化に対する関心が高くなる要因ではないだろうか。

　「どのような付き合いをしたいか」に対する回答は、30代～40代女性と他の世代の回答に大きな違いが見られた。30代～40代女性が外国人との付き合い方で1番にあげたのは「外国のことばや料理、生活習慣などを教えてもらいたい」(42%)であり、2番目が「挨拶をかわすなど簡単な付き合いをしたい」と「日本語や料理、日本の生活習慣などを教えてあげたい」が共に17%であった。全体集計では1番目が「国際交流イベントなどを通して付き合いたい」(36%)で、2番目が「日本語や料理、日本の生活習慣などを教えてあげたい」(25%)であった。ここにも30代～40代女性の異文化や外国語への関心の高さとともに、日常生活の中で外国人と隣人として接しようとする姿勢がうかがわれる。この世代の異文化や外国語への関心の受け皿になっているのが、後述する「夢っくす」である。

　「市民調査」の自由記述を見ると、集落に居住する結婚移住女性の存在について詳しく記述する一方で、誰かがリーダシップをとってくれなければ交流できないとも述べている。また、PTAでは外国人の母親が言葉に不自由をしている様子を観察しているものの、だからといって声をかけるところまではいかない様子が記述されていた。異なる文化背景を持った人々の対話や交流をより活性化させるには、橋渡し役を担うコーディネーター機能を持った人や組織が求められている。

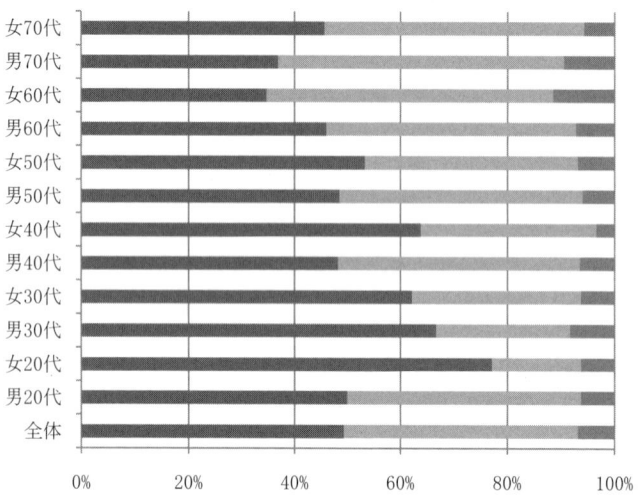

図5-3　外国人と付き合う意思についての世代別・性別意見
出典：トヨタ・プロジェクト・サーベイより作成。

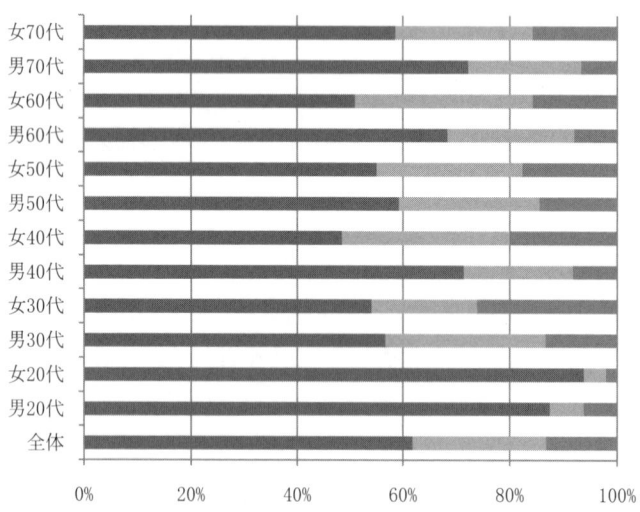

図5-4　外国人との付き合いについての世代別・性別意見
出典：トヨタ・プロジェクト・サーベイより作成。

6．農村社会における外国人支援組織

　農村社会は集落単位の「部落」で構成されている。ここでいう「部落」とは、いわゆる被差別部落ではなく、農村集落に存在する包括的な機能を持つ地域組織（行政区）のことである。最近では、「部落」よりも「集落」という呼称を用いることが多い。集落は、入会林野や農業用水の維持管理などを行なう共同・互助システムであり、住民の意思決定の場であり、農業生産や地域行事などの活動単位でもある。これらの機能は、「まちば」と呼ばれる市中心部の非農業者が多数を占める集落においても見られる。たとえば、春と秋には集落内を流れる用水の堀浚いに農家・非農家を問わず住民が動員され、アパートなどに暮らす一時的居住者も住民としてその賦役を免れることはできない。かつての農業を中心とした生活共同体としての社会規範が今も維持されている。集落には、婦人会や老人会、青年団、子ども会などの年序組織もあるが、最近では子ども会を除くといずれも活動が停滞している。他方で、行政によるコミュニティ政策の一環として多様な市民グループがさまざまな活動に取り組み、また、特定の目的を持った市民によるボランタリー組織が集落を越えて組織される動きも広がっている。

　こうした流れの中から、南魚沼地域においても異なる文化背景を持った人々との対話や交流の橋渡し役を担う市民組織が立ち上がってきた。1つは、2002年に活動を開始したうおぬま国際交流協会（通称「夢っくす」）であり、もう1つは、2006年に南魚沼市社会教育課を事務局として開設された日本語教室である。この2つの組織は広域的かつ世代横断的であること、また、外国人支援というこれまでの農村社会には見られなかった特定の目的の下に組織されていること、会員による自主的かつ自由意思で運営されている点で、従来の地縁・血縁を基盤とする地域組織とは性

9　南魚沼市で現在も活発な活動を続けている青年団に浦佐多聞青年団がある。その目的は団則第1条に「本團は、毘沙門天の伝統的裸押合大祭を行なうため、誠意を以てこれに奉仕し、合わせて郷土発展に寄与すること」と定め、団員資格は第4条で「南魚沼市浦佐、五箇、鰕島に在住する義務教育終了後、満30歳までの男子を以て組織する」と定めている。親睦・交流を目的とした会ではなく、伝統行事である裸押合大祭の諸準備・行事運営等を仕切るという明確な特定目標を持った組織で、会員は約130名である。毎年3月3日に行なわれるこの大祭については、鈴木牧之著『北越雪譜』（1837）にも記されている。また、2004年に「記録作成等の措置を講ずべき無形の民俗文化財」に指定されたことも、浦佐地区の若者たちがこの大祭を支える使命感の源泉になっている。詳細は、http://www.urasa-tamon.com/ 参照。

格が異なる。本節では、この2つの市民組織の現状と課題を整理することを通じて、農村社会における社会関係資本の変容を捉え、さらにそれが農村社会の将来展望とどのようにつながるのかを考察する。

6-1. 市民組織「夢っくす」の活動

「夢っくす」は、国際大学[10]の留学生との交流を目的とする市民組織、うおぬま国際交流協会の英文呼称UONUMA Association for Multicultural Exchangeの頭文字UMEXからとった通称である。同会は2001年10月に設立準備を始め、2002年5月に正式に発足した。設立準備の段階から数えれば9年目に入っている。この間に会長は3度交代し現会長は4代目である。設立時からの通算会員登録者は2010年11月末で408名を数える[11]。「夢っくす」が担うことになったもっとも大きな役割は、南魚沼地域における国際交流を「特別な人」たちがするものから、ごく普通の市民が誰でも参加できるものに変えたことである。また当初の3年で100名という会員目標を半年ほどで達成することができたのは、地域社会に潜在的に国際交流に関心を持つ層がいたことを証明することにもなった[12]。

2003年3月、東京大学教養学部相関社会科学研究室が『新潟県大和町の暮らしとまちづくりに関する学術調査』[13](以下、東大調査)を刊行した。同報告書第1部第10節「大和町の人々と国際大学の留学生との交流」(同上：114-124)を執筆した神子島健氏は、留学生と町の人々との交流が、留学生や町の人々のどのようなニーズに基づいて、どのような仕組みを通して行なわれ、どのような成果を生み出しているか、ま

10　国際大学(International University of Japan, 略称IUJ)は、国際社会で活躍する人材の育成を主目的とするプロフェッショナル・スクールとして、経済界、教育界ならびに地域社会の支援のもとに1982年に、新潟県南魚沼市(当時の大和町)に設立された大学院大学である。国際関係学研究科と国際経営学研究科の2つの研究科に約300名の学生が在籍している。学生の約8割が50ヵ国・地域からの留学生であることと、教育言語が英語であることが特徴である。このため留学生のほとんどは日本語でのコミュニケーション能力が非常に限られた状態で入学してくる。

11　「夢っくす」は入会時の登録番号をそのまま保持することができ、当該年度の会費を納入した者をその年の会員としている。会費納入通知を会報に同封するだけで、積極的な会費納入の働きかけは行なっていないが、毎年の会費納入者は100名前後である。この仕組みは、ボランティア組織として会員の自主性を尊重することと、家庭の事情等により休会や復帰が自由にできることをねらったものである。

12　「夢っくす」の設立の経緯と留学生と地域社会との交流に関する考察は武田(2003；2004)に詳しい。

13　東京大学相関社会科学研究室が平成12年(2000年)4月から平成14年(2002年)3月まで、グローバリゼーションと地域変容をテーマに新潟県大和町で実施した調査報告書(2003年3月刊行)。同研究室の中西徹教授が国際大学に勤務していた縁で、大和町ならびに国際大学が調査対象となった。

た、適当な仕組みがないためにどのようなニーズが満たされずに放置されたままになっているかなどを、2000年11月に実施した留学生19人(11ヵ国)に対する面接調査と2001年1月に実施した町の人々に対するアンケート調査(有効回答数364)に基づいて分析した。神子島氏は調査結果に基づいて、留学生と地域住民の相互交流の期待に応える方途として2つの提案を行なった。1つは、交流の障害になっている「言葉の壁」の存在そのものを交流の対象にしてしまうこと、もう1つは、交流に興味のある留学生グループと町の人々の橋渡し役をするような組織を作るというものである。「夢っくす」は、偶然にもこの神子島氏の提案を具体化することになった(武田2003)。

　南魚沼市に「夢っくす」が誕生したことにより積極的な解釈を与えるならば、多様な人々との交流がもたらす相互変容についてである(武田2009d)。「夢っくす」はその理念に「多文化共生の地域づくり」を掲げているが、そこに参加した1人1人の会員の動機は「留学生と話してみたい」という個人的興味を充足しようとするものであった。そこにはボランティア論で議論されるような既存の問題の現状修復を図る(田村編2009)といった使命感は見られない。活動の源泉は多様な人々との出会いの「面白さ」である。「面白さ」は、国際関係学や国際経営学を学ぶ留学生との会話から得られる知識や情報であり、多様な価値観や文化であり、人間同士としての共感である。一見すると社会活動の動機づけにはならないような「面白さ」に基づく留学生交流であるが、思いがけない展開を見せることがある。2004年のスマトラ沖津波でインドネシア、スリランカ、インド、タイで大きな被害が出たときには被災地域出身の留学生との対話から「スマトラ沖津波と魚沼をつなぐ会」を立ち上げ、チャリティーコンサートなどに取り組み100万円を超える募金を集め、留学生に義捐金を被災地に届けてもらう活動に取り組んだ。「面白さ」から社会的課題へと活動を展開させたのは、共感である。見知らぬ他者が被災するよくある不幸な災害のニュースが、被災地からの留学生から直に話を聞くことによって、身近な人の痛みに変わる。「面白さ」の中で培われる連帯や共感は、魚沼に留まることなくグローバルな世界へと広がっていく。そのネットワークと個々の具体的な人間関係の中に埋め込まれた信頼は確実に社会関係資本として魚沼の地に蓄積されている。

6-2.「夢っくす」の会員構成と活動の多様性

　では、どのような人々が「夢っくす」に参加しているのだろうか。図5-6と図5-7は「夢っくす」会員の年代構成と職業構成を集計したものである。年代構成は、20代24％、30代36％、40代20％、50代14％、60代以上6％。性別では、男性34％、女性66％である。会員の居住地は、南魚沼市(58％)と魚沼市(29％)の両市で87％である。移動距離で見ると、国際大学を中心に14～15km圏内、時間的には車で30分圏内に会員の9割が居住している。職業構成は公務員と会社員で約4割を占める。男性に限って見るとその割合は6割になる。また男性の年代構成は、30代(35％)が一番多く、次いで40代(25％)が続く。

　前節では南魚沼市で実施した「市民調査」の世代比較から、40代男性が国際結婚にも外国籍住民の増加＝国際化にも否定的な意見が強いことを示した。ところがその結果に反して、「夢っくす」会員の40代男性25名のうち21名は南魚沼市民である。ここには量的分析ではミクロレベルの重要な事実が見落とされてしまうことが示されている。また、男性については、職業などにより国際化の是非に関して大きな意識ギャップがあると見ることもできるだろう。一般的に国際交流の担い手は定年後の人々であるが、「夢っくす」の場合は現役世代の男性会員が多い。会員の年齢層や職業が多様であること、また、男性が34％含まれていることの強みが活動内容の多様性に反映されている。国際交流の定番ともいえる茶道や華道、着付けなど女性が活躍するプログラムの他に、登山やバーベキュー、田植えや稲刈りツアーなど男性が中心となるプログラムも多い。また、幼児をかかえた女性たちの要望を取り入れて始まったキッズサロンなど子ども向けプログラムも運営されている。また、職場や集落組織、そして婦人会など既存組織にも活動の拠点を持っている42％を占める40代以上の会員は、介護老人施設の夏祭りや各地域のイベントなどで留学生と地域住民との橋渡し役を担っている。こうした多様な会員構成は、一部の「エリート主婦層」[14]に担われていた従来の国際交流グループと夢っくすとの違いを際立たせるものである。

14　魚沼地域における国際交流は、日本語に制約がある留学生との交流が中心であったため、「国際交流は英語ができる特別な人のするもの」との印象を与えた。それは、中心的に活動していた女性たちが都市部から結婚により転入した医師や教員などの配偶者であったことも影響している。

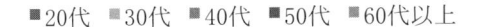

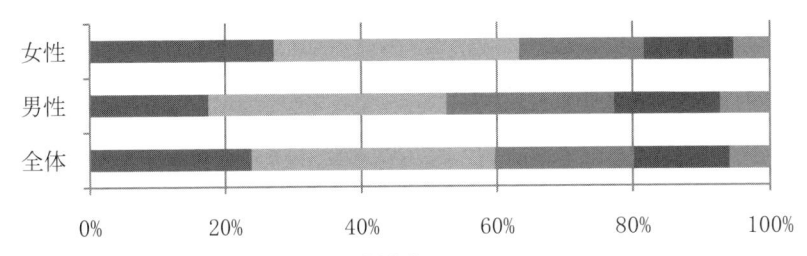

第5章　農村社会における異文化受容力の形成——南魚沼地域の現状と展望——　　235

■20代　■30代　■40代　■50代　■60代以上

図5-5　「夢っくす」会員の年代構成
出典：夢っくす資料。2009年8月現在。通算会員数は377名であるが、データ欠損89名を除く288名分の集計で、男性97名、女性191名、不明2。データは入会時のものである。

■公務員　■会社員　■教員　■自営業　■学生　■その他　■不明

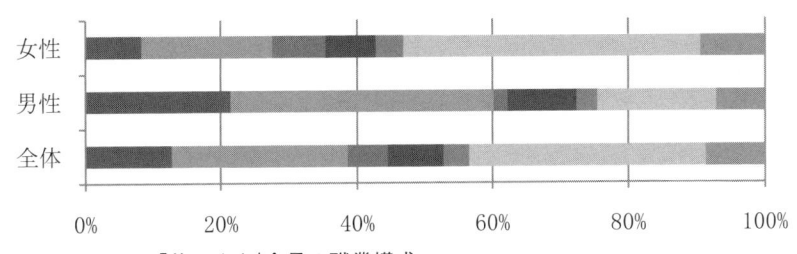

図5-6　「夢っくす」会員の職業構成
出典：夢っくす資料。2009年8月現在。通算会員数は377名であるが、データ欠損87名を除く290名分の集計で、男性98名、女性192名。「その他」には主婦が含まれている。データは入会時のものである。

　1982年に開学した国際大学の留学生が小中学校で子どもたちと交流するプログラムが活発化するのは90年代に入ってからである。つまり、南魚沼市の現在の30代の市民は、小学校時代から留学生と交流する機会を持ち、また、旧塩沢地区居住者は中学生時代に国際姉妹都市交流に関わった最初の世代にあたる。20代の会員が30代よりも少ない理由は、50％を超える大学等高等教育機関への進学者はいったん他出するためである。30代会員の中にはJICA青年海外協力隊として海外での活動経験を持つ者や他出先で国際交流活動を経験した者もいる。
　青年層がいったん他出しなければならない構造は、人材流出という点では農村

社会にとってマイナス要素のように見える。しかし、見方を変えれば「越境プレイヤー」を構造的に増加させているのである。岩崎（2010）は「越境プレイヤー」を「自分の暮らす地域外の地域そだてに関与する人々のこと」（同上：188）と定義している。「越境プレイヤー」と「定住プレイヤー」が結びつくことによって、新たな価値や活動が生み出される。また、農村社会を支えるのは誰かという問いに対して、徳野（2007）は、集落に住む人々だけでなく他出子やその家族も含めて考えるべきだと主張している。2人の主張の共通点は、農村コミュニティの将来を考える際には、そこに住む人々に限定せず、社会的ネットワークを活用するという視点である[15]。

コミュニティとは、「人間がそれに対して何らかの帰属意識をもち、かつその構成メンバーの間に一定の連帯ないし相互扶助（支え合い）の意識が働いているような集団」（広井2009：11）と定義される。グローバル化時代のコミュニティは具体的な居住性や土着性を相対的に低下させたものになるのかもしれない。帰属意識は居住性を絶対条件とするわけではない。農村社会の今後は、「越境プレイヤー」を惹きつけるような魅力を持つことができるかどうか。そのための前提条件として、他者を受容し包摂する柔軟性や開放性を持ったコミュニティづくりが大切になる。「夢っくす」は、「越境プレイヤー」と「定住プレイヤー」とが協働する「場」、あるいは社会的ネットワークの結節点の役割を果たしつつある。そこに世界50ヵ国・地域からの留学生がつながる。結婚移住女性が社会変容の主体的行為者になり得る可能性の論拠も彼女らの「越境プレイヤー」としての存在形態にある。彼女らの持つトランスナショナルなネットワークは、将来に向けて何らかの形で具体的な魚沼地域の社会関係資本として生きてくるときが来るのではないだろうか。その可能性はある。

6-3. 日本語教室の開設

外国籍住民の日本語学習ニーズは、生活や就労形態によって切実さは一様ではないが、いずれにせよ日本で生活する限り日本語の習得は欠かせない。留学生、就学生、中国帰国者、難民、技術研修生や企業内転勤で来日する外国人ビジネスマンは、それぞれの受入機関の日本語教育や生活支援を期待することができる。だ

15　南魚沼市の2つの周辺集落の人々と共に農村の持つ教育力を生かした「地域そだて」に取り組む「TAPPO南魚沼やまとくらしの学校」を主催する高野孝子さんも南魚沼市の他出子の1人である。詳細は、高野（2010）またはhttp://tappo.ecoplus.jpを参照。

が就労目的で来日した外国人やその家族、結婚移住女性などは、自学するのが一般的である。民間の日本語学校で日本語を学ぶには、経済的・時間的余裕が必要であり、それだけのコストと時間をかけられる者は限られるからである。そのギャップを埋めているのが80年代から活動している地域の日本語教室である（駒井・渡戸編1996、長澤編2000など）。

　南魚沼市に日本語教室が開設されたのは2006年である。80年代後半には結婚移住女性の編入が始まっていたので、日本語教室の開設まで20年かかったことになる。2006年まで南魚沼市でまったく日本語教室開設の動きがなかったわけではない。旧六日町では、10年ほど前に日本語教室を立ち上げる動きがあったが、ボランティアの確保ができず頓挫した[16]。また旧大和町では企画調整課が窓口になり、2003年〜2004年に先輩格の中国人妻を講師に迎えて日本語教室を開設したことがある。この教室は、町役場に持ち込まれた中国人妻の日本語支援の要望に個別に対応したもので、受講者やボランティアの公募は行なっていない。日本語教室の立ち上げには、国際結婚当事者の日本語支援に対する「必要の充足」を求める声と、その声を受け止める市民の存在が不可欠である。当事者による日本語支援を求める動きが顕在化したきっかけの1つは、「夢っくす」の広報活動であった。南魚沼市および隣接する魚沼市に年2回全戸配布された広報紙で「夢っくす」の存在を知った国際結婚家族が「夢っくす」の留学生向け日本語教室に参加し始めたのである。

　しかし、最長2年で魚沼を去る留学生と、基本的に定住を前提にしている結婚移住女性とでは、日本語に対するニーズが異なり、同じプログラムで双方のニーズを同時に満たすことは困難であった。「夢っくす」が結婚移住女性と異文化に興味を持つ市民層をつなぎ、行政の結婚移住女性への支援の不在を問題として認識しはじめた時期に、旧塩沢町に住む中国人妻(当時33歳)が舅を殴打する事件が起きた。2005年11月のことである。この事件は、地域社会の中で孤立して暮らす結婚移住女性の存在を可視化させることになった。日本語教室の開設は、この事件の8ヵ月後のことである。

　日本語教室の財源は、南魚沼地域広域計画協議会からの50万円の委託料が当てられている。明示されているわけではないが、行政担当者からは短期間に成果が出

16　2008年5月27日、南魚沼市職員でボランティアとして日本語交流教室に関わっているB氏からの聞き取り。

るものではないので5年間 (2006年度～2010年度) は事業を継続させるとの意向が示された。市社会教育課を事務局とし、市民ボランティアによる実行委員会形式をとり、実行委員長には2代目の「夢っくす」会長が就任した。ボランティアの主要メンバーは「夢っくす」会員と夫の転勤などで魚沼に転入した主婦層である。財源があっても、教室を担うボランティアがいなければ地域の日本語教室は成立しない。90年代半ばには確保できなかった日本語教室の運営に必要な人材を今回は集めることができた。教室開設に先立ち活動を開始していた「夢っくす」が、日本語教室を担う人材養成の機能を併せ持つことになった。また、教室の立ち上げ時に留学生の配偶者で日本語教師をしていた女性が「夢っくす」の会員であったことも幸いした。行政の速やかな対応には、日本社会の多文化化・多民族化の間接的影響と、よく知った市民や議員からの問題提起が相乗効果を発揮した面もある。たとえば、当時の「夢っくす」会長と教育長が姻戚関係であったというように、コミュニティ規模が小さいことは現場の声を反映させやすい効果を持つ。このように南魚沼市における日本語教室の立ち上げは、いくつかの偶然が重なった結果ではあるが、その「偶然」をつなぎ合わせることのできる社会的ネットワーク (社会関係資本) の蓄積があったからこそ実現しえたといえるだろう。

6-4. 日本語教室の現状と課題

2006年7月から9月まで開催された第1期教室「日曜午前コース」(2時間・全6回・隔週開催) には26家族 (35名) の申し込みがあった。第1期は、「初級クラス1」と、ある程度会話ができる「初級クラス2」を用意し、「初級クラス2」は「中国出身者クラス」と「フィリピン出身者クラス」に分けた。この他に「中高生クラス」も設けて、外国につながる生徒たち10名の学習支援も行なわれた。「中高生クラス」の受講者は全員、母親の再婚に伴って来日した子どもたちである。「初級クラス2」を中国出身者とフィリピン出身者に分けた理由は、母語による説明を加えて効果的に学習を進めることをねらったものであるが、参加者は1回目の26名から徐々に減少し、6回目には13名になってしまった。理由は、クラス方式による一律の教授法では、日本語のレベル差が大きい参加者の学習ニーズに十分応えることができなかったためと考えられる。

受講生が減少する一方で、登録家族数は第1期教室が終わる頃には46家族 (57

名)に増えた。内訳は、中国29名、フィリピン15名、スリランカ1名、台湾1名である。中国人が半数以上を占めた。これは第4章で考察した結婚移住女性の出身国・地域の大勢が、当初の韓国、フィリピンから中国へと移ってきたことと整合性を持つ結果である。教室に実際に参加するかどうかよりも、結婚移住女性やその家族にとって、市役所が日本語教室を開いたこと、自分たちの存在に関心を示してくれたことへの期待感が大きく、とりあえず登録しておくという行動をとっていると思われる。来日間もない女性たちは、家族が送迎してくれなければ参加できず、また、就労している女性や乳幼児を抱えている女性たちは物理的に参加が難しい。指導にあたる日本人ボランティアで定期的に参加しているのは10名弱だが、登録者は50名を超えた。

　地域に暮らす結婚移住女性の把握が進み、日本語教室登録者名簿は増えていくものの、実際の教室参加者は増えないというジレンマに陥り、その後、料理教室や地域探訪バスツアー、年金説明会、中国料理教室やフィリピン料理教室、進学ガイダンスなどのイベントを実施した。また、第2期には「日曜午前教室」に加えて、「水曜夜教室」、さらに「水曜昼教室」を開設するなど試行錯誤を続けている。

　日本語の教え方といった技術的な問題は、支援者が経験を積むことによって解決していくと思われるが、おそらく、どこかの段階で教室の性格や行政上の位置づけについて再度議論する必要が出てくるだろう。市役所職員で日本語教室にボランティアとして参加しているB氏は、「外国の人たちがこの地に住んで生活していくには、日本語の習得が欠かせません。日本語支援もさることながら、お互いの文化を理解しながら共生するための国際理解も深めなければならず、そのような意味で『日本語交流ひろば』や『夢っくす』の活動が重要だ」と語る。その一方で、学習者からの相談を受けることには戸惑いを見せる[17]。これはやむを得ない。留学生からの相談は、個人的に対応ができなければ大学の担当部署につなげばよい。ところが留学生以上に複雑かつ深刻な問題を抱えやすい結婚移住女性の場合には、相談者の手に余る問題をつなぐ先がないのである。こうした状況下では、「面倒なことに巻き込まれない」ように、受講者との関係を「日本語」に限ろうとする心理が働く。学習者から相談されて対応できない気まずさを回避しようとするのは、いい加減な対応はできないと考える誠実さと表裏の感情である。学習者の側にも、「面倒な学

17　2009年4月18日の聞き取り。

習者」にならないようにしようとする規制が働く。こうして、問題を抱えた支援が必要な結婚移住女性であればあるほど、日本語教室での充足感は低下していくことになる。これは支援者の問題ではない。結婚移住女性の定住支援は国際交流とは切り離して移住者の人権の視点から行政が対応すべき課題であることを明確に認識すること、その上で行政は市民組織との連携を図るというのが筋である。行政は結婚移住女性の相談体制を整え、担当部署を設置すべきだろう。行政側にバックアップ体制があれば、支援者は安心して学習者の抱える課題に耳を傾けることができるようになる。

　表5-3は、結婚移住女性が日常生活で困ったときに誰と相談しているかをまとめたものである(複数回答)。結婚移住女性が相談相手として一番にあげているのは「日本の家族や親戚」である。ボランティア団体を相談先と答えた件数はゼロである。つまり、90年代から活動していた国際交流組織と結婚移住女性とは、たとえ接点を持っていたとしても非常に表層的な関係にとどまっていた。ここにも、国際交流と定住外国人支援は質の異なるものであることが示唆されている。

　Ch-3の夫は、妻を「夢っくす」の日本語教室に参加させるだけでなく、車で30分ほどの隣接する市の日本語教室にも自ら送迎して通わせていた。通訳が必要なときには、通訳を交えた相談対応を行なっている40キロほど離れた自治体の国際交流協会に通い、また、Ch-3の連れ子の来日に向けてビザ関係の申請書類はすべてコピーを保存し、個人的に他の国際結婚者の手助けも行なっている。Ch-3の夫だけでなく、結婚移住女性の定住支援に向けた経験や知識は当事者の間に蓄積されているが、彼らと国際交流活動を行なっている市民とはつながっていない。こうしたバラバラな活動主体をどのようにつなげていくことができるかが今後の課題になるが、その役割を一義的に担うのは行政の役割であろう。

表5-3. 結婚移住女性が日常生活で困ったときの相談先

相談先	回答数	%	相談先	回答数	%
1.日本の家族や親戚	28	30.4	8.民族団体等同国人の団体	1	1.1
2.近所に住んでいる人	6	6.5	9.教会・寺院	1	1.1
3.職場の同僚	6	6.5	10.ボランティア団体	0	-
4.保育園や学校の先生	4	4.3	11.市役所など行政機関	2	2.2
5.上記1〜4以外の日本人の知人友人	7	7.6	12.誰にも相談しない	1	1.1
6.本国の家族や親戚	17	18.5	13.その他	2	2.2
7.同じ出身国の友人知人	17	18.5		92	

出典：トヨタ・プロジェクト・サーベイより作成。

7．まとめ

　本章では、結婚移住女性たちが定住している事実と、結婚移住女性たちの存在が農村社会の将来に向けてどのような可能性を開こうとしているのか、そして、2つの市民組織の現状と課題を整理することを通して社会関係資本の側面から農村社会の変化について考察してきた。ここで農村社会の異文化受容力の形成という観点から見た主要な知見を4点あげておきたい。

　第1に、都市との比較において相対的に閉鎖的で封建的だと思われている農村社会で結婚移住女性が定住している事実をどう見るか。これについては、文化触変モデルの受容する側の選択意思や必要性という視点からの説明が妥当する。結婚移住女性は基本的に日本人家族が主体的に受け入れた存在であり、また集落を構成する「○○家の嫁」であるため、外部者として簡単に排除するわけにはいかない。さらに「コミュニティの存続」にとって必要な存在であるとの共通理解が得やすいことも女性たちの定住にプラスに作用している。

　第2に、農村社会の将来展望を構想する上で重要なことは、国際結婚家族の子どもたちが自己肯定観を持てる社会環境を作ることと、コミュニティ構成員を「定住プレイヤー」だけでなく「越境プレイヤー」も含めることである。グローバル化時

代のコミュニティは、構成員の居住性や土着性の意味を相対的に低下させ、社会的ネットワークがより重要な意味を持つようになる。結婚移住女性が社会変容の主体的行為者になり得る可能性の論拠も彼女らの持つトランスナショナルなネットワークと「越境プレイヤー」としての存在形態に求められる。

　第3に、「夢っくす」は留学生との交流の「面白さ」を基盤にした活動を行なっている市民組織だが、そこでの多様な人々との出会いの中で培われる連帯や共感が、地域づくりに必要な社会関係資本の蓄積につながっている。「夢っくす」会員の中から日本語教室の主要な担い手が生まれていることもその証左の1つといえる。

　第4に、日本語教室の開設は、南魚沼市における定住外国人支援施策にとって大きな前進であるが、次のステップに向けた課題も明らかになってきた。定住外国人支援は、移住者の人権の視点から行政が対応すべき課題であり、国際交流とは別の枠組みで考える必要がある。特に、外国人の相談体制を整えることと担当部署の設置は急がれる。

　最後に、新しい文化要素の受け入れは、既存の資源に依拠しなければ、既存社会の抵抗にあい、うまくいかないことを指摘しておきたい。農村社会における異文化受容力の形成は、都市部のように共通の関心や利害に基づく市民組織を地域の既存組織と無関係に立ち上げるよりは、既存の組織との相互関係の形成を意識的に追求する方が円滑に進む。現状では、つながりの弱い市民組織と国際結婚当事者とをつなぐ役割を担うもっとも可能性の高い存在は、自治体である。地方自治体には、自らが行政施策として取り組んでいない課題についても、他の地域の状況を調べたり、行政のネットワークを使って広く情報を集めることができる。また、地方自治体は、住民からの信用と信頼がもっとも厚い組織でもあるからだ。

第6章
むすびにかえて

　本研究は、筆者自身にも内面化されていた「農村花嫁」や「ムラの国際結婚」に対するステレオタイプなイメージに気づかされるところから始まった。実態を調べるために選んだ調査地は、20年ほど前に「ムラの国際結婚」が話題になった際に、新潟県内では「先進地」とされた自治体である。また、国際姉妹都市交流や留学生の地域交流ではその取り組みが注目されてきた地域でもある。ところが、地域社会の一員として暮らす結婚移住女性の存在は、20年余りも不可視化されていた。まずは、「ムラの国際結婚」とは何だったのかを調べ、「農村花嫁」と呼ばれた女性たちはどういう人たちであったのかを知るところから研究を始めた。基礎的な資料集めや関係者との意見交換を通じて、研究の目的を2つに絞りこんだ。1つは、「農村花嫁」に対する既成観念、虚像、ステレオタイプを、実態調査に基づいて検証し、一般には知られていない実像を示すこと。もう1つは、「停滞し、疲弊する農村」などといった、これもまたステレオタイプ化されたイメージで語られてきた農村社会が、結婚移住女性を受け入れることを通じて異文化受容力を高め、現実を変えていく力に転化することができるのか、その可能性について考察することである。本章では、まず、この2つの目的について考察した結果をまとめ、最後に今後の課題について述べてむすびとしたい。

　本研究では、実態とは異なる「農村花嫁」や「ムラの国際結婚」のイメージがなぜ修正されないのかという疑問、つまりステレオタイプ化の問題が全体を貫くことになった。ステレオタイプとは、人がある社会的集団に関するさまざまな情報をカテゴリー化した認知的知識であり、ふつうある文化や社会の中で広く人々によって共有されているものを指す。ステレオタイプ化は、社会的認知を簡略化するためのものだが、問題は、ステレオタイプな見方と偏見が結びつき、また、エスニック・マイノリティ・グループに向けられる傾向を持つことである（マクガーティら編2002=2007、佐藤2005、土屋2000など）。ステレオタイプ的思考は、潜在的形態をとる場合と顕在的形態をとる場合があるが、農村で暮らす結婚移住女性の場合には、露骨な偏見や

差別にさらされるというよりも、「形になりにくい人々の偏見やぎこちない対応」に戸惑うことになる。なぜなら、女性たちはコミュニティの一員である「〇〇家の嫁」だからである。いったん受け入れられたステレオタイプな見方は多くの人に共有される説明機能を持つために、なかなか修正されない。ギデンズ(2001=2008)は、「ステレオタイプは、文化的理解の中に埋め込まれているために、たとえそのステレオタイプが現実の著しい曲解である場合でも、うち崩すことは困難」(同上：317-318)だと述べる。

では、偏見やステレオタイプを克服する方法はないのだろうか。第3章では、佐藤(2005)の「差別論」をもとに負の意味づけを持った「言葉」の共通了解を崩す戦略について検討した。ここで認知心理学的アプローチをとるDevine(1989)の議論を追加しておきたい。Devineは、偏見の形成を意識的に行なわれる部分と無意識的な過程とに分けて、その解決方法を提案する。つまり、われわれは社会化の過程で無意識に自分が所属する集団の文化的な影響のもとで、ある社会集団に対してステレオタイプな見方を知識として習得する。しかし、それを認めるかどうかの個人的信念は、人によって異なる意識的なものだという。それならば、無自覚的に受け取ったステレオタイプな見方について、再度、自覚的に捉え返すことによって受容あるいは拒否することができることになる。したがって、ステレオタイプな見方の修正の可能性は開かれている。「農村花嫁」に対するまなざしには、日本の近代化の過程で形成されたアジア諸国への差別意識も投影されている。いうならば、結婚移住女性に対するステレオタイプの見直しを通じて、アジア諸国との対等で平等な相互関係を築いていく可能性も開かれていることになる。

1. 「農村花嫁」に対するステレオタイプなイメージの見直し

当初、「ムラの国際結婚」は社会的関心を集めたが、調査研究が女性たちの適応第1ステージで収束したため、女性たちのその後の適応過程については明らかにされていない。これが「農村花嫁」のステレオタイプなイメージが修正されない一番の理由である。本研究は、新潟県の一地域の事例研究ではあるが、20年という時間的経過を踏まえた結婚移住女性たちの適応過程を初めて明らかにしたものである。今後の「ムラの国際結婚」研究に新たな参照点を作ったという点で、「農村花嫁」の

ステレオタイプなイメージを相対化する上で役立つものと期待する。

1-1. 多様な結婚移住女性の存在

　実態と異なる「農村花嫁」や「ムラの国際結婚」に対するステレオタイプなイメージが維持されているのは、90年代前半までの結婚移住女性の適応第1ステージの調査に基づいた主要な「ムラの国際結婚」研究が参照され続けているためである。そのため女性たちが日本語を習得し、生活習慣を理解し、社会的ネットワークを拡大する中でダイナミックに家族関係や社会関係を作り替えている側面についての把握が弱いことを明らかにした。

　本研究では、国際結婚移住女性45名の詳細なプロフィール分析と、14家族20名の国際結婚家族の聞き取り調査から、調査地の結婚移住女性像を描き出した。南魚沼市に暮らす結婚移住女性は外国人登録データから約180名と推計される。45名はその25％にあたる。主な知見としては、(1)結婚移住女性の出身国は、韓国とフィリピンから中国へと大きく変化していること、(2) 結婚のきっかけは業者仲介から先に結婚来日した同国人女性の仲介へと変化していること、(3)結婚移住女性は教育歴や職歴も多様であり、また、結婚移住の動機は経済的要因よりもジェンダー要因の方が大きいこと、(4)今後の予定については、永住27名(64％)、国籍取得13名(31％)であり、女性たちの多くは、定住から日本国籍の取得といった単線的なライフコースではなく、子どもが独立した後は、母国へ帰るという選択肢について、かなりの具体性を持って考えていること、ナショナル・アイデンティティが適応の拠り所になっていることを見出した。

1-2. 日本人市民と結婚移住女性との意識ギャップ

　日本人市民と結婚移住女性との間でもっとも大きな意識ギャップが見られたのは、外国人に対する偏見差別に関する認知についてであった。日本人が外国人への偏見差別があると答えた割合が36％であったのに対して、結婚移住女性は44名中34人(77.3％)が偏見差別を感じると答えた。その主な原因について、日本人は「外国人犯罪の増加」、結婚移住女性は「生活習慣」をあげた。次に大きな違いが見られたのが、多文化共生施策についてである。日本人は1番目に「外国人への日本文化講座」、2番目に外国人への「法律・地域のルールなどの情報提供」をあげたのに対

して、結婚移住女性は「差別偏見への対応」を1番目にあげた。日本人の意見を善意に解釈するならば、日本の文化や生活習慣に戸惑う外国人にはそれらを学ぶ機会が必要だと考えているのかもしれない。しかし、それは受け入れ側のありようを問うことなしに、一方的に外国人側に日本の文化や生活習慣を学ばせて、摩擦を回避したいという同化主義的思考と見ることもできる。これは、既存の法制度の構造的改編を伴うことなく、自治体レベルの政策で対応しようとしている現在の多文化共生施策の再考を示唆するものでもある。

1-3.「複合的な不利」の重なりから見る「ムラの国際結婚」

ステレオタイプ化の問題は、「農村花嫁」と呼ばれる結婚移住女性に対してだけではなく、女性たちの日本人配偶者に対しても、さらに農村社会そのものに対しても見られる。ステレオタイプな見方は、当事者の主体的行為者としての可能性を過小評価するだけでなく、当事者間の相互関係の形成をも阻害する要因になる。

さらに本研究では、国際結婚当事者の日本人配偶者からの聞き取り調査を通じて、「ムラの国際結婚」現象が、属性の問題ではなく「原子化・個別化」された人々のライフコースの中で遭遇する「複合的な不利」が重なった結果の1つであることを明らかにした。これが、社会的排除の問題と重なって当事者たちを孤立させる。これまでに破綻したカップルの多くも、問題を抱えたときに適切な相談先があれば別の選択をすることができたのではないかと考えられる。この点で、国際交流と結婚移住女性に対する定住支援は全く質の異なるものであり、後者については移住者の人権の視点から行政が対応すべき課題であることを明確に認識する必要がある。

2. 農村社会の将来展望と結婚移住女性の存在

筆者には、本研究を始めるにあたり、アプリオリに「問題」として語られてきた「ムラの国際結婚」と「停滞し、衰退する農村」という2つの虚像の背後にある事実の関連を明らかにすることによって、これまで気づかなかった農村社会の可能性が見えてくるのではないかと考えた。本研究から得られた知見から、農村社会の将来展望につながる3点について述べたい。

2-1. 適応過程のダイナミズムとトランスナショナルなネットワーク

　結婚移住女性の適応過程の分析から明らかになったのは、第1期の女性たちの適応第1ステージがもっぱら出産と子育てに限られていたのに比べて、第2期、第3期の女性たちの来日後のライフコースが多様化していることであった。そこには女性たちの個人的資質とは別に、女性たちを受け入れる家族と地域社会の変化が女性たちの適応過程を圧縮する効果を持つことが示されていた。先行研究では、「日本の農村に定住した花嫁たちは、生まれ育った環境や社会から切断され、言葉や習慣もわからず、孤立しがちである…」との記述が目立ったが、本研究ではそれとは異なる状況を見出した。冠婚葬祭時の相互訪問、出産時の母国からの介助者の来日、きょうだいの仕事を手伝うための長期にわたる子どもを伴った帰国、夏季休暇に子どもを母国のきょうだいに預けることなどを通じて、母国とのトランスナショナルなネットワークは意識的に維持され、資源として活用されている。

2-2. グローバル化時代の農村コミュニティと「越境プレイヤー」

　筆者は調査を通じて明らかになってきた「農業だけでは食えない」という制約ゆえにもたらされた調査地の歴史的開放性に着目した。農村は「内部」に対しては、社会的封鎖性を持つが、他方で生活条件が厳しければ厳しいほど、コミュニティとして存続するためには「外部」との関係において資源の調達が必要になる。「ムラの国際結婚」も歴史的に取り組まれてきた「生きるための工夫」の流れの中に位置づけることができる。コミュニティは、その原初から「外部」に対して「開いた性質」を持ち、コミュニティづくりということ自体の中に「外部」とつながる要素が含まれている（広井2009）。

　グローバル化時代のコミュニティは具体的な居住性や土着性を相対的に低下させたものになるだろう。したがって、農村社会の今後は「越境プレイヤー」や「他出子」を含めて考えるべきである。つまり、そうした人々を引き付けるような魅力や、他者を受容し包摂する柔軟性や開放性を持ったコミュニティづくりが求められる将来像になる。結婚移住女性が社会変容の主体的行為者になり得る可能性もまた、彼女らの持つトランスナショナルなネットワークと「越境プレイヤー」としての存在形態にある。さらに重要なのは国際結婚家族の第二世代の自己肯定観を育てられるような社会環境を作り出せるかどうかである。

2-3. 社会関係資本の変化から見る農村の可能性

本稿では、結婚移住女性の存在が農村社会の将来に向けてどのような可能性を開こうとしているのかについて、社会関係資本の変化を手掛かりに考察した。Putnam（2000）は社会関係資本を「人々の社会的な絆とそれを支える助け合いと信頼の精神」と定義し、「結束型」と「橋渡型」に区別する。前者は集団構成員の間の互酬性を強化する傾向があるのに対して、後者は外部資源との連携や情報の交換を促進し、より広い範囲における人びととの互酬性をもたらす。

現代の農村は、伝統的な社会の中で培ってきた「信頼や助け合い」の精神を開かれた社会の中に移植する課題に取り組んでいるということができる。この点で、コミュニティの単位が小さく、1人1人の存在感が都市と比べた場合にははるかに大きい農村では、結婚移住女性たちが主体的行為者となり得る可能性が高くなる。なぜなら、「○○家の嫁」である女性たちを外部者として簡単に排除するわけにはいかず、接触が頻繁でその場面が多様であるために、「助ける」側の日本人が「助けられる側」の結婚移住女性の多様な能力に気づく可能性が高まるからである。この点で農村コミュニティは、人と人との親密なつながりが生まれやすく、対等な関係を形成する上で都市コミュニティよりも条件的に恵まれている。もっとも、これは相対的にそうした可能性があるということにすぎず、その条件をいかに具体化できるかは別の課題として残っている。

3. 今後の課題

日本社会が、大きな変動期にあることに異論はないだろう。その多くは、グローバル化に伴うヒト、モノ、カネ、情報の国際的な移動の爆発的な増大によって生じている。国際結婚現象は、こうしたグローバルな人の国際移動の一部として生じている。とするならば、国際結婚は今後も漸増していくと考えられるが、日本の国際結婚件数は、2006年の4万1481組（結婚総数の6.1%）をピークに減少している。これが一過性のものなのかどうか現時点では判断できないが、日本がいつまでも移住者の目指す国であり続けるのかどうかを再考するきっかけを与えてくれたのかもしれない。

この点で韓国の最近の動向が示唆的である。日本と同様に「単一民族国家」的思

考を持つ韓国は、2006年の第1回外国人政策会議を契機に「国益」の観点から積極的移民政策へと大きく舵を切った(宣2009)。確かにそれを裏づけるような急速な移民政策の展開が続いている。韓国の移民政策が主要な対象としているのが結婚移住女性である。韓国における国際結婚の割合は、2005年に13.6％(4万3121組)に達し、農林漁業者に限れば4割にのぼる。こうした劇的な状況変化を受けて、2008年に多文化家族支援法を制定し、2009年に結婚移住女性たちが韓国語と韓国文化を系統的に学ぶ社会統合プログラムの試行に入り、さらに、2010年には国籍法を改正して、結婚移住女性が原国籍を放棄することなく韓国籍を取得できるようにした。

　もし、自分がある事情から越境移動する必要に迫られ、移住先の選択肢が与えられているとしたら、どのような基準で移動先を選ぶだろうか。日本社会がいつでも都合よく、一方的に移住者の受け入れをコントロールし続けられる立場にいるとの自明性について、そろそろ疑ってかかるべきかもしれない。これは短絡的に移民の受け入れを目指せと主張しているのではなく、移住者から敬遠されるような社会は、けっしてホスト社会の国民にとっても住みよい社会とはいえないのではないかという問題提起である。つまり、結婚移住女性の適応問題を糸口に、日本社会の将来のあり方や日本とアジア諸国との未来志向の関係のあり方についても考えることができる。

　本研究の特徴は、結婚移住女性の適応過程におけるさまざまな葛藤とそれを乗り越えるプロセスについて、家族領域とコミュニティ領域との相互関係から捉えたことである。結婚移住女性の持つトランスナショナルなネットワークが農村に暮らす人々、とりわけ国際結婚者の第二世代の生き方の選択肢を広げている。今後は、今回の調査では十分に踏み込めなかった第二世代のアイデンティティの形成についても研究を進めたい。

　業者仲介による結婚は、アンケート回答者45名中9名(21％)であった。その実情については、5家族の聞き取り調査と魚沼地域で営業を行なっているW社からの聞き取り調査、法廷通訳者L氏から得た情報とあわせて考察した。問題点の1つは、中国側ブローカーが、日本側の業者や夫への口止めをした上で、女性から仲介料を取っていることである。結婚のために女性が多額の借金を負う構造が「カネ目当ての結婚」と見られる状況を生み出す要因になっている。業者仲介による国際結婚は、韓国や台湾でも日本以上の規模とスピードで増加している。「より安く仕入れ、

より高く売る」という市場原理が働く商業的斡旋による国際結婚が社会問題化した韓国では、2008年に「結婚仲介業の管理に関する法律」を制定し、また、アメリカでは、2006年にインターネットを使ったメール・オーダー・ブライドを規制する国際結婚ブローカー規制法（IMBRA: International Marriage Broker Regulation Act）を成立させて規制に乗り出した。本研究では、このようなグローバル化のもとで拡大する「ヒトの商品化」については、深く立ち入る余裕がなかった。こうした問題の法的規制の枠組みについては、今後の研究課題としたい。

　日本社会における本格的な外国籍住民の定住が始まって20年以上が経過した。定住した外国籍住民の多様化や格差が顕在化しつつあるが、日本社会もまた、非正規雇用者が3割を超えるなど格差問題を突きつけられている。共生秩序を探る条件はより厳しくなっているといってよい。こうした中で、農村の結婚移住女性に着目する意味をどこに求めるべきだろうか。科学の発展による進歩や自由な個人の確立が幸せをもたらすとする近代社会の原理そのものの歴史的限界の指摘や、現在の経済システムは持続可能性を失っているとの議論もある。この数年、「停滞し、疲弊する農村」という言説の一方で、農業や農山村ブームが起きているが、その背景には、遅れているとみなされてきた農村社会の持つ「信頼や助け合い」といった社会関係や、人間と自然との共生関係の中に、合理性や効率性とは異なる生き方を見出そうとする人々の思いを見出すことができる。結婚移住女性たちは、それぞれの出身社会の家族観――それらは往々にして日本社会がかつて持っていたとされるもの――を内面化させている。そうした女性たちとの文化触変によって起きている日本の農村社会の文化変容について、本研究で捉えることができたものはごく一部にすぎない。今後、さらに、農村社会で起きている多文化化・多民族化に伴う変化の歴史的社会的意味について、アジア諸国との関連を視野に入れながら探求したい。農村は、結婚移住女性たちとの共生秩序を模索する営みを通じて、日本社会の、そして日本とアジアの国々との関係を見直し、作り変えていく可能性がある。これが本研究を通じて得た、筆者の新たな希望的観測である。

あとがき

　本稿は、2009年10月に日本大学大学院総合社会情報研究科に提出した博士論文、「農村社会における結婚移住女性の適応と受容過程の分析」をもとに執筆したものです。

　この研究は、2003年9月に一組の国際結婚カップルから日本語の相談を受けたことがきっかけになりました。当時、私は、新潟県大和町（現南魚沼市）にある国際大学の留学生担当職員でした。この大学は、原則全寮制で英語を教育言語とし、留学生を積極的に受け入れるユニークな教育方針で知られています。ところが90年代に入り、日本人学生よりも外国人留学生が多くなり、また、家族を呼び寄せ、学外のアパートで暮らす外国人留学生が増えると、日本語ができないことによる生活問題が顕在化し始めたのです。この新たな状況に対処するために取り組んだのが、留学生と地域住民との交流の仕組みづくりです。私はその取り組みを通じて多くの人びとに出会い、学び、そしてこの研究につながる日本社会の多民族化・多文化化の課題を実践的に考える機会を得ました。

　実はこの間、研究成果を発表するにあたり、被調査者の匿名性を担保するため、調査地を明示しない方が良いとのご意見をいただくことがありました。しかし、この研究の特徴は、結婚移住女性の適応過程を女性たちと家族、そして地域社会との相互関係から捉えている点にあります。これまで結婚移住女性が新しい時代を開きつつある可能性に注目して、彼女たちと地域社会との関係性に着目した調査はほとんど行なわれていません。ステレオタイプな被害者イメージを打ち破るような生き方をしている多くの女性たちとその家族が存在すること、そうした人びとと地域社会とのより豊かな関係づくりにこの研究を役立てていただくには、調査地を明示した方がよいと考えました。匿名性を担保するため一部改稿してありますが、当事者の方々がお読みになれば自分のことだとわかるはずです。誰のことかわからなくしてしまうよりも、より良く生きたいと願い、日々の課題に立ち向かっている1人1人の経験の多くが、他の人たちと共有できるものであり、実は、日本やアジアや

世界で起きている人の移動の広がりとの関係で、かけがえのない意味を持っていることをお伝えしたいと思いました。また、言葉や文化に不慣れな結婚移住女性を配偶者として迎え、差別や偏見の盾となり、共に家族を作り育てる努力をしている日本人配偶者の方々にもこの本をお届けしたいと思って書きました。本書は魚沼地域で暮らす国際結婚当事者、そして結婚移住女性をはじめ、留学生、外国人研修・実習生、外国につながる子どもたちなどをさまざまな形で支え、地域づくりに取り組んでいる市民にとっても、何がしか役立つものになったと信じます。

　改めて、インタビューに快く応じて下さった国際結婚当事者の皆さまにお礼を申し上げます。聞き取り調査を始めてまだ数年ですが、この間にも配偶者との死別、夫の定年退職、離婚、子どもの自立に伴う親子関係の揺らぎなど、女性たちを取り巻く状況は刻々と変化し、新たな課題が浮上しています。本稿は、結婚移住女性の適応過程の研究としては、まだ、中間報告にすぎません。私は、女性たちのライフコースが一巡するまで、今後も継続的に調査を続けながら、家族の多文化化・多民族化の意味を考えていく所存です。

　本稿をまとめるにあたり、指導教授の小峰和夫先生や副査の近藤大博先生、そして多くの方々に支えていただきました。すべてのお名前を記すことはできませんが、何人かのお名前をあげさせていただきたいと思います。まずは、南魚沼市における調査費の助成をしてくださった(財)トヨタ財団（地域社会プログラム）にお礼を申し上げます。調査活動では、うおぬま国際交流協会、南魚沼市役所、そして国際大学のご支援をいただきました。中でも、森山俊行さん、大平悦子さん、久保田豊昌さん、岡村昌一さん、櫻井徳治さん、高橋和子さんらの協力や助言なしには、調査を完遂することはできませんでした。また、研究者としては全く駆け出しの私を研究プロジェクトに誘ってくださり、発表の機会を与えてくださった渡戸一郎先生、折に触れ研究の進捗状況を気にかけてくださった塩原良和先生、韓国の外国人施策の展開についてご教示くださった宣元錫先生、東京外国語大学多言語・多文化教育研究センターの皆さま、川村千鶴子先生ほか多文化社会研究会の皆さま、査読論文の執筆に行き詰まっていた私に「大事な研究です」と声をかけてくださった堤マサエ先生や高橋明善先生の助言や励ましにも勇気づけられました。ここに深く感謝の意を表します。

　私は、結婚移住女性の持つトランスナショナルなネットワークは、グローバル化

時代における農村の新たな可能性を切り開く社会資源に転化しうると考えていますが、そのためには学問的研究だけでなく、それを現実のものにする活動も必要です。今後は、市民活動家としての出自と関心を活かし、多文化共生の地域づくりを目指す取り組みと研究をつなぐことに、微力を尽くしたいと考えています。

　最後に、この論文を出版する機会を与えてくださったばかりか、編集全般に関して適切なご助言をくださった(株)めこん・桑原晨社長にお礼を申し上げます。

2011年5月

武田里子

参考文献

【英語文献】

Adler, P. S., 1975. "The Transitional Experience: An Alternative View of Culture Shock", *Journal of Humanistic Psychology*, 15(4), pp.13-23.

Bredbenner, Candice Lewis, 1998. *A Nationality of Her Own: Women, Marriage, and the Law of Citizenship*, University of California Press: London.

Breger, Rosemary & Hill, Rosanna (eds.), 1998. *Cross-Cultural Marrige: Identity and Choice*, Berg: New York.

Burgess, Chris. 2004. "(Re)constructing Identities: International Marriage Migrants as Potential Agents of Social Change in a Globalising Japan", *Asian Studies Review*, Vol. 28, pp.223-242.

Castles, S. & Miller, M. J., 2009. *The Age of Migration: International Population Movements in the Modern World* (4th ed.), Palgrave Macmillan: London.

Coleman, James S., 1988. "Social Capital in the Creation of Human Capital", *The American Journal of Sociology*, Vol.94, pp.95-120.

Constable, Nicole (ed.), 2005. *Cross-Border Marriages: Gender and Mobility in Transnational Asia*, University of Pennsylvania Press: Philadelphia.

Constable, Nicole, 2009. "The Commodification of Intimacy: Marriage, Sex, and Reproductive Labor", *Annual Review of Anthropology*. Vol. 38, pp.49-64.

Devine, P. 1989. "Stereotypes and Prejudice: Their Automatic and Controlled Components", *Journal of Personality and Social Psychology*, 56, pp.5-18.

Freeman, Caren, 2005. "Marrying Up and Marrying Down: The Paradoxes of Marital Mobility for Chosonjok Brides in South Korea", Constable, Nicole (ed.), *Cross-Border Marriages: Gender and Mobility in Transnational Asia*, University of Pennsylvania Press: Philadelphia.

Hanifan, J. J., 1916. "The Rural School Community Center", *Annals of the American Academy of Political and Social Science*, Vol. 67, pp.130-138.

Hass, Hein de, 2008. "Migration and Development A Theoretical Perspective", *International Migration Institute James Martin 21st Century School University of Oxford, Working Paper* 9.

Hill, R. & D. A. Hansen, 1960. "The Identification of Conceptual Frameworks Utilized in Family Study", *Marriage and Family Living*, 22(4), pp.299-311.

Hill, Reuben, 1958. "Generic Features of Families under Stress," *Social Casework*, 39(2-3), pp.139-150.

Kim, Y. Y., 1995. "Cross-Cultural Adaptation: An Integrative Theory", Wiseman, R. L., (ed.) *Intercultural Communication Theory*. Saga Publications: Thousand Oak, CA., pp.170-193.

―――, 2001. *Becoming Intercultural: An Integrative Theory of Communication and Cross-Cultural Adaptation*. Saga Publications: Thousand Oak, CA.

Lin, Nan, 2002. Social Capital: *A Theory of Social Structure and Action*, Cambridge University Press: New York.

Mackie, Vera. 1998. "Japayuki Cinderella Girl: Containing the Immigrant Other", *Japanese Studies*, Vol. 18(1), pp.45-63.

Massey, Douglas S., et al., *World in Motion: Understanding International Migration at the End of the Millennium*, Oxford University Press: Oxford.

Narayan, Deepa, 1999. *Bonds and Bridges: Social Capital and Poverty,* Poverty Group of World Bank.
Nye, F. Ivan, 1982. *Family Relationships: Rewards and Costs,* SAGA Publications: CA.
Piper, Nicola and Roces, Mina. (eds.), 2003. *Wife or Worker?: Asian Women and Migration,* Rowman & Littlefield Publishers: Lanham, MD.
Portes, Alejandro & Zhou, Min. 1993. "The New Second Generation: Segmented Assimilation and Its Variants", *The Annals of the American Academy of Political and Social Science,* 530, pp.74-96.
Portes, Alejandro & Rumbaut, Ruben G., 2001. *Legacies,* University of California Press: CA.
Portes, Alejandro & DeWind, Josh. (eds.), 2007. *Rethinking Migration: New Theoretical and Empirical Perspectives,* Berghahn Books: New York.
Putnam, R. D., 2000. *Bowling Alone,* Simon & Schuster Paperbacks: New York.
Suzuki, Nobue. 2005. "Tripartite Desires: Filipina-Japanese Marriages and Fantasies of Transnational Traversal", Constable, Nicole (ed.), *Cross-Border Marriages: Gender and Mobility in Transnational Asia,* University of Pennsylvania Press: Philadelphia.
Thai, Hung Cam, 2005. "Clashing Dreams in the Vietnamese Diaspora: Highly Educated Overseas Brides and Low-Wage U.S. Husbands", Constable, Nicole (ed.), *Cross-Border Marriages: Gender and Mobility in Transnational Asia,* University of Pennsylvania Press: Philadelphia.
Tseng, Wen-Shing, et al., *Adjustment in Intercultural Marriage.* The University of Hawaii: Hawaii.
Williams, Lucy. 2010. *Global Marriage: Cross-Border Marriage Migration in Global Context,* Palgrave Macmillan: UK.

【日本語文献】
明石純一、2010『入国管理政策―「1990年体制」の成立と展開』ナカニシヤ出版
安達生恒、1979『むらの再生―土地利用の社会化』日本経済評論社
荒樋豊、2001『農村変動と地域活性化』創造社
イ・スンミ、2007「韓国国家人権委員会―学校の人権教育の最前線を行く」『アジア・太平洋人権レビュー 2007 人権をどう教えるのか』現代人文社、61-70頁
石井由香、1995「国際結婚の現状―日本でよりよく生きるために」駒井洋編『定住化する外国人』明石書店、73-102頁
石川孝義編、2007『人口減少と地域―地理学的アプローチ』京都大学学術出版会
石川実編、1997『現代家族の社会学―脱制度化時代のファミリー・スタディーズ』有斐閣ブックス
石田洋司、2008『ありのままの国際結婚―ある国際結婚業者のつぶやき』文芸社
板本洋子、2005『追って追われて結婚探し』新日本出版社
伊藤るり、1992「『ジャパゆきさん』現象再考―80年代日本へのアジア女性流入」伊豫谷登士翁・梶田孝道編『外国人労働者論―現状から理論へ』弘文堂、293-332頁
―――、1996「もう一つの国際労働移動―再生産労働の超国境的移転と日本の女性移住者」伊豫谷登士翁・杉原達編『日本社会と移民』明石書店、241-271頁
伊藤るり・足立眞理子編、2008『国際移動と〈連鎖するジェンダー〉―再生産領域のグローバル化』作品社
稲葉佳子・石井由香・五十嵐敦子・笠原秀樹・窪田亜矢・福本佳世・渡戸一郎、2008「公営住宅における外国人居住者に関する研究―外国人を受け入れたホスト社会側の対応と取り組みを中心に」『住宅総合研究財団研究論文集』No.35、257-586頁

井上輝子ほか編、2002『岩波女性学事典』岩波書店
伊豫谷登士翁編、2007『移動から場所を問う―現代移民研究の課題』有信堂
岩崎正弥・高野孝子、2010『場の教育―「土地に根ざす学び」の水脈』農文協
岩田正美、2008『社会的排除―参加の欠如・不確かな帰属』出版社
上野千鶴子、1994『近代家族の成立と終焉』岩波書店
―――、2008「「共生」を考える」崔勝久・加藤千香子編『日本における多文化共生とは何か』新曜社、192-237頁
江橋崇編、1993『外国人は住民です』学陽書房
大内雅利、2005『戦後日本農村の社会変動』農林統計協会
小熊英二、1995『単一民族神話の起源―〈日本人〉の自画像の系譜』新曜社
落合恵美子、1993「家族の社会的ネットワークと人口学的世代―60年代と80年代の比較から」蓮見音彦・奥田道大編『21世紀日本のネオ・コミュニティ』東京大学出版会、101-130頁
―――、1994『21世紀家族へ―家族の戦後体制の見かた・超えかた』有斐閣選書
落合恵美子・カオ リー リャウ・石川孝義、2007「日本への外国人流入からみた国際移動の女性化―国際結婚を中心に」石川孝義編『人口減少と地域―地理学的アプローチ』京都大学学術出版会、291-319頁
落合恵美子・山根真理・宮坂靖子編、2007『アジアの家族とジェンダー』勁草書房
カースルズ S.&ミラー M. J.、1996『国際移民の時代』（関根雅美・関根薫訳）名古屋大学出版会（Castles, Stephen & Miller, Mark J., 1993. *The Age of Migration: International Population Movements in the Modern World*, Macmillan: London.）
柏崎千佳子、2009「日本のトランスナショナリズム―移民・外国人の受け入れ問題と公共圏」佐藤成基編『ナショナリズムとトランスナショナリズム―変容する公共圏』法政大学出版局、267-292頁
梶田孝道、2001「国際化からグローバル化へ」梶田孝道編『国際化とアイデンティティ』ミネルヴァ書房、1-30頁
梶田孝道・丹野清人・樋口直人、2005『顔の見えない定住化―日系ブラジル人と国家・市場・移民ネットワーク』名古屋大学出版会、
神奈川大学人文学研究所編、2008『在日外国人と日本社会のグローバル化―神奈川県横浜を中心に』お茶の水書房
金丸弘美、2009『田舎力―ヒト・夢・カネが集まる5つの法則』NHK出版、生活人新書
神子島健、2003「大和町の人々と国際大学の留学生との交流」『新潟県大和町の暮らしとまちづくりに関する学術調査』東京大学教養学部相関社会科学研究室、114-124頁
嘉本伊都子、2001『国際結婚の誕生』新曜社
―――、2006「国際結婚と戦後日本社会」加茂直樹・小波秀雄・初瀬龍平編『現代社会論』世界思想社、184-203頁
―――、2008a『国際結婚論！？―歴史編』法律文化社
―――、2008b『国際結婚論！？―現代編』法律文化社
河原俊昭・岡戸浩子編、2009『国際結婚―多言語化する家族とアイデンティティ』明石書店
川村千鶴子・近藤敦・中本博皓編、2009『移民政策へのアプローチ―ライフサイクルと多文化共生』明石書店
菊池勇夫、1994『アイヌ民族と日本人―東アジアのなかの蝦夷地』朝日選書
北脇保之、2008「日本の外国人政策―政策に関する概念の検討および国・地方自治体政策の検

証」『多言語多文化―実践と研究』Vol.1、東京外国語大学多言語・多文化教育研究センター、5-25頁
ギデンズ、アンソニー、2008『社会学第4版』(松尾精文・西岡八郎・藤井達也・小幡正敏ほか訳) 而立書房 (Giddens, Anthony, 2001. *Sociology 4th edition*, Polity Press: Cambridge)
金明姫、2006「地域社会変動と移住者留守家族の生活―中国延辺朝鮮族自治州を事例として」『地域社会学会年報』第18集、ハーベスト社、143-162頁
グラノヴェッター、マーク．S、2006「弱い紐帯の強さ」(大岡栄美訳)、野沢慎司編・監訳『リーディングスネットワーク論―家族・コミュニティ・社会関係資本』勁草書房、123-154頁 (Granovetter, Mark S., 1973. "The Strength of Weak Ties", *American Journal of Sociology*, 78: 1360-1380.)
桑山紀彦、1995『国際結婚とストレス―アジアからの花嫁と変容するニッポンの家族』明石書店
小坂井敏晶、1996『異文化受容のパラドクス』朝日新聞社
駒井洋・渡戸一郎編、1997『自治体の外国人政策―内なる国際化への取り組み』明石書店
近藤敦、2001『外国人の人権と市民権』明石書店
―――、2009「なぜ移民政策なのか―移民の概念、入管政策と多文化共生政策の課題、移民政策学会の意義」移民政策学会編『移民政策研究』創刊号、現代人文社、6-16頁
賽漢卓娜、2007「中国人女性の『周辺化』と結婚移住―送り出し側のプッシュ要因分析を通して」日本家族社会学会編『家族社会学研究』第19号
酒井義昭、1997『コシヒカリ物語―日本一うまい米の誕生』中公新書
坂本慶一、1989『人間にとって農業とは』学陽書房
佐久間孝正、2006『外国人の子どもの不就学―異文化に開かれた教育とは』勁草書房
笹川孝一、1989「補論・韓国からの『花嫁』と異文化交流―『国際識字年』を前に」佐藤隆夫編『農村と国際結婚』日本評論社、217-267頁
佐藤成基編、2009『現代社会研究叢書 2: ナショナリズムとトランスナショナリズム―変容する公共圏』法政大学出版局
佐藤隆夫編、1989『農村と国際結婚』日本評論社
佐藤宏子、2004「中高年有配偶女性の老後意識における直系家族制規範の変容と持続」田園調布大学『人間福祉研究』第7号、45-64頁
佐藤裕、2005『差別論―偏見理論批判』明石書店
佐竹眞明・ダアノイ、M. A.、2006『フィリピン-日本国際結婚―移住と多文化共生』めこん
佐竹眞明、2006「フィリピン女性による日本への出稼ぎ」佐竹眞明・ダアノイ、M. A.『フィリピン-日本国際結婚―移住と多文化共生』めこん、9-30頁
サッセン、サスキア、1999『グローバリゼーションの時代―国家主権のゆくえ』(伊豫谷登士翁訳)、平凡社 (Sassen, Saskia, 1996. *Losing Control?: Sovereignty in Age of Globalization*, Columbia University Press.)
定松文、2002「国際結婚にみる家族の問題―フィリピン人女性と日本人男性の結婚・離婚をめぐって」宮島喬・加納弘勝編『変容する日本社会と文化』東京大学出版会、41-68頁
塩原良和、2005『ネオ・リベラリズムの時代の多文化主義―オーストラリアン・マルチカルチュラリズムの変容』三元社
―――、2010『変革する多文化主義へ―オーストラリアからの展望』法政大学出版局
宿谷京子、1988『アジアから来た花嫁―迎える側の論理』明石書店
柴田義助、1997「国際結婚の進展による農村社会の国際化」駒井洋・渡戸一郎編『自治体の国際

化政策―内なる国際化への取り組み』明石書店、369-389頁
渋谷敦司、2006「ジェンダーからみるローカル・ガバナンス」大久保武・中西典子編『地域社会へのまなざし』文化書房博文社、214-231頁
島田紀子編、2009『写真花嫁・戦争花嫁のたどった道―女性移住史の発掘』明石書店
鈴木江理子、2009『日本で働く非正規滞在者―彼らは「好ましくない外国人労働者」なのか?』明石書店
鈴木江理子・渡戸一郎、2002『地域における多文化共生に関する基礎調査』フジタ未来経営研究所
鈴木和子、2006「移民適応の注範囲理論構築にむけて―在日・在米コリアンの比較」広田康生・町村敬志・田嶋淳子・渡戸一郎編『先端都市社会学の地平』ハーベスト社、59-83頁
鈴木牧之編撰、1991『北越雪譜』岩波書店
鈴木裕子、1992『従軍慰安婦・内鮮結婚』未来社
スミス、J・ロバート、ウィスウェル、エラ・ルーリィ、1987『須恵村の女たち―暮らしの民俗誌』(河村望・斎藤尚文訳)、御茶の水書房
瀬地山角、1996『東アジアの家父長制―ジェンダーの比較社会学』勁草書房
関根雅美、2000『多文化主義社会の到来』朝日選書
祖田修、1989「人間にとって都市・農村とは」坂本慶一編『人間にとって農業とは』学陽書房、52-65頁
宣元錫、2009「動き出した韓国の移民政策」『世界』11月号、岩波書店、239-250頁
ダアノイ、M. A.、2006「日本社会におけるフィリピン女性:固定観念を崩す」佐竹眞明・ダアノイM. A.、『フィリピン―日本国際結婚―移住と多文化共生』めこん、81-101頁
ダワー、ジョン、2004『増補版・敗北を抱きしめて(上)』(三浦陽一・高杉忠明訳)岩波書店(Dower, John W., 1999. *Embracing Defeat: Japan in the Wake of World War II*, The New Press.)
タカキ、ロナルド、1996『もう一つのアメリカンドリーム―アジア系アメリカ人の挑戦』(阿部紀子・石松久幸訳)、岩波書店
竹下修子、2000『国際結婚の社会学』学文社
―――、2004『国際結婚の諸相』学文社
武田里子、2003「国際大学における新たな留学生支援の試み―夢っくすの事例」文部科学省高等教育局学生課編『大学と学生』470号、17-23頁
―――、2004『プロジェクト夢っくすの誕生と軌跡』(財団法人中島記念国際交流財団による留学生地域交流支援事業報告書)
―――、2007a「日本の留学生政策の歴史的推移―対外援助から地球市民形成へ」『日本大学大学院総合社会情報研究科紀要』9号、79-90頁
―――、2007b「新潟県魚沼地域における『外国人花嫁』の存在の歴史的社会的意味の探求(1)」『日本大学大学院総合社会情報研究科紀要』7号、489-600頁
―――、2009a「農村地域における結婚移住女性の社会的文化的状態―新潟県南魚沼市におけるサーベイ調査」『日本大学大学院総合社会情報研究科紀要』9号、305-316頁
―――、2009b「結婚移住女性の適応・受容過程と農村の社会文化変容」『村落社会研究ジャーナル』第15巻・第2号、23-34頁
―――、2009c「国際結婚をめぐる自治体施策と地域社会の変化」『アジア・太平洋人権レビュー2009 女性の人権の視点から見る国際結婚』現代人文社、68-77頁
―――、2009d「留学生と地域社会」川村千鶴子・近藤敦・中本博皓編『移民政策へのアプローチ―

ライフサイクルと多文化共生』明石書店、104-107頁
———、2010「定住化する外国人のライフコースと課題」渡戸一郎・井沢泰樹編『多民族化社会・日本—〈多文化共生〉の社会的リアリティを問い直す』明石書店、107-129頁
武田里子編、2007『新潟県魚沼地域における外国人花嫁の定住支援のためのネットワーク構築』((財)トヨタ財団地域社会プログラム報告書)うおぬま国際交流協会・国際大学
高橋明善・蓮見音彦・山本英治編、1992『農村社会の変貌と農民意識— 30年間の変動分析』東京大学出版会
瀧井一博、2003『文明史のなかの明治憲法—この国のかたちと西洋体験』講談社選書メチエ
橘木俊詔、2006『格差社会　何が問題なのか』岩波新書
田中宏、1995『在日外国人・新版—法の壁、心の溝』岩波新書
田村正勝編、2009『ボランティア論—共生の理念と実践』ミネルヴァ書房
崔勝久・加藤千香子編、2008『日本における多文化共生とは何か』新曜社
土屋明夫、2000「社会的態度」村井健祐・土屋明夫・田之内厚三編『社会心理学へのアプローチ』北樹出版、60-78頁
堤マサエ、2009『日本農村家族の持続と変動—基層文化を探る社会学的研究』学文社
堤マサエ・徳野貞雄・山本努編、2008『地方からの社会学』学文社
靍理恵子、2007『農家女性の社会学—農の元気は女から』コモンズ
デランティ、ジェラード、2006『コミュニティ—グローバル化と社会理論の変容』(山之内靖・伊藤茂訳) NTT出版(Delanty, Gerand, 2003. *Community*, Routledge.)
トゥルン、タン・ダム、1993『売春—性労働の社会構造と国際経済』(田中紀子・山下明子訳) 明石書店(Truong, Thanh-Dam, 1990. *Sex, Money and Morality: Prostitution and Tourism in Southeast Asia*, Zed Books.)
徳野貞雄、2007『農村の幸せ、都会の幸せ—家族・食・暮らし』NHK出版、生活人新書
鳥越皓之、1993『家と村の社会学(増補版)』世界思想社
内藤考至、2004『農村の結婚と結婚難—女性の結婚観・農業観の社会学的研究』九州大学出版会
仲野誠、1998「『外国人妻』と地域社会—山形県における『ムラの国際結婚』を事例として」『移民研究年報』、92-109頁
中村尚司、1994『人びとのアジア—民際学の視座から』岩波新書
中澤進之右、1996「農村におけるアジア系外国人妻の生活と居住意識—山形県最上地方の中国・台湾、韓国、フィリピン出身者を対象にして」『家族社会学研究』第8号、81-96頁
長澤成次編、2000『多文化・多民族共生のまちづくり—広がるネットワークと日本語学習支援』エイデル研究所
成田龍一、2007『大正デモクラシー』岩波新書
新潟日報社学芸部編、1989『ムラの国際結婚』無明舎
新潟日報社報道部編、1990『東京都湯沢町』潮出版社
西川一政、2009『「ふるさと」の発想—地方の力を活かす』岩波新書
西川長夫・渡辺公三・G. マコーマック編、1997『多文化主義—アメリカ・カナダ・オーストラリア・イギリスの場合』木鐸社
日本経営団体連合会、2000「労働問題委員会報告」
———、2004「外国人受入問題に関する提言」
日本村落研究学会編、2007『むらの社会を研究する—フィールドからの発想』農文協
野沢慎司編・監訳、2006『リーディングネットワーク論—家族・コミュニティ・社会関係資本』

勁草書房
野沢慎司、2009『ネットワーク論に何ができるか―「家族・コミュニティ問題」を解く』勁草書房
野田公夫、2006「世界農業類型と日本農業」『季刊あっと』6号、6-28頁
ハーヴェイ、デヴィッド、2007『新自由主義―その歴史的展開と現在』(渡辺治監訳)作品社 (Harvey, David, 2005. *A Brief of Neoliberalism*, Oxford University Press.)
蓮見音彦、1990『苦悩する農村―国の政策と農村社会の変容』有信堂
───、2007「総論:村落・地域社会の変動と社会学」蓮見音彦編『講座社会学 3:村落と地域』東京大学出版会、1-27頁
初瀬龍平編、1985『内なる国際化』三嶺書房
───、1996『エスニシティと多文化主義』同文館
林かおり・田村恵子・高津文美子著、2002『戦争花嫁―国境を越えた女たちの半世紀』芙蓉書房出版
林道義、2002『家族の復権』中公新書
日暮高則、1989『「むら」と「おれ」の国際結婚学』情報企画出版
久田恵、1989『フィリピーナを愛した男たち』文藝春秋
広井良典、2009『コミュニティを問いなおす』ちくま新書
広田康生・町村敬志・田嶋淳子・渡戸一郎編、2006『先端都市社会学の地平』ハーベスト社
平野健一郎、1999「ヒトの国際移動と国際交流」平野健一郎編『国際文化交流の政治経済学』勁草書房、276-292頁
───、2000『国際文化論』東京大学出版会
ファインマン、マーサ、A.、2003『家族、積みすぎた箱舟―ポスト平等主義のフェミニズムの方理論』(上野千鶴子監訳)学陽書房(Fineman, Martha Albertson, 1995. *The Neutered Mother, The Sexual Family and Other Twentieth Century Tragedies*, Taylor & Francis Books.)
藤原夏人、2010「韓国の国籍法改正―限定的な重国籍の容認」『外国の立法 245』国立国会図書館調査及び立法考査局、113-140頁
布施晶子、1993『結婚と家族』岩波書店
ブラウン、ルパート、1999『偏見の社会心理学』(橋口捷久・黒川正流編訳)北大路書房(Brown, Rupert, 1995. *Prejudice: Its Social Psychology*, Blackwell Publishers.)
ブルデュー、ピエール、2007『結婚戦略―家族と階級の再生産』(丸山茂・小島宏・須田文明訳)藤原書店(Bourdieu, Pierre, 2002. *Le Bal Des Celibataires: Crise de la societe paysanne en Bearn*, Editions du Seuil.)
ブレーガー、ローズマリー、ヒル、ロザンナ編、2005『異文化結婚―境界を越える試み』(吉田正紀監訳)新泉社(Breger, Rosemary and Hill, Rosanna, 1998. *Cross-Cultural Marriage*, BERG Publishers Ltd.)
保母武彦、1996『内発的発展論と日本の農山村』岩波書店
ホリフィールド、ジェームス、2007「現われ出る移民国家」(山岡健次郎訳)伊豫谷登士翁編『移動から場所を問う―現代移民研究の課題』有信堂、51-83頁
ボット、エリザベス、2006「都市の家族―夫婦役割と社会的ネットワーク」野沢慎司・監訳『リーディングスネットワーク論』勁草書房、35-91頁(Bott, Elizabeth, 1955. "Urban Families: Conjugal Roles and Social Networks", *Human Relations*, 8: 345-384)
パットナム、ロバート、D.、2001『哲学する民主主義―伝統と改革の市民的構造』(河田潤一訳)NTT出版(Putnam, R.D., 1993. *Making Democracy Work*, Princeton University Press)

マクガーティ、C.、イゼルビット、V. Y.、スピアーズ、R.、2007『ステレオタイプとは何か』（国広陽子監修）、明石書店（MacGarty, Craig., Yzerbyt, Vincent Y., Spears, Russell, 2002. *Stereotypes as Explanations: The Formation of Meaningful Beliefs about Social Groups*, Cambridge University Press.）
マリノフスキー、ブロニスラフ、1993『性・家族・社会』（梶原景昭訳）人文書院
町村敬志、1993「外国人居住とコミュニティの変容」蓮見音彦・奥田道大編『21世紀日本のネオ・コミュニティ』東京大学出版会、47-71頁
松井やより、1987『女たちのアジア』岩波新書
―――、1987『アジア・女・民衆』新幹社
松岡昌則、2007「村落と農村社会の変容」蓮見音彦編『講座社会学3: 村落と地域』東京大学出版会、63-91頁
松尾寿子、2005『国際離婚』集英社新書
松本邦彦・秋武邦佳、1994「国際結婚と地域社会―山形県での住民意識調査から (その1)」『山形大学法政論叢』(1)、126-160頁
―――、1995「国際結婚と地域社会―山形県での住民意識調査から (その2)」『山形大学法政論叢』(4)、178-206頁
ミース、マリア、1997『国際分業と女性―進行する主婦化』（奥田暁子訳）日本経済評論社、（Mies, Maria, 1986. *Patriarchy and Accumulation on a World Scale*, Zed Books.）
三浦展、2005『下流社会―新たな階層集団の出現』光文社新書
光岡浩二、1996『農村家族の結婚難と高齢者問題』ミネルヴァ書房
目黒依子、2007『家族社会学のパラダイム』勁草書房
モーリス＝スズキ、テッサ、2000『辺境から眺める―アイヌが経験する近代』みすず書房
―――、2002『批判的想像力のために―グローバル化時代の日本』平凡社
森岡清美、1993『現代家族変動論』ミネルヴァ書房
森岡清美、望月嵩著、1997『新しい家族社会学』培風館
森山茂樹、1971「魚沼、八海両自由大学の成立と経過―大正期自由大学運動研究への試み」『人文学報: 教育学』7号、東京都立大学、145-174頁
八代京子・町恵理子・小池浩子・磯貝友子、1998『異文化トレーニング―ボーダレス社会を生きる』三修社
山谷哲夫、1992『じゃぱゆきさん―女たちのアジア』講談社文庫
山﨑佳孝、2007「地域性と性別による外国人に対する見方の違い」武田里子編『新潟県魚沼地域における外国人花嫁の定住支援のためのネットワーク構築』うおぬま国際交流協会・国際大学、62-80頁
山田昌弘、1994『近代家族のゆくえ―家族と愛情のパラドックス』新曜社
―――、1996『結婚の社会学―未婚化・晩婚化はつづくのか』丸善ライブラリー
―――、2009「家族のオルタナティブは可能か？」牟田和恵編『家族を超える社会学―新たな生の基盤を求めて』新曜社、202-207頁
山田昌弘・白川桃子、2008『「婚活」時代』ディスカヴァー・トゥエンティワン、ディスカヴァー携書
吉澤夏子、2006「ジェンダーとルーマン・システム論」江原由美子・山崎敬一編『ジェンダーと社会理論』有斐閣、91-103頁
矢口悦子、2004『地方公共団体等における結婚支援に関する調査研究』財団法人こども未来財団

安富成良、2005「第 3章: 渡米当時のアメリカと日系社会」「第 4章: 戦争花嫁のステレオタイプ形成」安富成良・スタウト 梅津和子『アメリカに渡った戦争花嫁—日米国際結婚パイオニアの記録』明石書店、70-124頁

湯浅誠、2008『反貧困—「すべり台社会」からの脱出』岩波新書

柳蓮淑、2006「外国人妻の世帯内ジェンダー関係の再編と交渉—農村部在住韓国人妻の事例を中心に」『お茶の水女子大学大学院人間文化研究科人間文化論叢』第 8巻、231-240頁

ヨー、ブレンダ、2007「女性化された移動と接続する場所—『家族』『国家』『市民社会』と交渉するトランスナショナルな移住女性」(小ヶ谷千穂訳)伊豫谷登士翁編『移動から場所を問う—現代移民研究の課題』有信堂

リー、ジェニファー、2009「異人種間結婚の同化力—結婚市場における人種とジェンダー」(土屋智子訳)島田法子編『写真花嫁・戦争花嫁のたどった道』明石書店、273-294頁

リン、ナン、2008『ソーシャル・キャピタル—社会構造と行為の理論』(筒井淳也・石田光規・桜井政成・三輪哲・土岐智賀子訳)ミネルヴァ書房(Lin, Nam., 2001, *Social Capital: A Theory of Social Structure and Action*, Cambridge University Press.)

渡戸一郎、2006「多文化都市論の展開と課題—その社会的位相と政策理念をめぐって」『明星大学社会学研究紀要』第 26号、99-116頁

―――、2007「多文化共生社会の課題と自治体政策」『自治体国際化フォーラム』vol.55、6-11頁

渡戸一郎・井沢泰樹編著、2010『多民族化社会・日本—〈多文化共生〉の社会的リアリティを問い直す』明石書店

渡辺治、2007「日本の新自由主義—ハーヴェイ『新自由主義』によせて」ハーヴェイ、デヴィッド『新自由主義—その歴史的展開と現在』(監訳: 渡辺治)作品社

渡辺文夫編、1995『異文化接触の心理学』川島書店

渡辺雅子、2002「ニューカマー外国人の増大と日本社会の変容」宮島喬・加納弘勝編『変容する日本社会と文化』東京大学出版会、15-39頁

【報告書・資料】

アメリカ国務省、2004『人身売買報告書』

石打丸山観光協会、1989『雪に活きる』石打丸山観光協会 30年史編纂委員会

厚生労働省大臣官房統計情報部、『人口動態統計』(各年)

川崎市、1986「川崎市在日外国人教育基本方針—多文化共生社会をめざして」

―――、1992「川崎新時代 2010年」

―――、2005「川崎市多文化共生社会推進指針—共に生きる地域社会をめざして」

厚生労働省大臣官房統計情報部『平成 18年度婚姻に関する統計: 人口動態統計特殊報告』財団法人厚生統計協会

国際協力事業団・国際協力総合研究所、2003『地域おこしの経験を世界へ—途上国に適用可能な地域活動』

国立社会保障・人口問題研究所編『平成 17年わが国独身層の結婚観と家族観—第 13回出生動向基本調査』

国連開発計画(UNDP)『人間開発報告書 2007／2008』

国連人口基金『世界人口白書 2006: 希望への道—女性と国際人口移動』

塩沢町誌編纂委員会、2000『塩沢町町誌』

総務省、2006「多文化共生推進に関する研究会報告—地域における多文化共生の推進に向けて」

総務省統計局、2005「平成17年度国勢調査」
多文化共生センター、2007『多文化共生に関する自治体の取り組みの現状―地方自治体における多文化共生施策調査報告書』
東京大学教養学部相関社会科学研究室、2003『新潟県大和町の暮らしとまちづくりに関する学術調査最終報告書』(東大調査2003と略する)
農林水産省、『2005年農林業センサス』
法務省入国管理局編、『出入国管理』(各年)
南魚沼市、『市勢要覧』(各年)
―――、2007「南魚沼市の農水産ビジョン」
最上広域市町村圏事務組合、『平成14年度国際交流センターの概要』

索引

あ行

アイデンティティ … 33, 77, 83, 188, 209, 212
アイデンティティの再構築 …… 206, 208
アイデンティティの揺らぎ …… 60, 188, 209
アイデンティティ欲求 ………………… 197
アクション・リサーチ ………………… 118
イエ規範 ……………………………… 197, 198
イエ制度 ………………………………… 12, 13, 33
生きるための工夫 …………………… 91, 102, 217, 247
意識ギャップ ………………… 149, 234, 245
移住者の人権 ………………… 240, 242, 246
異人種間婚姻禁止法 ………………… 45, 50
異文化外来 …………………………………… 21
異文化結婚 …………………………………… 60
異文化受容力 11, 33, 42, 92, 191, 223, 227, 241, 242, 243
異文化適応モデル …………………… 188
移民研究 ………………………… 10, 187, 210
移民国家 ……………………………………… 45
移民システム ………………………………… 69
移民政策 ………………………………… 43, 156
移民の女性化 ………………………………… 14
うおぬま国際交流協会 ……………… 36, 232
内なる国際化 ……………………… 78, 24, 225
浦佐多聞青年団 ……………………………… 231
エージェント …………………………… 61, 72
エスニシティ ………………………… 192, 210
エスニック・コミュニティ … 50, 154, 187, 204, 205
エスニック・ビジネス …………… 191, 192, 210
越境プレイヤー ………… 103, 214, 236, 241
エリート主婦層 …………………………… 234

エンパワーメント ……………… 36, 99, 155

か行

介護 …………………… 19, 99, 147, 196, 197, 208
外国人研修・実習生 … 16, 105, 109, 123, 158
外国人集住都市会議 ……………… 107, 219
外国人政策 ………………… 42, 76, 78, 219
外国人登録者 ……… 52, 74, 104, 122, 149
外国人登録令 ………………………………… 58
外国人犯罪の増加 ………………… 155, 159
外国籍住民 … 78, 106, 150, 152, 158, 190, 219, 227, 236, 250
顔の見える関係 ……………………… 177, 204
家系継承 ………………………………… 17, 198
家事労働者 ……………………………………… 74
過疎 ………………………… 39, 76, 83, 84
家族外資源 …………………………………… 34
家族関係 ………………………… 147, 201, 245
家族危機 …………………………………… 187
家族規範 ……………………………………… 62
家族形成 ………… 34, 35, 69, 84, 92, 187, 197
家族資本 …………………………………… 205
家族周期 ……………………………………… 35
家族戦略 …………………………………… 213
家族内役割 ………………………… 148, 213
家族の個人化 ……………………… 34, 35, 220
家族の発達課題 ……………………………… 147
家族変容 ……………………………………… 40
家父長制 ………………………………… 12, 186
からゆきさん ………………………………… 47
偽装結婚 ……………………… 45, 66, 67, 129
業者仲介 ……………………… 11, 32, 88, 177
近代家族 ……………………………………… 41

近代合理主義……………………………17
グローバル化…… 15, 46, 52, 59, 92, 210, 248
経済格差………… 12, 13, 27, 28, 48, 128, 197
経済論理………………………………9, 96
結婚斡旋業者………29, 31, 61, 71, 110, 179
経時的変化………………… 12, 92, 147, 162
結婚移住女性……………………………9, 40
結婚規範…………………………………36
結婚支援事業……………………………85
結婚市場………………………………187
結婚情報サービス……………………186
結婚相談所………………………173, 177
結婚動機………………………12, 186, 197
結婚難………… 14, 15, 66, 68, 69, 70, 71, 85, 88, 117, 220
兼業化………………… 17, 18, 97, 215, 220
「興行」資格………………… 22, 53, 72, 73, 74
合計特殊出生率…………………………40
高度経済成長…………… 15, 39, 51, 215, 221
皇民化政策………………………………58
合理的選択………………………… 98, 201
高齢化………………… 13, 34, 40, 85, 95
コーディネーター機能……………195, 229
国際化…………… 11, 42, 125, 147, 227, 229
国際化施策………………… 43, 76, 88, 218
国際結婚………………… 30, 35, 45, 60, 66
国際結婚家族………………83, 92, 100, 247
国際結婚当事者…… 117, 127, 159, 161, 162, 180, 242
国際結婚費用…………………………184
国際結婚比率…………………………112
国際交流………………84, 146, 218, 219, 224
国際交流団体…………………………98, 225
国際姉妹都市交流……85, 218, 224, 225, 235
国際大学………………………………232
国際的な人の移動………………11, 52, 59
国際理解教育……… 137, 147, 191, 225, 229
国籍条項…………………………………33, 76

国籍………………………… 45, 59, 77, 212
国籍法……………………… 59, 60, 212, 249
黒竜江省…………………………70, 75, 180
コシヒカリ………………………………101
コスメティック・マルチカルチュラリズム… 9
戸籍…………………………………58, 59
子育て規範……………………………201
子育て世代……………………43, 110, 225
言葉の壁…………………………200, 233
子どものアイデンティティ ……………32
コミュニティ………………102, 204, 236
コミュニティづくり …… 102, 114, 236, 247
婚活……………………………………186
混血児……………………………………49
混住化……………………………17, 220

さ行

最後の勅令………………………………58
再生産システムの危機……………… 14, 15
再生産労働………………………………14
在日コリアン…………………………59, 77
里帰り………………………………202, 209
差別の無効化…………………………155
差別論……………………………153, 177
産業構造の再編…………………………97
3歳児神話……………………………201
参政権………………………33, 77, 212, 214
参与観察…………………………12, 36, 163
GEM(ジェンダー・エンパワーメント指数) …………………………………… 74, 87
ジェンダー論……………………………36
自家農業…………………………………18
自己決定・自己責任……………………69
自分の財布…………………………18, 208
市民権……………………………… 46, 214
市民組織… 17, 34, 43, 110, 113, 118, 192, 196, 216, 242

社会関係……… 113, 142, 188, 194, 203, 205, 208, 213, 245
社会関係資本…… 17, 100, 216, 233, 236, 242
社会規範……………… 10, 13, 18, 37, 50, 221
社会権規約………………………………76
社会参加…………………………… 213
社会の疎外………………………… 117, 161
社会的ネットワーク …… 17, 34, 37, 69, 100, 136, 145, 147, 192, 210, 236, 238
社会的排除…………………… 15, 117, 246
社会的包摂………………………… 117
社会統合プログラム ………………60, 249
社会変容… 18, 60, 98, 191, 210, 224, 236, 242, 247
社会問題…………… 10, 117, 125, 151, 228
ジャパゆきさん ………………… 27, 49, 87
周縁性………………………………60
重国籍………………………………60
自由大学………………………… 101
周辺化…………………………… 185
周辺集落………40, 93, 113, 141, 150, 204
就労動機………………………… 148, 206
主体的行為者……… 92, 191, 237, 242, 247
手段の結婚……………………… 197
出生動向基本調査 ………………67, 186
主婦願望………………………… 207
小学生神話……………………… 201
商業的斡旋……………………… 186
少子高齢化……………… 79, 85, 87, 93
女性差別………………………………30
女性の人権…………………… 48, 66
人権団体……………………… 12, 30
人権論………………………………29
新自由主義…………………………69
人身売買報告書……………………73
親族ネットワーク ……………… 187
人的リソース…………………… 147
スキー観光産業…………………97, 102
スティグマ……………………………20
ステレオタイプ ………… 117, 155, 243, 244
ステレオタイプ化 …… 87, 159, 161, 167, 195, 243, 246
ストレス・コントロール ……… 196
生活拠点………………………… 211
性差別……………………………12, 48
性産業………………… 14, 15, 47, 65, 66
性の二重基準………………………38
性別役割規範……… 74, 87, 198, 213
接触仮説………………………… 109
接触機会… 32, 36, 100, 109, 133, 158, 195, 228
戦争花嫁……………………………48
先祖祭祀…………………………16, 17
選択意思………………………… 217
相互関係……………………… 34, 86
相互扶助システム …………………39

た行

大衆観光……………………… 15, 65
第二世代の自己肯定感 … 212, 222, 223, 247
大陸花嫁……………………………47
多言語情報…………………………78
他出子………………………… 103, 236
多文化化・多民族化 … 9, 18, 37, 59, 118, 238, 250
多文化家族支援法 ………………60, 249
多文化共生…… 9, 10, 13, 34, 41, 80, 88, 219
多文化共生施策………… 9, 152, 219, 245
多文化共生の地域づくり …115, 118, 158, 233
多文化主義…………………… 41, 42
段階仮説………………………… 190
男女共同参画社会基本法………………99
地域国際交流推進大綱 ………… 219
地縁・血縁………………………99, 100
中国残留孤児………………… 47, 218
長男規範………………………… 198

直系家族 …………………… 12, 18, 62, 220
停滞し,疲弊する農村 ……… 11, 42, 43, 243, 246, 250
適応過程 …… 12, 18, 26, 34, 36, 69, 87, 92, 115, 136, 148, 162, 188
適応過程の圧縮 …………………… 192
適齢期規範 …………………… 71, 72
同化圧力 …………………… 188, 222
同化主義 …………………… 42
特殊慰安施設 …………………… 47
特別永住者 …………………… 70, 77, 105
都市社会学 …………………… 19
都市化 …………………… 39, 220
都市と農村の格差 …………… 15, 70, 75
ドメスティック・バイオレンス …… 10, 74
トランスナショナリズム …………… 214
トランスナショナル・パラダイム ……… 210

な行

内外人平等 …………………… 76
内鮮結婚 …………………… 47, 58
内台結婚 …………………… 58
難民条約 …………………… 76
日系コミュニティ …………… 51
日本語教室 …… 20, 83, 113, 118, 143, 162, 199, 231, 237
日本語支援 …………………… 21, 36, 100
日本人の夫像 …………………… 200
日本人の配偶者等 ……… 45, 64, 87, 106, 111
日本青年館 …………………… 31, 91
人間的希望 …………………… 30
認識ギャップ …………………… 153, 158
ネットワーク … 17, 86, 114, 187, 206, 216, 224
ネットワーク概念 …………… 34, 35
農外所得 …………………… 16
農業・農山村ブーム …………… 17, 221, 250
農業委員会 ……… 83, 91, 110, 137, 180

農業基本法 …………………… 15
農業後継者 …………………… 13, 83
農業所得 …………………… 16
農業生産の近代化 …………… 15
農業的価値観 …………………… 17
農村家族 …………………… 12, 18
農村コミュニティ …… 92, 114, 194, 218, 236, 248
農村社会 …………… 18, 39, 97, 214, 215, 231
農村社会学 …………………… 19
農村社会の変容 …………… 92
農村の近代化 …………………… 31
農村の国際結婚 …………… 31, 162
農村花嫁 …………… 11, 21, 61, 244
農民意識 …………………… 16

は行

配偶者選択の自由 …………… 46
パターナリズム …………… 204, 218
「花嫁の取引」 …………………… 14
非婚化 …………………… 35, 68
非正規滞在 …………… 28, 66, 78
必要の充足 …………… 199, 237
風俗産業 …………… 73, 87, 219
夫婦家族志向 …………………… 18
夫婦制家族 …………………… 10, 62
不可視化 …………… 11, 117, 180, 191
複合的な不利 …………… 117, 159, 200, 246
負の意味づけ … 13, 48, 51, 100, 154, 159, 244
プリヤーニ事件 …………… 19, 29
フリーター …………………… 53
ブローカー …………… 61, 88, 180, 249
文化触変モデル …………… 43, 187, 216
文化的社会的境界線 …………… 45
文化変容 …………… 92, 217, 218
偏見差別 …………… 43, 118, 153, 155, 193, 245
偏見の形成 …………………… 244

補充移民……………………………79
ホスト社会…………………… 92, 110, 195
ボランティア論………………………… 233

ま行

未婚化………………………… 35, 67, 186
未婚率…………………………… 40, 85
民事局長通達…………………… 59, 77
民族差別………………………………30
「ムラの国際結婚」の問題 …………… 27, 28
「ムラの国際結婚」研究 ……… 12, 48, 80, 92, 245
メール・オーダー・ブライド ……14, 137, 250

や行

役割取得………………………………36
山形県朝日町……………………………66
山形県最上地域………………31, 80, 83,
「夢っくす」………… 36, 137, 204, 232, 237
「嫁不足」…………………… 30, 66, 191
「嫁」役割………………… 37, 203, 212, 213
弱い紐帯の強さ………………………… 192
ライフイベント ………………… 191, 193
ライフコース ……117, 138, 213, 214, 245, 246, 247
ライフコース論………………… 34, 35
ライフサイクル論……………………35
利益誘導型政治………………… 69, 97
離婚率………………………………10
留学生交流…………………… 11, 224, 225
歴史的開放性……………………91, 247
歴史的記憶………………… 47, 49
連鎖移民………………………………69
ロマンチック・ラブ規範………………35

武田里子（たけだ・さとこ）

新潟県生まれ。石打区・石打丸山観光協会職員、国際大学職員を経て、2009年日本大学大学院総合社会情報研究科博士後期課程修了。博士（総合社会文化）。現在、明星大学非常勤講師・放送大学非常勤講師・東京外国語大学多言語・多文化教育研究センターフェロー。杉並区交流協会企画運営委員、一般財団法人国際教育フォーラム評議員、多文化社会研究会幹事などを兼任。

【論文・著書】
「日本の留学生政策の歴史的推移」『日本大学大学院国際情報研究科紀要』（2007年）
『越境する市民活動』（共著，東京外国語大学多言語・多文化教育研究センター、2008年）
「結婚移住女性の適応・受容過程と農村の社会文化変容」『村落社会研究ジャーナル』（農山漁村文化協会、2009年）
『アジア・太平洋人権レビュー2009 女性の人権の視点からみる国際結婚』（共著、現代人文社、2009年）
『移民政策へのアプローチ──ライフサイクルと多文化共生』（共著、明石書店、2009年）
『越境する市民活動と自治体の多文化共生政策』（共著、東京外国語大学多言語・多文化教育研究センター、2009年）
『多民族化社会・日本──〈多文化共生〉の社会的リアリティと課題』（共著、明石書店、2010年）
『地域における越境的な「つながり」の創出に向けて』（共著、東京外国語大学多言語・多文化教育研究センター、2011年）
"Civil Society Organizations and Changes in Female Marriage Migrants in Rural Japan," Journal of Political Science and Sociology, No.14（Keio University Global COE-CGCS，2011）
「結婚移住女性の適応過程と農村社会の変容」『移民政策研究』第3号（現代人文社、2011年）

ムラの国際結婚再考──結婚移住女性と農村の社会変容

初版第1刷発行 2011年 7月25日
定価2800円＋税
著者 武田里子 ©
装丁 臼井新太郎
組版 面川ユカ
発行者 桑原晨
発行 株式会社めこん
〒113-0033 東京都文京区本郷3-7-1
電話 03-3815-1688 FAX 03-3815-1810
URL: http://www.mekong-publishing.com
印刷 モリモト印刷
製本 三水舎
ISBN978-4-8396-0247-5 C1036 ￥2800E
1036-1105247-8347

JPCA 日本出版著作権協会
http://www.e-jpca.com/

本書は日本出版著作権協会（JPCA）が委託管理する著作物です。本書の無断複写などは著作権法上での例外を除き禁じられています。複写（コピー）・複製、その他著作物の利用については事前に日本出版著作権協会（電話03-3812-9424 e-mail:info@e-jpca.com）の許諾を得てください。

フィリピン―日本　国際結婚
多文化共生と移住

佐竹眞明、メアリー・アンジェリン・ダアノイ
定価2500円＋税

★出稼ぎ、農村花嫁、国際結婚、共生――自らの体験をもとにフィリピンと日本の関係を問い直す。

第1章　フィリピン女性による日本への出稼ぎ
第2章　フィリピン・日本国際結婚
第3章　農村花嫁：業者仲介による結婚
第4章　日本社会におけるフィリピン女性：固定観念を崩す
第5章　異文化間結婚と日本男性
第6章　日本を第二の故郷に：多文化共生を求めるフィリピン女性
終　章　レチョン、バンブーダンス、ごちゃごちゃ：異文化接触・多文化共生

新宿のアジア系外国人
社会学的実態報告

奥田道大・田嶋淳子
定価2500円＋税

★新宿区百人町、大久保、北新宿の住民200名に面接調査。「共生の時代」を先取りした名作。

第1章　多層構造としての新宿
第2章　調査に見る地域社会の変貌
第3章　アジア系外国人の声
第4章　地元の人々の声
第5章　調査日誌から
第6章　新宿調査から学ぶこと――日本の地域社会のゆくえ